"十四五"职业教育国家规划教材

制冷与空调技术专业教学资源库建设项目系列教材

家用冰箱、空调和汽车空调维修

主　　编　吴治将

副主编　郑兆志　王斯焱

参　　编　李东洺

主　　审　徐言生

机械工业出版社

本书是"十四五"职业教育国家规划教材。本书共设四个项目。冰箱和空调的维修基本技能，主要内容包括冰箱和空调维修常用工具的原理、使用和基本操作规范等。家用冰箱维修技术，主要内容包括冰箱的制冷原理、结构组成和主要零部件，冰箱维修的工具、设备、材料及技术规范，冰箱的维护保养知识等。家用空调维修技术，主要内容包括空调的制冷原理、结构组成和主要零部件，空调的安装维修工具、设备和材料，空调的安装维修技术及规范，家用空调的维护保养知识等。汽车空调的维修，主要内容包括汽车空调的制冷原理、结构组成和主要零部件，汽车空调的维修工具、设备、材料及技术规范，汽车空调的维护保养知识等。

本书完全按照企业实际的工作流程，将家用空调、冰箱和汽车空调的维修较为真实、全面、全程地展现出来。利用项目与任务的形式，力图将教与学的过程转变成解决生产实际问题的过程，实现能力的培养。

本书可作为高职院校制冷与冷藏专业教材，旨在为高职高专院校制冷、空调、暖通专业及空调服务行业培养技术应用型人才服务。

图书在版编目（CIP）数据

家用冰箱、空调和汽车空调维修/吴治将主编 . —北京：机械工业出版社，2018. 11（2024. 8 重印）

制冷与空调技术专业教学资源库建设项目系列教材

ISBN 978-7-111-61369-5

Ⅰ. ①家… Ⅱ. ①吴… Ⅲ. ①冰箱-维修-高等职业教育-教材 ②空气调节器-维修-高等职业教育-教材 ③汽车空调-车辆修理-高等职业教育-教材 Ⅳ. ①TM925. 210. 7 ②TM925. 120. 7 ③U472. 41

中国版本图书馆 CIP 数据核字（2018）第 260035 号

机械工业出版社（北京市百万庄大街22号　邮政编码100037）
策划编辑：齐志刚　责任编辑：刘良超
责任校对：肖　琳　封面设计：张　静
责任印制：单爱军
北京虎彩文化传播有限公司印刷
2024 年 8 月第 1 版第 5 次印刷
184mm×260mm · 15.5 印张 · 379 千字
标准书号：ISBN 978-7-111-61369-5
定价：49. 80 元

电话服务	网络服务
客服电话：010-88361066	机　工　官　网：www.cmpbook.com
010-88379833	机　工　官　博：weibo. com/cmp1952
010-68326294	金　书　网：www.golden-book.com
封底无防伪标均为盗版	机工教育服务网：www.cmpedu.com

关于"十四五"职业教育
国家规划教材的出版说明

为贯彻落实《中共中央关于认真学习宣传贯彻党的二十大精神的决定》《习近平新时代中国特色社会主义思想进课程教材指南》《职业院校教材管理办法》等文件精神，机械工业出版社与教材编写团队一道，认真执行思政内容进教材、进课堂、进头脑要求，尊重教育规律，遵循学科特点，对教材内容进行了更新，着力落实以下要求：

1. 提升教材铸魂育人功能，培育、践行社会主义核心价值观，教育引导学生树立共产主义远大理想和中国特色社会主义共同理想，坚定"四个自信"，厚植爱国主义情怀，把爱国情、强国志、报国行自觉融入建设社会主义现代化强国、实现中华民族伟大复兴的奋斗之中。同时，弘扬中华优秀传统文化，深入开展宪法法治教育。

2. 注重科学思维方法训练和科学伦理教育，培养学生探索未知、追求真理、勇攀科学高峰的责任感和使命感；强化学生工程伦理教育，培养学生精益求精的大国工匠精神，激发学生科技报国的家国情怀和使命担当。加快构建中国特色哲学社会科学学科体系、学术体系、话语体系。帮助学生了解相关专业和行业领域的国家战略、法律法规和相关政策，引导学生深入社会实践、关注现实问题，培育学生经世济民、诚信服务、德法兼修的职业素养。

3. 教育引导学生深刻理解并自觉实践各行业的职业精神、职业规范，增强职业责任感，培养遵纪守法、爱岗敬业、无私奉献、诚实守信、公道办事、开拓创新的职业品格和行为习惯。

在此基础上，及时更新教材知识内容，体现产业发展的新技术、新工艺、新规范、新标准。加强教材数字化建设，丰富配套资源，形成可听、可视、可练、可互动的融媒体教材。

教材建设需要各方的共同努力，也欢迎相关教材使用院校的师生及时反馈意见和建议，我们将认真组织力量进行研究，在后续重印及再版时吸纳改进，不断推动高质量教材出版。

机械工业出版社

前　言

本书是基于国家级职业教育专业教学资源库项目——制冷与冷藏技术专业教学资源库开发的纸数一体化教材。该项目由顺德职业技术学院和黄冈职业技术学院牵头建设，集合了国内 20 余家职业院校和几十家制冷企业，旨在为国内制冷与冷藏技术专业提供最优质的教学资源。

在制作优质教学素材和资源的基础上，本项目构建了 12 门制冷专业核心课程，本书就是基于素材和课程建设以纸质和网络数字化多种方式呈现的一体化教材。纸质版教材和网络课程以及数字化教材配合使用：纸质版教材更多地是对课程大纲和主要内容的条理化呈现和说明，更多详细内容将以二维码的方式指向网络课程相关内容；网络课程的结构和内容与纸质版教材保持一致，但内容更为丰富、素材呈现形式更为多样，更多地以动画、视频等动态资源辅助完成对纸质版教材内容的介绍；数字化教材则以电子书的方式将网络课程内容和纸质版教材内容进行了整合，真正做到了文字、动画、视频以及其他网络资源的优化组合。

党的二十大报告指出，"推进教育数字化，建设全民终身学习的学习型社会、学习型大国。"为响应二十大精神，本书制作了动画、视频等数字资源，并建设了在线课程。本书主要介绍了家用冰箱、空调和汽车空调维修所涉及的理论知识、能力培养与技能训练内容。本书教学内容按照冰箱和空调的维修基本技能、家用冰箱维修技术、家用空调维修技术和汽车空调维修技术四个项目进行推进展开。本书重点培养学生在家用冰箱、空调和汽车空调维修中的故障分析和排除能力、维修工具使用能力、焊接能力等，使学生掌握家用冰箱、空调和汽车空调的维修技能，并具备相应的操作能力，能胜任家用冰箱、空调和汽车空调维修岗位，为学生从事相关岗位工作做好准备。编写过程中力求体现以下特色。

1）教学内容科学合理。该书采取循序渐进的方式，例如首先让读者对各种空调的结构有所了解，之后讲述制冷基础知识和空调的工作原理，再全方位介绍空调的组成零部件，使读者对空调有了全面的认识，在此基础上，用大量的篇幅详尽地讲述空调的安装、维修和维护保养知识，使内容更具针对性，也更有行业特色。通过对本书的学习，读者可以系统和全面地掌握家用空调的各方面知识和技能。

2）工程应用性强。该书将基础理论知识、相关过渡知识、专业知识和实际工程应用有机地结合起来，通过三位一体的学习，使读者较容易地掌握工程实际应用，从而达到培养技术应用型人才的目的。

3）体现最新的媒体表达模式。编写中综合了文字、图、表以及视频、动画等动态资源（动态资源需通过二维码扫描阅读），符合现在流行的手机阅读方式，体现了人人、时时可读的现代媒体传播效果。

4）配套资源。除书中已标注的二维码资源供手机阅读外，编者还制作了相关的课程资源，读者可进入教学资源库课程网站（http://218.13.33.159：8000/lms/）的"课程"栏目下家用冰箱、空调和汽车空调维修课程中，学习更多拓展性内容，观看视频，进行在线习题测试和交流互动等。

本书建议学时为100学时，其中，项目一10学时，项目二40学时，项目三40学时，项目四10学时，其中应有30学时集中安排综合实训。

全书共分四个项目，项目一由顺德职业技术学院郑兆志编写，项目二由顺德职业技术学院吴治将编写，项目三由顺德职业技术学院王斯焱编写，项目四由顺德职业技术学院李东洺编写。全书由广东高校热泵工程技术开发中心主任徐言生教授主审。

本书的编写得到了顺德职业技术学院范爱民老师提供的汽车空调维修方面的案例及审核，还得到了佛山市顺德区杏坛顺泓制冷设备工程技术部黎绵昌高级工程师和美的家用空调事业部卢贻峰工程师提供的冷箱空调维修方面的案例及审核，在此对他们表示衷心的感谢！书中链接的二维码资源，来源于国家级职业教育专业教学资源库项目——制冷与冷藏技术专业教学资源库，在此对制作资源的兄弟院校和合作企业表示感谢。编写过程中，编者参阅了国内外出版的有关教材和资料，在此一并表示衷心感谢！

由于编者水平有限，书中不妥之处在所难免，恳请读者批评指正。

编　者

目　录

项目一

冰箱和空调的维修基本技能

❄ **学习目标**

　　掌握冰箱维修基本技能是维修冰箱的基础，冰箱维修基本技能包括：常用维修设备、仪表、工具的使用，钎焊技术和铜管加工技术。通过对常用维修设备、仪表、工具的综合知识学习和任务训练，熟悉其基本功能、结构特点、工作原理、应用场合、使用方法，熟练掌握焊接技术和铜管加工技术。

❄ **工作任务**

　　对常用维修设备、仪表、工具进行现场操作，使用焊接设备进行焊接练习，按照提供的图样进行铜管加工与制作。

任务一　常用维修设备的使用

任务描述

➤ 认识真空泵及其使用方法，用真空泵在空调上进行抽真空训练。

➤ 认识冷媒回收机及其使用方法，用回收机在空调上进行制冷剂回收训练。

所需工具、仪器及设备

➤ 扳手、压力表、真空泵、冷媒回收机、空调。

知识要求

➤ 能描述真空泵的种类及其特点。

➤ 能描述真空泵的工作原理及作用。

➤ 能描述冷媒回收机的工作原理及其特点。

➤ 掌握使用冷媒回收机回收制冷剂的方法。

技能要求

> 学会使用真空泵，能在制冷系统上进行抽真空操作。
> 学会使用冷媒回收机，能用冷媒回收机回收制冷剂。

知识导入

冰箱维修所需的专用设备见表1-1。

表1-1　冰箱维修专用设备

名　　称	规　　格	备　　注
真空泵	2～4L/s	用于抽真空
气焊设备	—	用于焊接管路
制冷剂气瓶	50～100L	用于盛装制冷剂
干燥箱	1～2m³/100℃	用于储存零件
	100～200L/200℃	用于零件干燥
轻便式充注机	3～5kg	维修站用
系统冲洗设备	—	用于系统的清洗
氮气瓶	50～100L及0～1.6MPa	用于试压和冲洗系统
检漏水槽	1500mm×600mm×400mm	用于系统检漏
便携式充注机	1～2kg	外出修理用
便携式气焊箱	—	外出修理用
便携式工具箱	—	外出修理用
便携式仪表箱	—	外出修理用

一、真空泵

真空泵是利用机械、物理、化学或这几种方式的综合方式对容器进行抽气而获得真空的器件或设备。通俗来讲，真空泵是用各种方法在某一密闭空间中产生、改善和维持真空的装置。真空泵（见图1-1）品种繁多，发展迅猛，所涉及的范围很宽；其抽速从每秒零点几升到每秒几十万、数百万升；极限压力（极限真空）可以从初真空达到 10^{-12} Pa 以上的超高真空。

图1-1　各类真空泵

根据工作原理不同，可将真空泵分为往复式真空泵和旋片式真空泵。往复式真空泵利用泵腔内做往复式运动的活塞将气体吸入、压缩并排出，故也称为活塞式真空泵，其运动原理类似于往复活塞式压缩机。旋片式真空泵利用泵腔内的转子做旋转运动，将气体吸入、压缩并排出。

二、典型真空泵的原理与结构

旋片式真空泵（简称旋片泵）是目前使用最多的真空泵，其工作压强范围为 $1.33 \times 10^{-2} \sim 101325\text{Pa}$，属于低真空泵。该泵可以单独使用，也可以作为其他高真空泵或超高真空泵的前级泵。它广泛应用于制冷空调、冶金、机电、军工、石化、轻工、医药等行业和科研部门。

旋片泵为中小型泵，分为单级和双级两种。所谓双级，就是在结构上将两个单级泵串联起来。旋片泵一般多做成双级的，以获得较高的真空度。

旋片泵主要由泵体、转子、旋片、端盖、弹簧等组成。在旋片泵的腔内偏心地安装有一个转子，转子外圆与泵腔内表面相切（两者间有很小的间隙），转子槽内装有带弹簧的两个旋片。旋转时，靠离心力和弹簧的张力使旋片顶端与泵腔的内壁保持接触，转子旋转带动旋片沿泵腔内滑动。如图 1-2 所示，两个旋片把转子、泵腔和两个端盖所围成的月牙形空间分隔成 A、B、C 三部分。当转子按顺时针方向旋转时，与吸气口相通的空间 A 的容积是逐渐增大的，正处于吸气过程；而与排气口相通的空间 C 的容积是逐渐缩小的，正处于排气过程；居中的空间 B 的容积也是逐渐减小的，正处于压缩过程。由于空间 A 的容积逐渐增大（即膨胀），气体压强降低，泵入口处的气体压强大于空间 A 内气体的压强，因此气体被吸入。当空间 A 与吸气口隔绝时，即旋片转至空间 B 的位置，气体开始

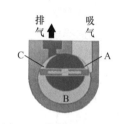

图 1-2 旋片泵工作原理

被压缩，容积逐渐缩小，最后与排气口相通。当被压缩的气体的压强超过排气压强时，排气阀被压缩气体推开，气体穿过油箱内的油层排至大气中。由泵的连续运转，可达到连续抽气的目的。如果排出的气体通过气道而转入另一级（低真空级）泵，由低真空级泵抽走，再经低真空级泵压缩后排至大气中，即组成了双级泵。这时总的压缩比由两级泵来负担，因而提高了极限真空度。

旋片泵的抽速与入口压强的关系规定如下：在入口压强为 1333Pa、1.33Pa 和 $1.33 \times 10^{-1}\text{Pa}$ 时，其抽速分别不得低于泵的名义抽速的 95%、50% 和 20%。

旋片泵可以抽除密封容器中的干燥气体，如附有气镇装置，还可以抽除一定量的可凝性气体。但它不适于抽除含氧过高、对金属有腐蚀性、会与泵油发生化学反应以及含有颗粒尘埃的气体。

三、真空泵的使用和操作

在充注制冷剂之前，必须使用真空泵对制冷系统抽真空。小型制冷空调装置一般使用单级旋片泵，大型制冷空调装置通常选用排气量为 2L/s、真空度达到 $5 \times 10^{-4}\text{mmHg}$（1mmHg = 133.28Pa）的真空泵。

对制冷空调系统抽真空主要有三种方法：

1. 低压单侧抽真空

此方法工艺简单，容易操作。通过耐压胶管将真空泵的吸气口与系统低压端的阀门连接，开启真空泵，随即缓缓打开低压阀门开始抽真空。30min 后关闭阀门，观察真空压力表指针的变化，如压力没有明显回升，则说明系统没有泄漏，抽真空操作结束。在停止抽真空时，先关闭阀门，然后切断真空泵的电源。低压单侧抽真空的方法简单易行，但由于仅在一侧抽真空，高压侧的气体受到节流装置的流动阻力影响，真空度比低压侧低得多，因此需较长时间才能达到所要求的真空度。

2. 高、低压双侧抽真空

通过管路、阀门将系统高、低压部分连接到真空泵，同时对系统高、低压部分抽真空。具体方法与低压单侧抽真空相同。高、低压双侧抽真空有效地克服了节流装置流动阻力对高压侧真空度的不利影响，提高了整个制冷系统的真空度，而且缩短了抽真空的时间，但提高了工艺要求，操作也较复杂。

3. 复式抽真空

对整个制冷系统进行二次以上的抽真空，以获得更为理想的真空度。在使用真空泵对制冷系统抽真空时需注意以下事项：

1) 掌握真空泵性能参数和维修设备所需要的真空要求。

2) 选择极限压强。极限压强是指在真空泵入口处装有标准试验罩并使其按规定条件工作，在不引入气体正常工作的情况下，趋向稳定的最低压强，一般选用 10Pa。

3) 选择抽气速率。抽气速率是指真空泵装有标准试验罩并按规定条件工作时，从试验罩流过的气体流量与在试验罩指定位置测得的平衡压强之比，又称泵的抽速，一般选用 $3 \sim 10\text{m}^3/\text{h}$。

4) 起动真空泵前检查电气、机械装置是否正常，各连接处及焊口处是否完好，开启排气口胶塞。

5) 真空泵使用的润滑油与制冷空调装置所用润滑油相同。

6) 检查油位。真空泵运转 1min 后，检查油窗中的油位，油量应当保持在油位线的上、下限之间。油位太低将降低泵的性能，太高则会造成油雾喷出。

7) 所用的连接管道宜短，应密封可靠，不得有泄漏现象。进气口与大气相通，运转不允许超过 3min，以减少空气进入。

8) 排气管的出口应远离潮湿、灰尘、杂质等，避免停机后因负压将水分、灰尘等吸入真空泵。

9) 停止抽真空时首先要关闭使制冷系统与真空泵分离的阀门，再关闭真空泵。

10) 真空泵使用后应及时拔下电源插头，拆除连接管道，盖紧进气、排气帽塞，防止污物或漂浮颗粒进入泵内，影响真空泵的正常工作。

复式阀和真空泵的结构及使用

四、便携式回收机操作步骤

1) 检查本回收设备，确保其处于良好状态。

2) 确认所有连接均正确、牢固（请参考连接图 1-3）。

3) 打开回收罐的液态口阀。

4) 确保"回收/自清"阀处于"回收"位置（见图 1-4）。

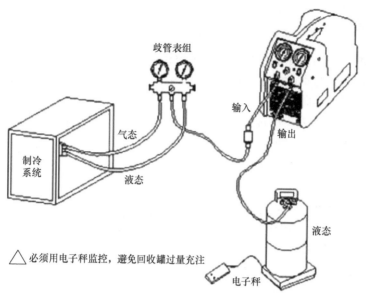

必须用电子秤监控，避免回收罐过量充注

图1-3 回收机操作连接图

5）打开本设备的输出阀。

6）打开歧管表组上的液态口阀（打开此阀会先抽出液态制冷剂），抽出液态制冷剂后，打开歧管表组上的气态口阀，完成系统抽真空过程。

7）将设备接在正确的电源上（产品铭牌上有标志），将电源开关打到"ON"位置，起动压缩机。

8）缓慢打开设备的输入阀。

① 如果压缩机开始出现撞击，慢慢把输入阀调小，直至撞击停止。

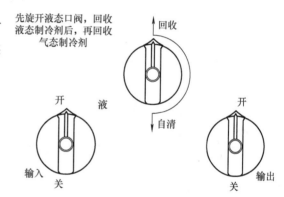

图1-4 回收机操作指示图

② 如果输入阀开小了，在抽出液态制冷剂时应将其完全打开一次（此时歧管表组的气态口阀也应打开）。

注意：如果由于某种原因设备开机后电源关闭，重新起动不成功，请将输入阀打到"关"的位置，然后将电源开关打到"ON"位置，起动压缩机，再缓慢打开输入阀。

9）让本设备运行至所需的真空度。

① 关闭歧管表组的液态及气态口阀。

② 关闭本设备的电源开关。

③ 关闭输入阀，然后运行"自清"步骤。

警告：每次使用后必须对本设备进行"自清"，否则残留的制冷剂会导致酸性腐蚀，损坏系统部件。

五、自清模式操作

"自清"操作——将残余的制冷剂排出本设备，如图 1-5 所示。

1）关闭制冷系统与本设备相连接的阀。

2）切断本设备的电源。

3）将输入阀打到"关"的位置。

4）将"回收/自清"阀旋至"自清"位置。

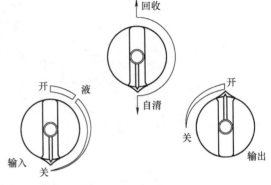

5）重新起动本设备。

6）运行至所需的真空度。

7）关闭回收罐及本设备阀。

8）切断本设备的电源。

9）将"回收/自清"阀旋至"回收"位置。

图 1-5　自清模式操作图

10）断开并存好所有外接管路、干燥过滤器等。

注意：一个干燥过滤器只能过滤同一种制冷剂，并保证定时、及时更换。

任务实施

1）分成 10 个小组，抽真空为 8 个小组，回收制冷剂为两个小组，操作完后相互调换。

2）8 个小组的学生分别对事前准备好的空调机组进行抽真空练习，分别进行室内机抽真空和整机抽真空。

3）两个小组的学生分别对事前准备好的空调机组进行回收制冷剂练习。

任务汇报及考核

1）小组讨论：组长召集小组成员讨论，交换意见，形成初步结论。

2）制作图样：

① 画出用真空泵抽真空的系统连接示意图。

② 画出用回收机回收制冷剂的系统连接示意图。

③ 分别写出抽真空和回收制冷剂的注意事项。

3）小组陈述：

① 每组成员进行分工，一个学生陈述：用真空泵抽真空的操作流程，用回收机回收制冷剂的操作流程。两个学生进行现场演示操作，一个学生在旁边辅助并记录数据。

② 其他小组不同看法：每组陈述完后，其他组对陈述组的结论进行纠正或补充。注意：不是争论，而是提出不同的看法。

4）教师点评及评优：

指出各组的训练过程表现、任务完成情况，对本实训任务进行小组评价，并将分数填入表 1-2 中。

表 1-2 实训任务考核评分标准

组长：   组员：

序号	评价项目	具体内容	分值	小组自评（30%）	小组互评（30%）	教师评价（40%）	平均分
1	职业素养	细致和耐心的工作习惯；较强的逻辑思维、分析判断能力	5				
		良好的吃苦耐劳、诚实守信的职业道德和团队合作精神	5				
		新知识、新技能的学习能力、信息获取能力和创新能力	5				
2	工具使用	正确使用工具	15				
3	真空泵操作	用压力表连接真空泵到制冷系统	20				
4	回收机操作	用压力表连接回收机到制冷系统	20				
5	总结汇报	陈述清楚、流利（口述操作流程）	20				
		演示操作到位	10				
6	总计		100				

思考与练习

一、简述真空泵的种类。

二、简述真空泵的工作原理。

三、简述真空泵的使用方法。

四、简述便携式回收机的工作原理。

五、简述便携式回收机的使用方法。

六、制冷系统抽真空的目的是什么。

任务二 常用维修仪表的使用

任务描述

➢ 用组合压力表测量不同制冷剂瓶的压力并记录。

➢ 用电子温度计测量冰箱冷冻室温度、冷藏室温度、压缩机机壳温度，并记录。

➢ 用万用表电阻档测量压缩机各绕组阻值并记录；用万用表电压档测量冰箱电源电压值并记录。

➢ 用钳形电流表测量冰箱运行电流并记录。

➢ 用绝缘电阻表（习称兆欧表）测量压缩机绕组绝缘电阻并记录。

➢ 用电子检漏仪对冰箱或空调进行检漏操作。

所需工具、仪器及设备

> 压力表、电子温度计、万用表、钳形电流表、绝缘电阻表、电子检漏仪、制冷剂瓶、冰箱、空调。

知识要求

> 能描述组合压力表的种类及其功能。
> 能描述电子温度计的种类及其功能。
> 能描述万用表的种类及其功能。
> 能描述钳形电流表的种类及其功能。
> 能描述绝缘电阻表的种类及其功能。
> 能描述电子检漏仪的种类及其功能。

技能要求

> 学会使用组合压力表及其他压力表。
> 学会使用电子温度计。
> 学会使用各类万用表。
> 学会使用钳形电流表。
> 学会使用各类绝缘电阻表。
> 学会使用冷媒电子检漏仪。

知识导入

一、组合压力表

组合压力表（见图1-6）是制冷空调装置维修的基本工具，主要用于抽真空、制冷剂充注等。组合压力表由两个高低压力表与阀体所组成，阀体下端有三个连接软管的接头，中间接头连接真空阀接头或制冷剂罐接口，其他两个接头对应连接制冷

图1-6　歧管仪与组合压力表

系统的高压侧和低压侧。低压表有刻度较为细、准的真空度刻度，高压表上也有真空度刻度。一般来说，维护时都以低压表上的真空度为准。

二、压力表

压力表有两种表示方法：一种是以绝对真空作为基准所表示的压力，称为绝对压力；另

一种是以大气压力作为基准所表示的压力，称为相对压力。大多数测压仪表所测得的压力都是相对压力，故相对压力也称表压力。当绝对压力小于大气压力时，可用容器内的绝对压力不足一个大气压的数值来表示，称为真空度。它们的关系如下：

压力表结构与运动

$$绝对压力 = 大气压力 + 相对压力$$
$$真空度 = 大气压力 - 绝对压力$$

压力表是制冷系统中常用的检测工具，通过表内的敏感元件（波登管、膜盒、波纹管）的弹性形变，再由表内机芯转换机构将压力形变传导至指针，引起指针转动来显示压力。压力表按用途可分为普通压力表（见图1-7）、真空压力表（见图1-8）、氨压力表、氧气压力表、电接点压力表、远传压力表、耐振压力表、带检验指针压力表、双针双管或双针单管压力表、数显压力表、数字精密压力表等。

图 1-7 普通压力表

图 1-8 真空压力表

压力表按其测量准确度可分为精密压力表、一般压力表。精密压力表的测量准确度等级分别为0.1级、0.16级、0.25级、0.4级、0.05级；一般压力表的测量准确度等级分别为1.0级、1.6级、2.5级、4.0级。

为了保证弹性元件能在弹性变形的安全范围内可靠地工作，在选择压力表量程时，必须根据被测压力的大小和压力变化的快慢，留有足够的余地。压力表的上限值应该高于可能的最大压力值，测量稳定压力时最大工作压力不应超过测量上限值的2/3，测量脉动压力时最大工作压力不应超过测量上限值的1/2，测量高压时最大工作压力不应超过测量上限值的3/5。一般被测压力的最小值应不低于仪表测量上限值的1/3，从而保证仪表的输出量与输入量之间的线性关系。

三、万用表

（一）指针式万用表

1. 指针式万用表的结构

指针式万用表是一种可进行多种电量测量、多量程、便携式的电气仪表，可用来测量直流电流、交直流电压、电阻及一些常用的电子元器件特性。

弹簧管式压力表

指针式万用表的面板如图1-9所示。前面板安装有表头、转换拨子旋钮、测量表笔插孔及欧姆调零旋钮。表头是指针式万用表的关键部件，指针式万用表的许多性能（如灵敏度、准确度等级等）都取决于表头的性能。因此，一般的指针式万用表都使用量程为数十微安的磁电系电流表作为表头。表头上有几条刻度线，分别用来指示电流、电压及电阻等。使用时根据转换拨子旋钮所指示的量程及电参量，从刻度线上读出相应的数值。

在万用表的表头面板上经常可见到一些符号及字母，它们的含义如下：D. C.（Direct Current）或 –——直流电参量测量；A. C.（Alternating Current）或 ~——交流电参量测量；+、–——测量表笔的正、负极性；—2.5——直流电压档精度等级（±2.5%）；~4.0——交流电压档精度等级（±4.0%）［注：精度等级 = ±（最大可能绝对误差/满量程刻度值）×100%］。转换拨子装置是多刀、多位开关。在拨子旋钮的周围都标有拨子处于此位置的测量功能及测量量程。图1-9所示的指针式万用表有1个拨子，共有18个量程。交流电压有三档，分别是10V、100V、500V。

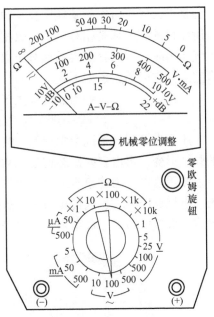

图1-9　指针式万用表的面板

2. 指针式万用表的功能

1）直流电流测量。将红表笔插入有"+"号的插孔，黑表笔插入有"–"号的插孔。转动转换拨子旋钮至电流功能档中所需量程，将表笔按正确方向串接于待测电路中。

2）交直流电压测量。按上述方法插好表笔，转动转换拨子旋钮到所需位置，将表笔两端并接于待测电压的两端。

3）电阻测量。按上述方法插好表笔，转动转换拨子旋钮到"Ω"档范围内的适当量程上，先将两支表笔短路，轻轻调动零欧姆旋钮，使指针指向零欧姆，再将表笔两端与待测电阻的两端接触，此时指针指示的 Ω 数值乘以转换开关所指的倍率数，即为被测电阻的阻值。

根据万用表可测量直流电阻的特性，也可用它来判断导线的通断或者继电器触点的通断等。在冰箱控制电路的维修中，万用表是必不可少的测量工具。

4）二极管极性判别。二极管的单向导电性表现为正向电阻很小，反向电阻很大。当使用指针式万用表判断极性时，把转换拨子旋钮放在 $R \times 1k$ 档，再用表笔两端与二极管两极相接触。由于万用表内部电路的结构，测电阻时红表笔（+）端输出负电压，黑表笔（–）端输出正电压。测量时若读数较小（数十到数百欧姆），二极管处于正向偏置，即与黑表笔相接触的是二极管正极，与红表笔接触的是二极管负极。若所测电阻值非常大，表明二极管处于反向偏置，与黑表笔接触的就是二极管负极。二极管正、反向电阻差别越大，其质量也就越好。若二极管正、反向电阻都很小或都很大，说明二极管内部已短路或断路，二极管损坏。

5）使用万用表 $R \times 1k$ 档，判断晶体管类型、晶体管管脚及估测 β 值。测量时将红表笔接触晶体管的一只管脚，黑表笔分别接触其他两只管脚，若二次接触万用表显示的电阻值都很小，说明红表笔所接触的是晶体管基极，并且此管属于 PNP 型。此时，若将红、黑表笔从插孔处对调一下，万用表应该显示很大的电阻值。

仍用万用表 $R \times 1k$ 档且红、黑表笔分别插入"+""–"插孔，如果黑表笔接触晶体管的一只管脚，用红表笔分别接触其他两个管脚时，万用表都显示很小的阻值，则黑表笔所接触的是晶体管的基极，而且此晶体管是 NPN 型。

对于 PNP 型晶体管，当使红、黑表笔与其余两个电极分别接触，并用舌尖轻轻接触基极时，会看到万用表指针有一定的偏转；再把晶体管的两个电极交换，重新用上述方法测量，又会看到万用表的指针发生偏转。两次测量指针的偏转角度不同。对于偏转大的那次测量，红表笔接触的是晶体管的集电极，黑表笔接触的是发射极。

对于 NPN 型晶体管，测量方法完全同 PNP 型。只是对于偏转较大的那次测量，黑表笔所接触的是晶体管的集电极，红表笔所接触的是发射极。

对同一类型的晶体管，使用上述方法可估测 β 值。偏转角大的晶体管，其 β 值也大。

3. 正确使用指针式万用表

只有正确使用指针式万用表才能保证测量结果的准确度，同时又不损坏仪表。使用时应注意：

1）每次测量前应把万用表水平放置，观察指针是否指零。指针不指零时用旋具微微调整表头的机械零点螺钉，使指针指零。

2）红、黑表笔应正确插入万用表插孔。转换拨子旋钮应放置在所要测量电参量的量程档上，决不可误放。

3）如果不清楚所测电压、电流值的大概范围，应首先用万用表的最大电压档、最大电流档预测，然后再改用适当的量程测量。

4）如果不清楚被测电路的正、负极性，可将转换拨子旋钮放在最高一档，测量时用表笔轻轻碰一下被测电路，同时观察指针的偏转方向，从而确定出电路的正、负极。

5）如果不清楚所要测的电压是交流电压还是直流电压，可先用交流电压的最高档来估测，得到电压的大概范围，再用适当量程的直流电压档进行测量。如果此时指针不偏转，则断定此电压为交流电压，若有读数则为直流电压。

6）测量电流、电压时，不能因为怕损坏表而把量程选得很大，正确的量程应该使指针指示在大于量程一半以上的位置，此时所得结果误差较小。

7）测量电压时，要加倍注意转换拨子旋钮的位置，决不能放在电流或电阻档上，否则将使表头损坏，轻则造成表针被打弯，重则使万用表电路元件或游丝、偏转线圈烧毁。

8）测量高阻值电阻时，不要用双手接触电阻的两端，以免将人体电阻并联到待测电阻上。

9）测量装在仪器上的电阻时应关掉仪器电源，将电阻的一端与电路断开再进行测量。如电路待测部分有容量较大的电容存在，应先将电容放电后再测电阻。

10）测量电阻时，每改变一次量程，都要重新调整零欧姆旋钮。如发现调整零欧姆旋钮不能使指针指向零欧姆，不应使劲扭动旋钮，而应更换新电池。

11）读数时两眼垂直观察指针，不应斜视。

12）保存万用表时应把转换拨子旋钮放到交流电压最高档处。万用表长时间不用时，应将电池从表中取出。应把万用表放置在干燥、通风、清洁的环境中。

（二）数字万用表

用数字显示测量电参量数值的万用表叫作数字万用表，它的测量原理与指针式万用表完全不同，结构和使用方法也不一样。

指针式万用表使用方法

1. 数字万用表概述

随着半导体集成工艺的发展，由集成电路构成的数字万用表价格大幅度下降，它具有灵敏度和准确度高、显示清晰直观（不存在读数误差）、性能稳定、过载能力强、便于携带的特点。

数字万用表种类很多，就便携式数字万用表而言，有 DT830、DT860、DT890 型等，它们中的每一种又有若干序号；从显示的灵敏度来讲，有四位数字和五位数字之分。因最高一位只能显示 0、1 两种数字，称为半位，故便携式数字万用表有三位半和四位半两种。如 DT830 型数字万用表使用四个显示单元，不考虑小数点，显示范围是 0000～1999。

DT830 型数字万用表面板如图 1-10 所示。前面板装有数字液晶（LCD）显示器、电源开关、量程选择开关、晶体管放大系数（h_{FE}）插孔、输入插孔等。

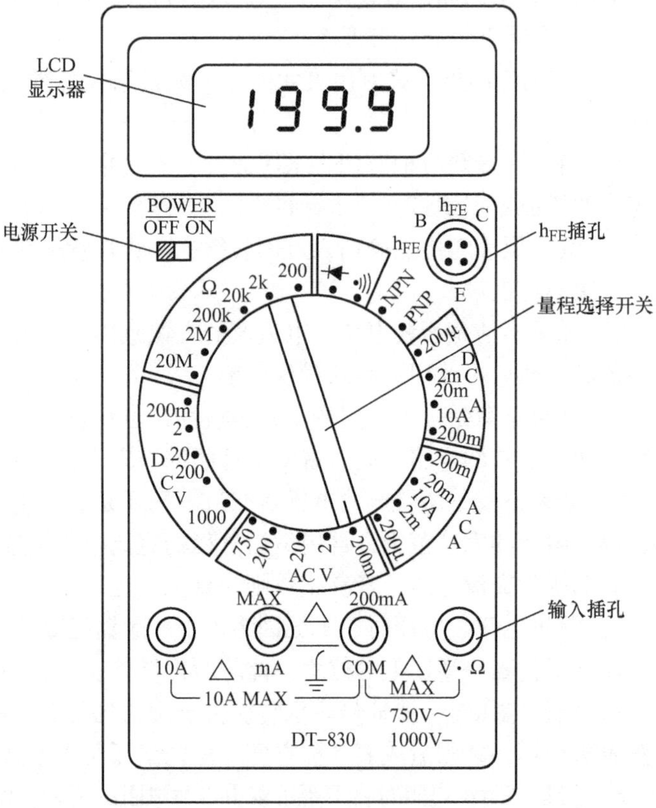

数字液晶显示器使用大字号 LCD，最大显示值为 1999 或 -1999，仪器具有自动调零和自动显示极性功能。当电源电压低于正常工作电压时，显示屏左上方显示电压低符号。测量时超过量程时，显示屏显示 "1" 或 "-1"，视被测电量的极性而定。小数点由量程选择开关同步控制，随量程变化左移或右移。

电源开关：在字母 "POWER" 下面注有 "OFF"（关）和 "ON"（开），把电源开关拨至 "ON"，接通电源，显示屏显示数字，使用结束，把开关拨到 "OFF"。

量程选择开关：可同时完成

图 1-10　DT830 型数字万用表面板

测试功能和量程的选择。直流电压（DCV）有 5 档，最小量程 "200mV"，灵敏度为 0.1mV。交流电压（ACV）有 5 档。交流电流（ACA）和直流电流（DCA）尽管有 4 档，但有 5 个量程，其中 "20mA" 和 "10A" 在同一档位置，其区分通过面板上的插孔来定。电阻（Ω）有 6 档，还有两档用于测量二极管极性和导通电压及导线的通断（导通时蜂鸣器发出声音）。当量程选择开关指在 NPN 时，可通过 h_{FE} 插孔测量 NPN 管的放大倍数，指在 PNP 处可通过 h_{FE} 插孔测量 PNP 管的放大倍数。

h_{FE} 插孔：采用四芯插座，上面标有 B、C、E、E 孔有两个，在内部连在一起。测量时将晶体管的三只管脚相应插入，显示屏就显示放大系数。

输入插孔：有 4 个插孔，分别标有 "10A" "mA" "COM" 及 "V·Ω"。在 "V·Ω"

和"COM"之间标有"MAX750~1000V"字样，表示可输入的最高电压。"COM"表示地端。

电池盒：位于万用表后面板。在标有"OPEN"（打开）的位置，按箭头指示方向拉出活动抽板，即可更换电池。电池盒内也放有0.5A的熔断器，当测量不慎严重超量程时，熔断器内的金属丝熔断，从而保护仪表不受损失。

2. 数字万用表的功能及使用

从数字万用表的前面板可以看到数字万用表的功能。与指针式万用表相比，其测量电参数及量程都有增加。有的数字万用表（DT890C型）还增加了测量电容和温度的功能。此时在面板上增加了5个电容档及两个仅用来测电容的插孔Cx。每个插孔上有几个彼此相通的小孔，以备测量体积大小不同的电容，面板上还有专为测电容用的零位调节旋钮"ZERO ADJ"。测量时首先通过零位调节旋钮使初始值显示零，然后放入待测电容，每次换档时须重新调零。测量温度时，把量程选择开关放置于测温档，把仪表的测温传感头插入前面板上的测温插孔，显示屏上就直接显示出待测温度。

尽管数字万用表采取了过电压保护和过电流保护措施，但仍需防止操作上的失误（如用电流档或电阻档去测量电压）。测量前要仔细核查量程开关的位置是否合乎要求。为了延长数字万用表的寿命，使用中应注意：

1）不要把数字万用表放置在高温（>40℃）、高湿（相对湿度>80%）、寒冷（<0℃）的环境中，以免损坏液晶显示器。

2）严禁在测量中（电压>220V，电流>0.5A）拨动量程开关，防止产生电弧。

3）不要用电池或万用表电阻档去检查液晶显示器的好坏。

4）不要随意打开万用表后盖或拆卸元件，表盖内部贴有喷铝纸，不要揭下，不要弄断在其下面的"COM"连线。

（三）钳形电流表

钳形电流表简称钳形表，它是测量交流电流的专用电工仪表，如图1-11所示。用钳形表测量交流电流时只需将一根被测导线置于钳形表的钳形窗口内，而不必将钳形表串接在电路中，即可测出导线中电流的数值。早期生产的钳形表只有单一测量交流电流的功能，近期生产的钳形表已与万用表组合在一起，组成多用途钳形表，可以指针显示或数字显示，使用和携带非常方便。钳形表是根据电流互感器的原理制成的。钳形表上的线圈为互感器的二次绕组，当被测导线夹入钳形铁心的窗口时，即成为互感器的一

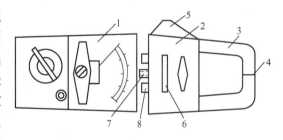

图1-11　钳形电流表
1—万用表　2—钳形互感器　3—钳形铁心
4—钳形铁心的开口　5—铁心开口按钮
6—钳形互感器与万用表的连接旋钮　7—连接螺钉
8—钳形互感器线圈与万用表电极的连接插头

次绕组。导线中有交流电通过时，二次绕组中产生感应电流，经整流后流经表头，这样就可从表头的刻度板上直接读出被测导线中的交流电流值了。

使用钳形表时应注意以下几点：

1）使用钳形表应先估计被测电流的大小，选择适合的量程。一般要先选择较大量程，

然后视被测电流的大小，调整到适合的量程，读出较准确的数值。

2）为使测量时读数正确，导线夹入钳口中后，钳形铁心开口的两个面应很好地吻合，其中不能夹有污物，以免影响读数的准确性。

3）一般钳形表的最小量程为5A，测量较小电流时，指针读数会有较大误差。为能得到较精确的读数，可将通电导线在钳形铁心上绕几圈后再进行测量。但是导线中的实际电流数值应该是指针读数除以钳形铁心上所绕的圈数。

4）钳形表的钳口内只能夹电源的一根导线，若将两根电源导线夹入，将测不出电源线中的电流。

5）钳形表每次使用完毕后，量程转换开关应放在最大量程位置，以免他人未经选择量程便使用而损坏仪表。

试电笔万用表
钳流表的使用1

试电笔万用表
钳流表的使用2

试电笔万用表
钳流表的使用3

（四）绝缘电阻表

绝缘电阻表习称兆欧表，俗称摇表，它是由一台手摇发电机和磁电系比率表组成的，是一种专门用来测量电动机绕组、变压器绕组及电缆等设备绝缘电阻的高阻表。它的高压电源是由手摇发电机产生的，有500V、1000V、5000V等几种。目前也有用晶体管逆变器代替手摇发电机的绝缘电阻表。绝缘电阻表面板如图1-12所示，图中A为摇把，E为接地端钮，L为线路端钮，G为保护端钮，表头为指针式显示，整个仪表由金属外壳封装。在冰箱的维修中，绝缘电阻表主要用来测量冰箱和压缩机的绝缘电阻阻值，以保证使用安全。使用绝缘电阻表时应注意以下几点：

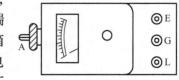

图1-12 绝缘电阻表面板

1）由于电器的工作电压和对它的绝缘电阻要求不同，因此测量不同电器的绝缘性能时，要采用相应规格的绝缘电阻表。一般测量民用电器的绝缘性能时，可采用工作电压为500V、测量范围为0~500MΩ的绝缘电阻表。

2）绝缘电阻表上一般有三个接线柱，在接线柱的旁边分别标有E（接地）、L（电路）、G（保护）环记号。E、L接线柱分别接测试棒。使用绝缘电阻表时，要对绝缘电阻表进行一次开路和短路试验，以检查绝缘电阻表是否良好。当两根测试棒开路时，摇动发电机手柄，指针应指向表盘刻度的无穷大处；当两根测试棒短接时，摇动手柄，指针应指向零欧姆处，否则说明绝缘电阻表有故障。

3）使用绝缘电阻表测量电气设备的绝缘电阻时，要先切断电气设备的电源，以保障设备及人身安全。

4）测量冰箱或压缩机的绝缘电阻时，L接线柱上的测试棒接冰箱的电源线插头或压缩机的引出桩头，E接线柱上的测试棒接到其外壳上。

5）测量时转动绝缘电阻表的手柄，要保持一定的转速，一般要求为 120r/min，最少不低于 90r/min，最快不超过 150r/min。

6）测量电器的绝缘电阻时，若绝缘电阻表的指针已指向 0Ω，则应立即停止摇动手柄，以免损坏表内线圈。

（五）温度计

温度是冰箱的主要测试项目，准确地测量冰箱各部分的温度，对故障部位进行判断，保证其可靠、经济地运行，具有十分重要的意义。

冰箱维修中使用的多是乙醇温度计，温度范围为 -40~40℃。为同时监测冰箱的冷藏室和冷冻室的温度，应准备两支以上的温度计。为了保证测温的准确度，有条件的还可以购置图 1-13 所示的电子（数字）温度计。

绝缘电阻表的使用

电子温度计是数字显示式温度计，专门用来测量环境、冰箱及冷库中的温度。电子温度计以热敏电阻或半导体二极管作为温度传感元件，性能稳定，显示滞后性小。

电子温度计的使用与维护应注意以下几点：

1）使用前对温度计满度进行调整，将测量温区开关放在 0~30℃ 处，液晶屏显示环境温度。按下校准按钮 3，调节满度调整旋钮 4，使读数为 30℃。根据测量温区的不同，校正时也可把量程开关放在 -30~0℃ 位置。

2）要正确放置温度传感器。测量物体温度时应使温度传感器紧密接触物体；若要测量空间温度，温度传感器就放在空间中央。

3）传感器是易损部件，切勿碰砸。

4）当显示数字不清楚或满度不能校准时，应及时更换电池。

5）存放时避免高温、高湿的环境。

（六）电子检漏仪

电子检漏仪是一种可靠的检漏仪，用来检测空调和制冷系统中制冷剂的泄漏，如图 1-14 所示。电子检漏仪的功能特点如下：

1）可视泄漏指示：10 个发光管依次变亮表示制冷剂浓度升高。一个灯亮表示传感器检测到制冷剂浓度的最小量。几个指示灯从下向上依次点亮，可形象地说明制冷剂的泄漏浓度。

2）检漏仪的特点还在于它具有可视听指示、音量控制、平衡控制功能、16in（1in = 0.0254m）长鹅颈探头，可以保持一定的位置，便于一只手操作。不用时，探头软管盘绕在元件背面的凹槽内。

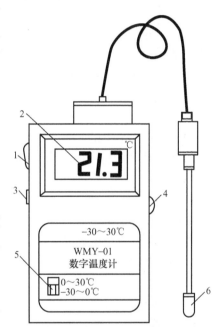
图 1-13　电子温度计面板
1—电源开关　2—数字显示屏
3—校准按钮　4—满度调整旋钮
5—测量温区开关　6—温度传感器及套筒

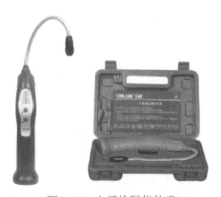
图 1-14　电子检漏仪外观

3）适用于所有常用制冷剂的检漏，如 CFCs、HFCs、FCs。

（七）钢瓶中氟利昂的辨认：

在检修冰箱时会遇到辨认钢瓶中的制冷剂是 R12 还是 R22 的问题。其方法有两种：

1. 测温法

把钢瓶卧置在地上，用一支玻璃管温度计紧靠在瓶口，然后打开钢瓶阀，使白雾喷射在温度计下端部，稍等片刻，关闭钢瓶阀。若温度为 -29℃ 左右，则钢瓶内的制冷剂为 R12；若温度为 -40℃ 左右，则钢瓶内的制冷剂为 R22。

2. 测压法

在钢瓶口接一压力表，打开钢瓶阀后，在环境温度（30℃）下，R12 比 R22 压力低，压力为 0.65MPa 的为 R12，压力为 1.12MPa 的为 R22。

R12 钢瓶首次使用注意事项：新购的 R12 钢瓶使用前要清洗，以免把铁锈等污物带入制冷系统。清洗时开启钢瓶阀，把汽油或乙醇从阀口倒入瓶内，不断摇动钢瓶，用汽油或乙醇冲刷钢瓶内污物，再把钢瓶倒置，倒出汽油或乙醇。重复上述过程若干次，直至瓶内干净为止。清洗后的钢瓶要抽真空后才能充灌 R12。

任务实施

1）分成 10 个小组，每个小组分别练习各种仪表的操作使用方法。

2）组合压力表的使用。用组合压力表分别测量不同制冷剂瓶的压力并记录数据，包括 R22、R410A、R134a、R600。

3）电子温度计的使用。给冰箱通上电，待冰箱运行稳定之后分别测量冰箱的冷藏室和冷冻室的温度并记录数据。或者给空调通上电，用遥控器制冷模式开启空调，用电子温度计测量空调回风温度和出风温度并记录数据。

4）万用表的使用。用万用表测量冰箱和空调的工作电压，分别测量冰箱压缩机、空调压缩机的三个绕组的电阻值，记录所有测量数据。

5）钳形电流表的使用。测量冰箱和空调的运行电流并记录数据。

6）绝缘电阻表的使用。用绝缘电阻表测量冰箱压缩机、空调压缩机的绝缘电阻并记录数据，测量冰箱、空调电源插头的绝缘电阻并记录数据。

7）电子检漏仪的使用。用电子检漏仪对冰箱和空调制冷系统进行检漏。如果制冷系统没有泄漏现象，可用制冷剂瓶进行演示。将制冷剂瓶打开一点，用电子检漏仪检测出气口，观察电子检漏仪的报警情况。

任务汇报及考核

1）小组讨论：组长召集小组成员讨论，交换意见，形成初步结论。

2）记录数据：记录操作各种仪表时所测量的各类数据。

3）小组陈述：

① 每组成员进行分工，一个学生陈述：各种仪表的使用方法，两个学生进行现场演示操作，一个学生在旁边辅助并记录数据。

② 其他小组的不同看法：每组陈述完后，其他组对陈述组的结论进行纠正或补充。注意：不是争论，而是提出不同的看法。

4）教师点评及评优：

指出各组的训练过程表现、任务完成情况，对本实训任务进行小组评价，并将分数填入表 1-3 中。

表 1-3　实训任务考核评分标准

组长：　　　　　　　组员：

序号	评价项目	具体内容	分值	小组自评（30%）	小组互评（30%）	教师评价（40%）	平均分
1	职业素养	细致和耐心的工作习惯；较强的逻辑思维、分析判断能力	5				
		良好的吃苦耐劳、诚实守信的职业道德和团队合作精神	5				
		新知识、新技能的学习能力、信息获取能力和创新能力	5				
2	仪表使用	正确使用各种仪表	40				
3	操作规范	按照要求规范操作	15				
4	总结汇报	陈述清楚、流利（口述操作流程）	20				
		演示操作到位	10				
5	总计		100				

思考与练习

一、简述组合压力表的种类和功能。

二、简述如何分辨标签脱落的不同制冷剂。

三、质量为 1kg 与质量为 5kg 的装有同种制冷剂的钢瓶的压力是否相等？

四、如何正确使用万用表？

五、如何正确使用绝缘电阻表？

六、如何正确使用钳形电流表？

七、如何正确使用电子温度计？

八、如何正确使用组合压力表？

九、说明制冷系统检漏的操作方法。

任务三　常用维修工具的使用

任务描述

➤ 用割管器进行割管练习。

➤ 用扩管器进行扩喇叭口练习。

➤ 用胀管器进行胀杯形口练习。

➢ 用弯管器进行弯管练习。

➢ 用毛细管钳或小割管器进行毛细管切割练习。

➢ 用封口钳进行封口练习。

所需工具、仪器及设备

➢ 割管器、小割管器、扩管器、胀管器、弯管器、毛细管钳、封口钳。

知识要求

➢ 掌握割管器的操作方法。

➢ 掌握扩管器的操作方法。

➢ 掌握胀管器的操作方法。

➢ 掌握弯管器的操作方法。

➢ 掌握毛细管钳的操作方法。

➢ 掌握封口钳的操作方法。

技能要求

➢ 学会使用割管器切割铜管。

➢ 学会用扩管器扩喇叭口。

➢ 学会用胀管器胀杯形口。

➢ 学会用弯管器进行弯管。

➢ 学会用毛细管钳剪毛细管。

➢ 学会使用封口钳。

知识导入

一、割管器

将冰箱的纯铜管和毛细管切断时，一般不使用钢锯。因为钢锯切断的管口不齐，易造成凹扁，使胀管困难，而且容易使锯屑落进管内，不易清理，故纯铜管一般用割管器切断。图1-15所示为割管器外形。用割管器切出的管口整齐光滑，易于胀管。

割管器是用来切割薄壁铜管的专用工具，可用于直径为3~25mm管子的切割。切割时将要切断的管子夹在刀片与切割轮间，切削刃与管子垂直，然后顺时针方向缓慢旋紧调整钮，以使切割轮转动1/4圈，然后再缓慢将割管器绕纯铜管旋转一周，再旋紧割管器调整钮（1/4圈）并使割管器绕纯铜管一周，直至铜管被切断为止。切断铜管时，要将刀口垂直压向铜管，不要歪扭或侧向扭动，否则，很容易使刀口的边缘崩裂。切割后要用铰刀将管口边缘上的毛刺去掉。

毛细管是一根内径为0.6~2mm的细长纯铜管。毛细管的尺寸会影响冰箱制冷效果，因此在割断毛细管时，不应使其截面积缩小。割断的方法有两种。一种是用刃口快的剪刀，在要割断的位置夹住毛细管，轻轻转动划出一圈刀痕，但不划透，如图1-16所示。然后用双手拿住划痕的两端，来回扳动，毛细管即可断开。在操作时切勿用剪刀使劲夹住毛细管，以免夹扁。割断的毛细管内孔应呈圆形。另一种方法是用钳子的刃口将毛细管铰断，然后用锉刀把管口锉成30°斜面，或用砂纸磨成30°斜面，再把管口的毛刺清理干净。

旧的毛细管弯曲处太多时，可把一端固定，手垫上棉布用力捋直后再使用。

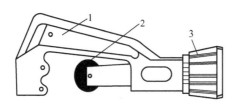

图 1-15　割管器
1—支架　2—切割轮　3—调整钮

图 1-16　毛细管剪刀

二、扩管器、胀管器

1. 扩喇叭口

扩管器是铜管扩口的专用工具，其构造如图 1-17 所示。制冷系统采用螺纹接头时，铜管管口要扩成喇叭口形状，以保证连接处的密封性能。

割管和扩喇叭口 1

扩管器是由一块厚钢板分成对称的两半，其上面按不同管径钻出各种管径的孔口，孔的上口为 60°的倒角，其倒角的大小和高度按照管径的要求来定，经过淬火处理制成。扩管器的两半连接，一端使用销，另一端使用蝶形螺母和螺栓压紧或两端都采用蝶形螺母和螺栓压紧，形成一个夹具。使用时，根据铜管管径选择好合适的孔口，铜管需高出扩管器的上平面，为扩口深度的 1/3，如图 1-18 所示，同时在铜管口内表面上涂少许润滑油，以保证扩口质量。

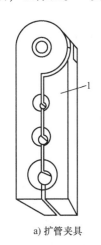

a) 扩管夹具

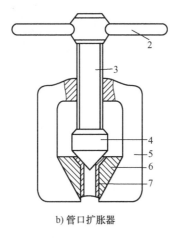

b) 管口扩胀器

图 1-17　扩管器的形状结构图

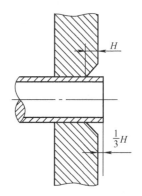

图 1-18　铜管露出扩管器喇叭口示意图

1、6—夹具　2—手柄　3—螺杆　4—顶尖　5—弓架　7—铜管

扩管时，将已退火且已割平的铜管去除毛刺后夹在扩管器内，管口朝向喇叭面，用顶尖顶住管口，旋动手柄，将顶尖向下旋转 3/4 圈，再倒旋回 1/4 圈，再将顶尖向下旋动 3/4

圈。如此反复旋动手柄，向下旋转，当顶尖到达扩口深度的 7/8 时即可。剩余的 1/8 留在连接管路时，用螺母压紧成形。这样扩好的喇叭口能保证扩口锥度，锥面圆滑，接触面严密，不容易引起泄漏。扩口后接触面不应有裂纹和麻点，以防密封不严。不合格的喇叭口可能有偏斜不正、损伤或裂纹、皱褶。

割管和扩喇叭口2

割管和扩喇叭口3

2. 胀杯形口

压缩机排气口与排气管、排气管与冷凝器、压缩机吸气口与吸气管、吸气管与蒸发器接管之间的焊接应用套接焊。套接焊，即管与管焊接，需将一根管子插入另一管内，其中一根管必须胀成套管。套焊的两根铜管之间应有 0.05～0.15mm 的间隙，以利于焊料流入缝隙，增强焊缝强度，避免渗漏。

在胀口时，被胀的一端留约 20mm 长，用气焊火焰加热，然后在空气中自然冷却，使其退火。冲扩前先自制一个钢冲，钢冲尺寸如图 1-19 所示。D_1 段起导向作用，保证钢冲不歪斜，胀出的口均匀。有的胀管器可以提供胀套口所需要的钢冲。将胀管器夹在台虎钳上，如图 1-20 所示，将铜管放在胀管器中夹紧，铜管上部露出 10～15mm，将钢冲对准管口，用铁锤轻轻敲打。钢冲向下走一点，铁锤敲打一下，边胀口边转动钢冲，待钢冲全部打进去后，取出钢冲。胀口时不要过急，一次胀口不要过深，否则，钢冲不容易拿出。冲扩完毕，用砂纸将管端磨光，并用干布拭净。合格的杯形口应是杯形圆正，无扁无裂。

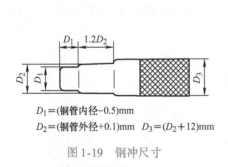

$D_1 = (铜管内径 - 0.5)mm$
$D_2 = (铜管外径 + 0.1)mm$ $D_3 = (D_2 + 12)mm$

图 1-19　钢冲尺寸

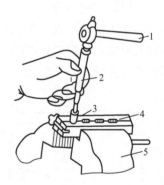

图 1-20　冲胀杯形口
1—铁锤　2—钢冲　3—管子
4—胀管器　5—台虎钳

三、弯管器

纯铜管弯曲时，可先在弯曲处退火。在管子弯曲前，用气焊火焰加热管子，加热部分应有一定的长度，其长短由弯曲角度和管子的直径来决定。一般为：弯曲角度为 90°时，加热部分的长度是管子直径的 6 倍；弯曲角度为 60°时，加热部分的长度是管子直径的 4 倍；弯曲角度为 45°时，加热部分的长度是管子直径的 3 倍；弯曲角度为 30°时，加热部分的长度是管子直径的 2 倍。

加热管子时，应不断转动管子，使管壁受热均匀。加热时间不要太长，一般到管壁变为黄红色即可。弯曲纯铜管需用弯管器，如图 1-21 所示。操作时，将管子放入弯管器的槽沟内，用夹管钩勾紧，管子的另一端应随柄杆按顺时针方向转动，直至弯曲到所需角度为止，然后退出弯管。弯管时，速度要慢，弯曲半径不能太小，过小会使管子凹扁，铜管的弯曲半径应以铜管直径的 5 倍为宜。

四、封口钳

封口钳也称为大力钳，如图 1-22 所示。当冰箱修复、试机正常后，需要将冰箱上所接的压力表取下，但又不能让冰箱中的制冷剂泄漏，此时就要用封口钳将靠近压缩机工艺管一端的连接管压扁，再将压力表取下，并将切割处的管子封焊好。

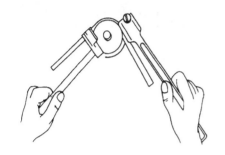

图 1-21　用弯管器弯曲管子

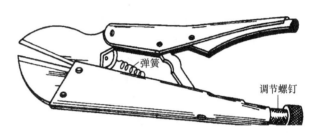

图 1-22　封口钳

五、方榫扳手

如图 1-23 所示，方榫扳手是专门用于旋动各类制冷设备阀门杆的工具。扳手的一端是可调的方榫扳孔，其外圆为棘轮，旁边有一个撑牙由弹簧支撑，使扳孔只能单向旋动。扳手的另一端有一大一小两个固定方榫孔，小方榫孔可用来调节膨胀阀的阀杆。

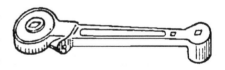

图 1-23　方榫扳手

任务实施

1）分成 10 个小组，每小组各领取一套扩管器、胀管器、弯管器、毛细管钳及一定量的铜管。

2）用割管器进行割管练习。

3）用扩管器进行扩喇叭口练习。

4）用胀管器进行胀杯形口练习。

5）用弯管器进行弯管练习。

6）用毛细管钳或小割管器进行毛细管切割练习。

7）用封口钳进行封口练习。

任务汇报及考核

1）小组讨论：组长召集小组成员讨论，交换意见，形成初步结论。

2）小组代表陈述：

① 每组推荐3位成员，一个学生陈述：如何进行扩管、胀管、弯管、剪毛细管、封口操作，同时两个学生进行演示，要求脱稿陈述。不足之处组员可以补充。

② 其他小组不同看法：每组陈述完后，其他组对陈述组的结论进行纠正或补充。注意：不是争论，而是提出不同的看法。

3）教师点评及评优：指出各组的训练过程表现、任务完成情况，对本实训任务进行小组评价，并将分数填入表1-4中。

表1-4　实训任务考核评分标准

组长：　　　　　　　组员：

序号	评价项目	具体内容	分值	小组自评（30%）	小组互评（30%）	教师评价（40%）	平均分
1	职业素养	细致和耐心的工作习惯；较强的逻辑思维、分析判断能力；	5				
		良好的吃苦耐劳、诚实守信的职业道德和团队合作精神	5				
		新知识、新技能的学习能力、信息获取能力和创新能力	5				
2	工具使用	正确使用工具	15				
3	美观程度	铜管美观	10				
4	操作规范	操作规范	30				
5	总结汇报	陈述清楚、流利（口述操作流程）	20				
		演示操作到位	10				
6	总计		100				

思考与练习

一、如何进行割断铜管操作？

二、如何进行扩喇叭口操作？

三、如何进行胀杯形口操作？

四、如何进行弯管操作？

五、如何进行封口操作？

任务四　铜管加工与制作

任务描述

➤ 扩喇叭口：用φ12.7mm、φ9.52mm、φ6.35mm的铜管分别割出3条长度为50mm的直管，对管口进行去毛刺处理，将两边管口扩成喇叭口。

> 胀杯形口：用 $\phi12.7$mm、$\phi9.52$mm、$\phi6.35$mm 的铜管分别割出 3 条长度为 80mm 的直管，对管口进行去毛刺处理，将两边管口胀成杯形口。

> 弯制铜管：用 $\phi12.7$mm、$\phi9.52$mm、$\phi6.35$mm 三种规格的铜管按照图 1-24 所示进行弯管。

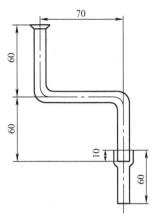

图 1-24　铜管加工图

所需工具、仪器及设备

> 扩管器、胀管器、毛刺刀、弯管器、割管器、锉刀、直尺、卷尺、游标卡尺。

知识要求

> 熟悉铜管的规格尺寸。
> 熟悉管路制作的技术。
> 熟悉铜管变形问题的分析方法。
> 熟悉管路制作的注意事项。
> 熟悉直管开料长度的计算方法。

技能要求

> 学会用扩管器扩喇叭口。
> 学会用胀管器胀杯形口。
> 学会用弯管器弯制不同管道。

知识导入

一、割管器的使用步骤

1）将需加工的直径为 6mm 的铜管夹装到割管器上，慢慢旋紧手柄至铜管边缘。
2）将整个割管器绕铜管顺时针方向旋转。
3）割管器每旋转 1~2 圈，需调整手柄 1/4 圈。
4）重复 2）、3）步骤，直至铜管被割断。
注意事项：
1）铜管一定要架在导轮中间。
2）所加工的铜管一定要平直、圆整。
3）由于所加工的铜管壁较薄，调整手柄进刀时，不能用力过猛，以免出现严重的变形，影响切割。
4）切割加工铜管过程中出现的内凹收口和毛刺需进一步处理。

二、扩喇叭口的操作步骤

1）用割管器切割 100mm 长、直径为 6mm 的铜管。

2）用倒角器去除铜管端部的毛刺和收口。

3）将需要加工的铜管夹装到相应的夹具孔内，铜管端露出夹板面 $H/3$ 左右（H 为夹具孔内斜面高度），旋紧夹具螺母直至将铜管夹牢。

4）将扩口顶锥卡于铜管内，顺时针慢慢旋紧手柄使顶锥下压，直至形成喇叭口。

5）推出顶锥，松开螺母，观察铜管扩口面应光滑圆整，无裂纹、毛刺和折边。

三、用胀管器胀杯形口的操作步骤

1）用割管器切割 100mm 长、直径为 6mm 的铜管。

2）去除毛刺和收口。

3）选好相应的胀头。

4）将杠杆松开，把所需加工的铜管套至装好的胀头上。

5）收紧杠杆，胀头自动张开，铜管形成杯口（胀杯形口深度参考见表 1-5）。

表 1-5　胀杯形口深度参考　　　　　　　　　　　　（单位：mm）

管　径	深　度
6	7.5
10	12
12	14.5
16	19
19	22

四、弯管器的操作步骤

1）用割管器截取长为 300mm、直径为 10mm 的铜管一根。

2）将 10mm 铜管套入弯管器内，搭扣住管子，然后慢慢旋转手柄，使管子逐渐弯制到规定角度。

3）将弯制好的铜管退出弯管器。

4）再取其他规格铜管进行训练（不同角度），直至熟练。

任务实施

1）分成 5 个小组，每小组各领取一套扩管器、胀管器、弯管器、直尺、卷尺、锉刀和适量的 φ12.7mm、φ9.52mm、φ6.35mm 的铜管。

2）每小组每位同学必须按照工作任务完成 φ12.7mm、φ9.52mm、φ6.35mm 三种规格的铜管加工（扩管、胀管、弯管）。

任务汇报及考核

1）小组讨论：组长召集小组成员讨论，交换意见，形成初步结论。

2）小组代表陈述：

① 每组推荐 3 位成员，一个学生陈述：如何扩管、胀管、弯管，同时两个学生进行操作演示。要求脱稿陈述。不足之处组员可以补充。

② 其他小组不同看法：每组陈述完后，其他组对陈述组的结论进行纠正或补充。注意：不是争论，而是提出不同的看法。

3）教师点评及评优：指出各组的训练过程表现、任务完成情况，对本实训任务进行小组评价，并将分数填入表1-6中。

表1-6 实训任务考核评分标准

组长：　　　　　　　组员：

序号	评价项目	具体内容	分值	小组自评（30%）	小组互评（30%）	教师评价（40%）	平均分
1	职业素养	细致和耐心的工作习惯；较强的逻辑思维、分析判断能力	5				
		良好的吃苦耐劳、诚实守信的职业道德和团队合作精神	5				
		新知识、新技能的学习能力、信息获取能力和创新能力	5				
2	工具使用	正确使用工具	15				
3	美观程度	铜管加工美观、尺寸符合要求	20				
4	操作规范	操作规范	20				
5	总结汇报	陈述清楚、流利（口述操作流程）	20				
		演示操作到位	10				
6	总计		100				

思考与练习

一、如何进行喇叭口与杯形口的制作？

二、如何弯制不同管道？

三、如何分析弯管变形问题？

四、在扩管、胀管、弯管过程中有哪些注意事项？

任务五　焊接技术实训

任务描述

➢ 使用氮气瓶、氧气瓶、液化石油气瓶，调节气瓶上的减压表，把气压调到正常使用压力范围。

➢ 用钎焊进行正立、水平、倒立焊接练习。

➢ 按照图1-25所示铜管加工图进行焊接。

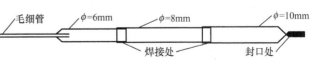

图1-25　铜管加工图

所需工具、仪器及设备

> ➤ 老虎钳、尖嘴钳、割管器、毛细管钳、封口钳、氧气瓶、氮气瓶、液化石油气瓶、焊枪。

知识要求

> ➤ 认识气焊设备的结构与工作原理。
> ➤ 了解钎焊时氧气瓶、液化石油气瓶的使用压力范围，检漏时氮气瓶的使用范围。
> ➤ 掌握钎焊焊接技术，了解焊接时的安全注意事项。
> ➤ 了解钎料的牌号和成分，会选择合适的钎料进行焊接。

技能要求

> ➤ 学会使用氮气瓶、氧气瓶、液化石油气瓶。
> ➤ 学会气焊设备的正确操作方法。
> ➤ 学会使用焊枪，能够进行正立、水平、倒立焊接。

知识导入

一、气焊设备

在对制冷系统进行维修时，经常要用气焊对制冷系统进行分解与组焊。维修制冷系统用的主要气焊设备如图 1-26 所示。

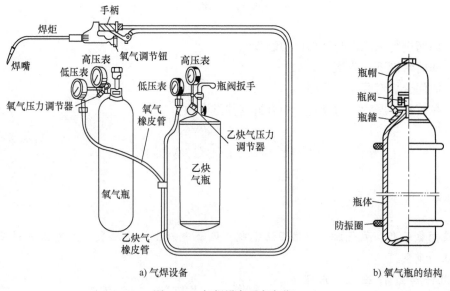

a) 气焊设备　　　　　　　　b) 氧气瓶的结构

图 1-26　气焊设备及氧气瓶

1. 液化石油气瓶和调压器

维修冰箱和其他小型制冷机的制冷系统，所使用的气焊温度并不很高，因此常用液化石油气作为可燃气体。液化石油气瓶按容积大小，其装载的气体质量有10kg和20kg两种。

在液化石油气瓶的阀口处安装有调压器，它的作用是降低液化石油气的输出压力，并保持稳定均匀地供气。使用时，需将低压胶管紧套在调压器的出气口上，但不可用细铁丝紧固。

2. 乙炔发生器

乙炔也是一种广泛用于气焊的可燃气体。乙炔发生器是利用电石和水发生化学反应来制取乙炔的一种装置。在维修冰箱等小型制冷设备时，其火焰的温度要比液化石油气高，因此一般只在焊接温度要求较高的场合才使用。

3. 氧气瓶与减压器

氧气瓶是一种用来储存和运输氧气的高压容器。它可以充灌压力约为15MPa的高压氧气。气焊时，通过减压器和胶管将氧气送至焊枪。

氧气瓶的结构如图1-26b所示，它主要由瓶体、瓶阀、瓶帽、瓶箍和防振圈等组成。瓶内的氧气经减压器送出。焊接结束后，顺时针方向旋转瓶阀的手轮即可关断氧气，并将瓶帽盖好、拧紧，以保护瓶阀。

氧气瓶内的氧气不允许全部用完，至少应保留0.2MPa的剩余压力，并应严格防止杂质、空气或其他气体进入瓶内，以保证下次充氧的质量。

使用时，要将减压器的进气口拧紧到氧气瓶的瓶阀上（不得有漏气现象），再在出气口端接上胶管，并用铁丝拧紧，然后开启氧气瓶瓶阀。如果是新充灌的氧气瓶，高压表应指示在15MPa左右。再按顺时针方向旋动调压螺钉，便有低压氧气从排气口排出。气焊时，低压出气口氧气的压力调至0.2MPa左右为宜。

开启减压器时，操作者不应站在减压器的正面或氧气瓶阀的出气口前面，以免受到气体的冲击。减压器是否漏气，可以用肥皂水检查，严禁用明火等检查。

4. 焊炬

焊炬俗称焊枪。焊接冰箱一般采用H01-6型射吸式焊炬，其结构如图1-27所示。使用时先把氧气阀打开，保持一定压力的氧气经氧气导管进入喷嘴，然后以高速进入射吸管内，使喷嘴周围的空间形成真空区。再打开乙炔阀，乙炔导管中的乙炔气体（或液化石油气）便被吸入射吸管内，并在混合气管内与氧气进行充分的混合，从焊嘴喷出，点燃后调节焊炬上的调节阀便可得到所需的火焰。

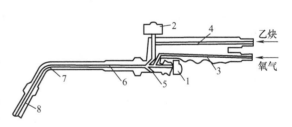

图1-27 焊炬的结构

1—氧气阀 2—乙炔阀 3—氧气导管 4—乙炔导管
5—喷嘴 6—射吸管 7—混合气管 8—焊嘴

H01-6型射吸式焊炬有5个孔径不同的焊嘴，可根据所需火焰温度的高低进行选择。根据维修经验，采用液化石油气作可燃气体，应采用相应的丙烷焊嘴或将原配焊嘴的孔扩大到直径为1.5mm左右比较合适。

使用焊炬前，将红色的氧气胶管套在焊枪的氧气进气口上用铁丝扎紧。打开氧气阀通入氧气，清洗焊嘴内的灰尘，然后检查其射吸能力是否正常。检查时，先开启氧气瓶阀和焊炬的氧气阀，再开启乙炔阀，用手指按住乙炔进气管口，若手指感到有足够的吸力，则说明射吸能力是合格的；如果感觉不到有吸力，甚至氧气从乙炔进气管倒流出来，则说明其射吸能力不合格，必须修复。检查射吸能力合格后，再将绿色的液化石油气管套在焊炬的液化石油气（或乙炔）进气口上，只需套紧，不需用铁丝扎紧。

点火时，先将焊炬上的氧气阀调到很小，再缓缓地开启焊炬上的液化石油气阀，然后点燃，进一步调节氧气和液化石油气的流量，直至得到所需的火焰。

熄灭火焰时，应先关闭氧气阀，后关闭液化石油气阀。

焊接时一旦发生"回火"，应立即关掉焊炬的液化石油气阀，再关掉氧气阀。

5. 胶管

按照气焊操作的要求，工作场地应距离液化石油气瓶和氧气瓶数米，因此需要使用胶管连接输气。

一般氧气胶管使用红色的高压胶管，内径为 8mm，工作压力为 1.5～2.0MPa，应具有耐磨和耐燃性能。

液化石油气或乙炔胶管一般为绿色，内径为 8～10mm，能承受 0.5MPa 左右的压力。

使用时，这两种胶管不允许互相代用或接错。新胶管在使用前应吹除管内壁的粉尘。气焊时，一旦氧气胶管着火，应迅速关闭氧气瓶阀或减压器，停止供氧。禁止采用折弯氧气胶管的方法断氧灭火。

二、钎料和焊剂的选择

冰箱制冷系统对系统的密封性要求极为严格，这样严格的要求，要靠优良的焊接工艺来保证。为了确保钎焊的焊接质量，正确地选择钎料和焊剂是非常重要的。钎料的种类和牌号很多，常用的钎焊钎料有银铜钎料、铜锌钎料和铜磷钎料，常用钎料的牌号和成分见表1-7。焊修冰箱制冷系统时，应该首先考虑所焊修接头是什么材料，其次才考虑经济性。一般来说，冰箱制冷系统管路接头不外乎由如下的材料组合：铜管与铜管、铜管与邦迪管、邦迪管与钢管。

凡是铜管与铜管接头的焊接，宜选用含银2%（质量分数）或含银5%（质量分数）的低银铜磷钎料。这种钎料价格低廉，具有良好的流动性和润湿性能，而且不需要焊剂（俗称焊药）。不需焊剂的钎料称为自钎性钎料，这种钎料对冰箱制冷系统的焊接较好。因为焊剂有强腐蚀性，若焊后的残留物清洗不净，将带来极大的后患，自钎性钎料则可避免这类腐蚀。

凡是铜管与邦迪管、邦迪管与钢管的焊接，宜选用含银21%（质量分数）以上的银钎料（俗称银焊丝）而不能采用低银铜磷钎料，因为钎料中的磷会使焊缝产生"磷脆"现象，影响焊修质量。

如果采用银钎料焊接铜管与邦迪管、邦迪管与钢管接头，除了要保持焊修部位清洁，无任何油脂和氧化物以外，必须配用焊剂才能获得满意的焊修效果。焊剂的种类也很多，最好选用"剂102"牌号焊剂。该焊剂具有很强的去氧化膜能力，焊接温度范围较大，热稳定性也好。"剂102"含硼酐35%、氟化钾42%、氟硼酸钾23%（质量分数），焊接温度范围为600～850℃。

表 1-7   常用钎料的牌号和成分

焊料	牌号	熔点/℃	化学成分（质量分数,%）			
			铜	锌	银	磷
铜锌钎料	45 号铜锌合金	870	52～56	余	—	—
铜锌钎料	36 号铜锌合金	833	34～38	余	—	—
铜锌钎料	48 号铜锌合金	850	46～50	余	—	—
铜磷钎料	料 909	715	余	—	1～2	5～7
铜磷钎料	料 204	604	余	—	14～16	4～6
铜磷钎料	料 203	650	余	—	—	5～7
银钎料	12 号银合金	785	36	52	12	—
银钎料	25 号银合金	765	40	35	25	—
银钎料	45 号银合金	720	30	20	45	—

焊后必须将焊口附近的残留物用热水或水蒸气刷洗干净，以防产生腐蚀。使用焊剂时最好用酒精稀释成糊状，涂于焊口表面，钎焊时酒精迅速挥发而形成平滑薄膜不易流失，同时也可避免水分浸入制冷系统。

三、焊接的基本知识

（一）火焰的选择

所谓"气焊"，就是利用可燃气体和助燃气体混合点燃产生的高温火焰，熔化两个被焊接件连接处的金属（或称钎料），使被熔化的金属自动汇集成一个共有的熔池——被熔化的金属池，并使它们的原子相互作用，在冷却凝固后形成一个不可分离的接头。在制冷系统维修中，气焊一般采用液化石油气或乙炔作为可燃气体，用氧气作为助燃气体，并使两种气体在焊炬中按一定比例混合燃烧，形成高温火焰进行焊接。焊接时，如果改变进入焊炬的混合气体中的氧气和可燃气体的比例，所形成火焰的性质、形状和温度也随之改变。火焰通常分为中性焰、氧化焰、碳化焰三种，如图 1-28 所示。在气焊中，根据不同用途，选择不同温度的火焰。下面以液化石油气（以下简称液化气）为例介绍三种火焰的特点。

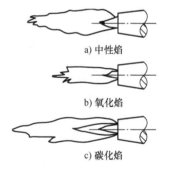

a) 中性焰

b) 氧化焰

c) 碳化焰

图 1-28   火焰的类型

1. 中性焰

微开液化气阀，供给少许液化气。点燃焊炬后，逐渐增加氧气量，火焰由长变短，颜色由橘黄色变为蓝白色。当氧气与液化气按 1～1.2∶1 的比例混合燃烧时，就得到了中性焰。中性焰由焰心、内焰和外焰三部分组成。

焰心是由未燃烧的混合气体刚从焊嘴喷出受热后燃烧而温度上升的部分。由于液化气分解产生出微小的炭粒，炭粒燃烧时放射出耀眼的白光，因此中性焰的焰心呈现出明显的轮廓。焰心的温度一般低于 2000℃。

内焰是整个火焰中温度最高的部分，其温度在 2100～2700℃，而最高温度部位位于距离焰心末端 2～4mm 处。中性焰的内焰呈蓝白色，并有杏核形的蓝色线条。

外焰是整个火焰最外层的部分，其温度低于 2000℃，并且由里向外温度逐渐降低。整个外焰呈浅橘黄色。

中性焰的外形及温度分布如图 1-29 所示。

2. 碳化焰

碳化焰是一种在内焰区中有自由碳存在的气体火焰。碳化焰中氧气与液化气的比例小于 1，即氧气量小于液化气量。在中性焰的基础上减少氧气或增加液化气量，均可得到碳化焰。此时的火焰变长，焰心轮廓不清。若比例调节合适，还可得到明亮的乳白色火焰，用作检查焊口质量照明用。当液化气过多时，还会产生黑烟。碳化焰的温度较低。

3. 氧化焰

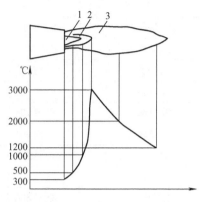

图 1-29　中性焰的外形及温度分布
1—焰心　2—内焰　3—外焰

在中性焰的基础上再继续增加氧气量就得到氧化焰。在氧化焰中氧气与液化气的比例大于 1.2，即氧气量明显大于液化气量。这时整个火焰氧化反应剧烈，焰心、内焰和外焰的长度都缩短了，内焰和外焰之间没有太明显的界限。焰心呈青白色，且尖而短；外焰也较短，略带淡紫色。整个火焰很直，燃烧时还发出"嘶嘶"的响声。

在这三种火焰中，氧化焰的温度最高。由于在氧化焰的内焰和外焰中有游离状的氧、二氧化碳及水蒸气存在，因此火焰具有氧化性。用氧化焰焊接时，焊缝中会产生很多的气孔和氧化物，容易影响焊接质量。

中性焰的调节方法如下：

1）打开乙炔瓶阀，看压力表指针指示压力是否正常。若正常，则顺时针方向旋转减压阀手柄，观察减压后的乙炔压力，当表针指示为 0.05MPa 时停止。

2）打开氧气瓶阀，看压力表指示压力是否正常。若正常，顺时针方向调节减压阀手柄，将减压后的氧气压力控制在 0.2MPa。

3）打开焊炬上的乙炔开关，排掉连接管内的空气后再将其关闭。

4）打开焊炬上的氧气开关，排掉连接管内的空气后再将其关闭。

5）打开焊炬上的乙炔开关并点燃，将火焰长度控制在 7cm 左右。火焰长度可根据焊接管子的管径来决定。

6）打开焊炬上的氧气开关，火焰的形态就会变化。当氧气和乙炔混合比例为 1∶1 时，即获得中性焰。此火焰由焰心、内焰和外焰三部分组成，其内焰温度较高，可焊接铜管。

氧化焰是在中性焰的基础上增加了氧气量，因此火焰温度高于中性焰，可焊接铜制部件。碳化焰是在中性焰的基础上减少了氧气量，因此火焰温度较低，适用于铝合金及铜管和钢管的焊接。

（二）配合间隙的选择

1. 铜管套接

铜管套接要求套筒铜管的内径一定要比被套铜管的外径大。铜管套接的插入长度及配合间隙可参照表 1-8。

表 1-8　铜管套接插入长度与配合间隙参照表　　　　　（单位：mm）

管径	套接插入最小长度	配合间隙 $(D_i - D_o)$	管径	套接插入最小长度	配合间隙 $(D_i - D_o)$
5～8	6	0.05～0.33	16～25	10	0.05～0.45
8～12	7	0.05～0.35	25～35	12	0.05～0.55
12～16	8	0.05～0.45	35～45	14	0.05～0.55

注：D_i 为套筒铜管的内径，D_o 为被套铜管的外径。

2. 毛细管插入干燥过滤器和蒸发器的位置

毛细管插入干燥过滤器内为 5～6mm 合适，配合间隙为 0.05～0.15mm 较好。为保证毛细管插入干燥过滤器的长度，可参照图 1-30 所示做限位弯来保证毛细管插入干燥过滤器中的尺寸。毛细管插入蒸发器不能做限位弯，如图 1-31 所示，插入尺寸为 20mm 左右。

在焊接操作中，最好边焊接边吹入氮气，进行保护焊，同时火焰要强，速度要快，以最短的时间完成焊接，以防止在高温时，铜管内壁生成氧化皮，存留在管道中，引起制冷系统新的堵塞，造成维修的失败。

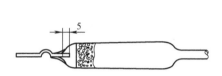

图 1-30　毛细管插入干燥过滤器

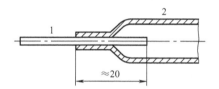

图 1-31　毛细管插入蒸发器

（三）焊接的操作方法

1. 点火与火焰的调节

在点火前应先关闭焊炬的氧气和液化气（或乙炔）调节阀，再按操作规程分别开启氧气瓶和液化气瓶的开关阀门，使氧气压力表指示在 0.2MPa 左右，液化气压力约为 0.05MPa。先微开焊炬的氧气调节阀，再少许打开液化气阀，同时从焊嘴的后面迅速点火。点燃后即可调节火焰，直至调到所需的火焰为止。要注意的是，切不可在焊嘴的正面点火，以免喷出的火焰烧伤手；如遇到调节阀失灵或灭火现象，应检查焊炬是否漏气或管路是否堵塞。

2. 钎焊火焰的方向与焊件的加热

加热焊件时火焰的方向选取也直接影响到管路焊接的质量。在图 1-32 所示焊接火焰的方向中，图 1-32a、图 1-32b 所示的火焰方向是正确的，因为火焰的流向不正对着管子接头的间隙，这样可以避免火焰燃烧中产生的水分进入制冷系统管道内；而图 1-32c 所示的火焰方向是错误的，因为在火焰流向正对着管子接头的间隙，容易使火焰燃烧中产生的水分或其他杂质进入制冷系统管道内，形成冰堵或脏堵故障。

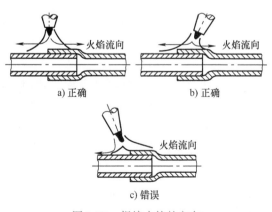

图 1-32　焊接火焰的方向

刚开始焊接时，焊件的起始温度较低，为有利于预热，焊嘴与焊件之间的夹角应大些，火焰的焰心距焊件以 2~4mm 为宜。这是因为，此时热量的调节是通过改变焊嘴与焊件的距离以及改变焊嘴与焊件表面的夹角来实现的。当焊嘴垂直于焊件表面时，火焰的热量最集中，同时焊件吸收的热量也最大。为使焊件加热均匀，还应使火焰缓慢地往复移动，而不应使火焰只停留在某一局部加热，以免造成局部过热，导致焊件氧化或烧熔穿孔，影响焊接质量。在焊接两个厚度或大小不同的焊件时，为保证焊接质量，使两焊件均匀受热，应重点加热较厚或较大的焊体。例如在焊接毛细管与干燥过滤器时，为保证焊缝两边的温度均匀，不使薄件或小件烧熔，火焰应重点加热干燥过滤器一边。

3. 钎料的加入

焊修时，当将接头均匀地加热到钎焊温度（一般比钎料熔点高 50~80℃）时，即可加入钎料。但应注意，钎料的熔化是用焊件的温度来保证，用火焰的外焰来维持的。因而不能在接头尚未加热到钎焊温度时，采用预先将钎料熔化后滴入接头处，而后再加热接头的办法焊接。这样做会使钎料中的低熔点元素挥发，改变焊缝的成分，影响接头的强度和致密性。

焊接铜管与铜管，当将焊件接头加热至呈暗红色时，即可将低银磷铜钎料的端部送至焊缝处（不需焊剂），使其熔化形成完整的熔池，冷却后便成为焊缝。

4. 焊剂的使用

在焊接铜管与邦迪管以及邦迪管与钢管时，必须配用焊剂（剂 102 或硼砂）。操作方法有以下两种：

1）先将银焊丝的一端加热一下，再将被加热端插入焊剂粉末中，使其粘上焊剂粉末。待焊件接头加热至暗红色时，将粘有焊剂粉末的银焊丝送到焊缝处，使银焊丝熔化于接头表面，并使焊剂熔化覆盖在焊缝表面。焊剂的作用：一是清除掉焊件表面的氧化膜；二是保护焊缝表面不再继续氧化。

2）先将焊剂（剂 102）用蒸馏水或干净水调成糊状，用毛笔或毛刷涂抹在焊件接头表面处和银焊丝表面，稍干后即可用于焊修。

5. 焊接后的处理

焊接冰箱管口接头，应待焊缝冷却后再移动或碰撞，以免焊缝产生裂纹，导致泄漏。

焊修完毕，应及时清除焊剂残渣。否则，时间稍长，易使接头产生腐蚀而形成泄漏点。

清洗的方法有两种：一是用布或毛刷蘸80℃左右的温水，反复擦洗接头的外表面，直至干净为止；二是用布或毛刷蘸5%的柠檬水溶液，反复擦洗接头的外表面，直至干净为止。

（四）焊接注意事项

1. 防止焊接处过热

焊接毛细管与干燥过滤器或其他管道时，由于两种管的管径悬殊，而毛细管热容量很小，过热后容易产生超热现象，即毛细管金相晶粒增大、变脆，而极易折断。为防止毛细管超热，焊炬火焰应避开毛细管，使其和粗管同时达到钎焊温度。也可用金属夹在毛细管上夹持一块厚铜片，使其热容量适当增大，即可避免发生超热现象。

2. 防氧化措施

在已灌注了润滑油的压缩机机壳上焊接接头时，应不断地吹入少量氮气，以防机壳内产生氧化物，但气流不能太大，只要有轻微的吹气感觉即可。

四、使用气焊设备时的注意事项

1. 焊前检查

1）先打开乙炔瓶阀，看压力表指针是否在规定压力范围内。若乙炔瓶压力有所升高，则不能使用焊炬。再打开氧气瓶阀，看压力表指针是否在规定压力范围内。

2）检查气瓶口、橡皮管是否漏气。焊嘴的检漏应使用肥皂水。

3）在管道内充有氟利昂制冷剂的情况下不能进行焊接，以防氟利昂遇明火产生光气，危害人体。

2. 点火顺序

1）打开焊炬上的乙炔开关，点燃焊炬。

2）打开焊炬上的氧气开关。

3）根据焊接需要，调整乙炔、氧气开关阀。

3. 熄火顺序

熄火应按下列顺序进行：

1）关闭焊炬上的氧气开关。

2）关闭焊炬上的乙炔开关。

4. 使用过程中应注意的事项

在气焊过程中，还需注意以下几点：

1）不能同时开启乙炔阀和氧气阀，开启阀门要缓慢。

2）分清氧气、乙炔气专用管子，二者不能混用。

3）焊接时，氧气压力通常采用表压为 0.2MPa，乙炔气压力通常采用表压为 0.05MPa。

4）有黑烟出现时，应将氧气阀开大；发现火焰变成双道，应清理火口。

5）不准在未关闭压力调节阀的情况下整理火焰，不准将橡皮管折弯后更换焊嘴。

6）不准用带油的布、棉纱擦拭气瓶及压力调节器，气瓶应放在遮阳的通风干燥处。

7）不准在未关闭气阀、熄火前离开现场。

8）不准用扳手转动气瓶上的安全阀。

9）焊炬及焊嘴不应放在有泥沙的地上，以免堵塞。

10）一旦发现压力调节器（减压器）出现故障，应及时更换。

任务实施

1）分成 10 个小组，每个小组一个焊接工位。

2）每个小组分成两部分人，一部分人先用废旧铜管进行焊接练习，另一部分人按照图样进行铜管加工，完成之后互相对调。

3）教师对每一位同学进行现场考核，每位同学必须在规定的 80s 之内焊接完已经加工好的铜管。

任务汇报及考核

1）小组讨论：组长召集小组成员讨论，交换意见，形成初步结论。

2）小组代表陈述：

① 每组推荐 1 位成员进行陈述：焊接操作步骤、焊接的工艺要求、焊接注意事项、经验介绍等。要求脱稿陈述。不足之处组员可以补充。

② 其他小组不同看法：每组陈述完后，其他组对陈述组的结论进行纠正或补充。注意：不是争论，而是提出不同的看法。

3）教师点评及评优：指出各组的训练过程表现、任务完成情况，对本实训任务进行小组评价，并将分数填入表 1-9 中。

表 1-9　实训任务考核评分标准

组长：　　　　　组员：

序号	评 价 项 目	具 体 内 容	分值	小组自评（30%）	小组互评（30%）	教师评价（40%）	平均分
1	职业素养	细致和耐心的工作习惯；较强的逻辑思维、分析判断能力	5				
		良好的吃苦耐劳、诚实守信的职业道德和团队合作精神	5				
		新知识、新技能的学习能力、信息获取能力和创新能力	5				
2	气焊设备使用	正确使用气焊设备	15				
3	美观程度	焊口美观、尺寸符合要求	20				
4	规范操作	正确焊接	20				
5	总结汇报	陈述清楚、流利（口述操作流程）	20				
		演示操作到位	10				
6		总计	100				

思考与练习

一、如何割断毛细管？

二、简答焊炬的点火顺序与熄火顺序。

三、简答回火与脱火时的现象及原因。

四、如何正确使用气焊设备？

五、如何调整中性焰？

六、如何正确进行焊接操作？

项目二

冰箱维修技术

❄ **学习目标**

　　冰箱是一种通过制冷剂使箱体内保持恒定低温环境的家用电器，它可用来冷藏和冷冻食品，并可用来制作少量冷饮食品。通过对冰箱结构的认识与了解，了解冰箱的制冷系统与电气系统，学会电气系统的接线与检修方法，掌握冰箱制冷系统与电气系统故障的检测与维修技术。

❄ **工作任务**

　　通过对冰箱结构的拆装、认识冰箱的结构与制冷系统，对冰箱电气系统进行工作原理分析及接线训练，对冰箱制冷系统进行维修（包括更换压缩机、干燥过滤器），对电气系统进行检测与维修。

任务一　冰箱的结构与拆装

任务描述

> 对单门冰箱、双门直冷冰箱、双门间冷冰箱进行拆装，熟悉其箱体结构。
> 箱门的拆卸（包括门封及其他结构件）、安装与调整。
> 门封的拆卸与安装。
> 用丙酮液修复破裂的内胆。
> 冰箱箱体检修。

所需工具、仪器及设备

> 十字螺钉旋具、一字螺钉旋具、扳手、尖嘴钳、胶锤、单门冰箱、双门直冷冰箱、双门间冷冰箱。

知识要求

> 掌握冰箱的分类，认识各类型冰箱。

➢ 掌握冰箱的规格和型号，并能从标志中看出冰箱的主要参数。

➢ 掌握冰箱的其他标志。

➢ 熟悉各种冰箱的整体结构。

➢ 掌握冰箱箱体的检修方法。

技能要求

➢ 学会拆卸和安装不同结构冰箱的箱门。

➢ 学会拆卸和安装不同结构冰箱的门封。

➢ 学会用丙酮液修复破裂的冰箱内胆。

➢ 学会对冰箱箱体的检修。

知识导入

一、冰箱的简介

冰箱是一种以消耗电能来获取低温的装置，在家庭中用来冷冻和冷藏食品，或制作一些冷饮食品，给人们的生活带来了极大的方便。随着人们物质生活水平的提高，冰箱逐渐进入每一个家庭。冰箱的分类方法，目前尚无统一的标准。现仅从以下几个方面对冰箱的种类进行介绍。

（一）按用途分类

冰箱是一个笼统的称呼，按功能、用途不同，冰箱可分为冷藏箱（本节不做介绍）、冷冻箱和冷藏冷冻箱。

1. 冷藏冷冻箱

这类冰箱一般指双门和多门冰箱，既有冷冻室又有冷藏室，分别用于冷却储藏和冻结储藏食品。冷藏室温度在 0℃ 以上，冷冻室温度可达到 -12℃ 或 -18℃ 以下。冷藏室和冷冻室之间彼此隔热且各自设置可开启的箱门，互不干扰，容积多在 100~300L。冷冻室容积较大，冷藏室由搁架或抽屉分隔成若干空间。

2. 冷冻箱

冷冻箱又称冷柜，箱内只设温度在 -18℃ 以下的冷冻室，用以冷却储藏和冻结储藏食品，储存期可达三个月。它多为卧式上开门结构，少数为立式侧开门式，如图 2-1 所示，尤适用于包装冻结食品的储藏。

（二）按构造形式分类

冰箱按构造形式分类时，多是按箱门的数量来区分。

1. 单门冰箱

如图 2-1 所示，该类冰箱只设一扇箱门，以冷藏保鲜为主，主要用来冷藏食品。箱内蒸发器所围成的简易冷冻室占总容积的 20%，其温度常在 -12℃ 以下，能制作少量冰块和短期储藏冷冻食品。冷冻室蒸发器能兼顾到冷藏室，并利用自然对流方式对冷藏室进行冷却。

2. 双门冰箱

双门冰箱有两个可分别开启的箱门，如图 2-2 所示。一般上面的小箱门内是冷藏室，下

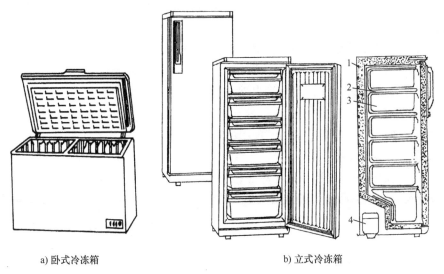

a) 卧式冷冻箱 b) 立式冷冻箱

图 2-1　冷冻箱

1—冷凝器　2—蒸发器　3—食品盒　4—压缩机

面的大箱门内是冷冻室。在冷藏室的下部有一个供储存蔬菜和水果的果蔬盒，并加上玻璃盖板。双门冰箱与单门冰箱相比，冷冻室的容积较大，一般占总容积的 30% 以上。冷冻室的温度较低，一般都在 –18℃ 以下，致使冷冻食品的储藏期增长，可达到三个月。冷藏室的容积相对减小，且耗电量比单门冰箱增加。

3. 多门冰箱

多门冰箱是指箱门分为上、中、下三扇门或四扇门（或更多扇门）的冰箱，如图 2-3 所示。三门冰箱比双门冰箱多一个果蔬室，也就是将双门冰箱的果菜盆辟为一室。果蔬室往往被安排在最下面的门内，温度为 8~14℃，用来储藏水果、蔬菜，能明显延长水果、蔬菜的保质、保鲜时间。

图 2-2　双门冰箱

图 2-3　三门冰箱

四门冰箱是在三门冰箱的基础上增加了一个专供储藏新鲜鱼、肉的冰温室，其室内温度为 –2~3℃，使被储食品形成"微冻结"状态，既不破坏食品的组织结构，又能保持食品的新鲜风味和营养成分。微冻结法是当今最大限度保持肉类食品营养价值和新鲜程度的冷藏方法，保鲜期可达 7 天左右。

另外，在多门冰箱冷冻室内还常多辟一个急冻室。

（三）按放置形式分类

根据冰箱的放置状态不同，可分为自然放置式、嵌入式和壁挂式。

1. 自然放置式冰箱

（1）立式冰箱 立式冰箱包括单门、双门、多门冰箱和立式冷冻箱等，它便于放置在室内任意位置，占地面积小。

（2）卧式冰箱 卧式冰箱（又常称冷柜）包括卧式冷冻箱、卧式冷藏箱和卧式冷冻冷藏箱，它占地面积较大，存取物品不大方便，如图 2-4 所示。

立式和卧式冰箱同属于落地式冰箱，不同的是立式冰箱高度方向尺寸最大，箱门设在正前方；卧式冰箱长度方向尺寸较大，箱门大多设在箱顶部呈上开启式，因而也称顶开式冰箱，它开门时向外泄漏的热量少、箱内温度变化小。

（3）台式冰箱 台式冰箱适用于宾馆客房内存放饮料、水果，它是容积为 30~50L 的小规格冰箱，使用时一般放置于桌子或台子上。

（4）台柜式冰箱 台柜式冰箱高度为 750~850mm，常放置在厨房内，箱顶部可作台板使用，也为组合式厨具配套。

图 2-4 卧式冰箱

1—门把手 2—上盖 3—箱体 4—轮 5—通风窗
6—指示灯 7—温控旋钮 8—百叶 9—菜筐

（5）炊具组合式冰箱 炊具组合式冰箱上部左侧是单孔煤气灶或电灶，上部右侧是一个洗涤池，下部为冰箱，三件组合成一体。它适用于人员少、厨房面积小的家庭，具有一物多用的优点。

（6）可移动茶几式冰箱 其外形制成像会客室的茶几式样，底部有四只自由轮脚，便于在室内移动。它适用于储放酒类或冷饮。

2. 嵌入式冰箱

嵌入式冰箱是专门设置在厨房墙壁内预留位置的一种冰箱，可使厨房陈设显得十分整齐，又不占空间，但拆装不太方便，此类冰箱在国外使用比较普遍。

3. 壁挂式冰箱

壁挂式冰箱是一种在厨房墙壁的一定高度上用吊钩悬挂的冰箱，这种形式能充分利用室内空间。

（四）按制冷方式分类

冰箱按制冷方式不同可分为蒸气压缩式冰箱、吸收式冰箱和半导体式冰箱。

1. 蒸气压缩式冰箱

这类冰箱采用蒸气压缩式制冷循环。在消耗电能的条件下，利用制冷剂（如氟利昂）

在系统中蒸发时大量吸收冰箱内的热量，实现制冷的目的。蒸气压缩式冰箱采用制冷剂蒸发→压缩→冷凝→节流→再蒸发……的不断循环系统，其制冷循环原理如图2-5所示。

蒸气压缩式冰箱，按其驱动压缩机的方式不同，有电动机压缩式冰箱和电磁振动式冰箱两种类型。电动机压缩式冰箱是以电动机驱动压缩机来实现制冷循环的。电动机压缩式冰箱从理论到制造技术和工艺等方面都比较成熟，使用寿命可

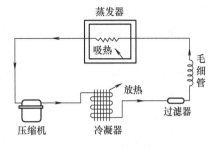

图2-5　蒸气压缩式冰箱制冷系统原理图

达15年，且制冷效果较佳；但有噪声，机械运转部件易损坏。目前国内外生产和使用的冰箱绝大多数都属于这种类型，本书也主要介绍这类冰箱。电磁振动式冰箱是以电磁振动机驱动压缩机来实现制冷循环的。该压缩机结构简单、紧凑，不需起动装置，但受电压波动影响大，仅适用于小型压缩机。目前这种冰箱尚未普及。

2. 吸收式冰箱

吸收式冰箱的制冷原理如图2-6所示。吸收式冰箱的最大特点是利用热源作为制冷原动力，没有电动机，所以无噪声、寿命长且不易发生故障。家用吸收式冰箱的制冷系统是以液体吸收气体和加入扩散剂氢气所组成的"气冷连续吸收扩散式制冷系统"（即连续吸收—扩散式制冷系统）。它在不断地加热下，就能连续地制冷。吸收式冰箱若采用电能转换成热能，再用热能来作为热源，其效率不如压缩式冰箱的效率高。但是，它可以使用其他热源，如天然气、煤气等。

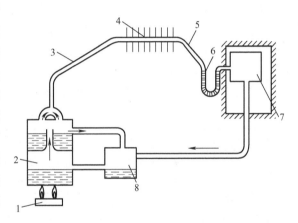

图2-6　吸收式冰箱的制冷原理

1—热源　2—发生器　3—精馏管　4—冷凝器　5—斜管
6—储液器与液封　7—蒸发器　8—吸收器

在吸收式冰箱的制冷系统中，注有制冷剂氨（NH_3）、吸收剂（H_2O）、扩散剂氢（H_2）。在较低的温度下氨能够大量地溶于水形成氨液；但在受热升温后，氨又要从水中逸出。其工作原理如下：若对系统的发生器进行加热，发生器中的浓氨液就产生氨—水混合蒸气（以氨蒸气为主）。当热蒸气上升到精馏管处时，由于水蒸气的液化温度比氨蒸气的液化温度高，故先凝结成水，沿管道流回到发生器的上部；氨蒸气则继续上升至冷凝器中，并放热冷凝为液态氨。液氨由斜管流入储液器（储液器为一段U形管，其中存留液氨，以防止氢气从蒸发器进入冷凝器），然后进入蒸发器。液氨进入蒸发器吸热后，就有部分液氨汽化，并与蒸发器中的氢气混合。氨向氢气中扩散（蒸发）并强烈吸热，实现了制冷的目的。氨气不断增加，使蒸发器中氨氢混合气体的密度加大，于是混合气体在重力作用下流入吸收器中。吸收器中有从发生器上端流来的水，水便吸收（溶解）氨氢混合气体中的氨气，形成浓氨液流入发生器的下部；而氢气因其密度小，又升回到蒸发器中。这样就实现了连续吸收—扩散式的制冷循环。

3. 半导体式冰箱

半导体式冰箱是利用半导体制冷器件进行制冷的。它是根据法国的珀耳帖发现的半导体温差电效应制成的一种制冷装置。

一块 N 型半导体和 P 型半导体连接成电偶，电偶与直流电源连成电路后就能发生能量的转移。电流由 N 型元件流向 P 型元件时，其 PN 结处便吸收热量成为冷端；当电流由 P 型元件流向 N 型元件时，其 PN 结处便释放热量成为热端。冷端紧贴在吸热器（蒸发器）平面上，置于冰箱内用来制冷；热端装在箱背，用冷却水或加装散热片靠空气对流冷却。半导体式冰箱的制冷原理如图 2-7 所示。串联在电路中的可变电阻器用来改变电流的强度，从而控制制冷的强弱。改变电流方向，也即改变电源极性，则冷热点互换位置，可使制冷变为制热，故可实现可逆运行。

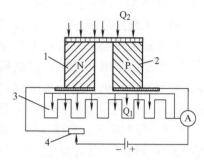

图 2-7　半导体式冰箱的制冷原理
1—N 型半导体　2—P 型半导体
3—散热片　4—可变电阻器

半导体式冰箱无机械运动部件，结构简单，体积小，重量轻，制造方便，无噪声，无振动，无污染，维修方便，使用寿命长；但制造成本高，制冷效率低，且必须使用直流电源，只适应小容量制冷，故只限于使用在汽车、实验室等特定场合。

表 2-1 为蒸气压缩式、吸收式和半导体式冰箱的比较。

表 2-1　各种制冷方式冰箱的特点

型式	蒸气压缩式	吸收式	半导体式
原理	利用压缩循环，氟利昂汽化吸热制冷	以热能为动力，氨—水—氢吸收扩散制冷	利用半导体的珀耳帖效应制冷
容积范围/L	电动机压缩式：50～1600，电磁振动式：30～100	20～200	10～100
单位容积功耗/（W/L）	1.5～1.2（150 L 以下）1.2～0.8（200～400 L）0.8～0.3（400～1600L）	1.5～5	2.5～5
应用能源	多为单相交流电源	电、煤油、煤气、太阳能、沼气等	直流电源
制冷效率	较高	较低	较低
噪声	50dB（A）以下	无、少噪声	无噪声
使用环境温度	43℃以下	30℃以下	无规定
重量/容积	100%	120%	160%
制造工艺	精密	焊接工艺要求高	元器件质量要求高
同容积成本比较	一般	便宜	昂贵
适应范围	有电源场所	无电源地区	小微型制冷

（五）按箱内冷却方式分类

冰箱按冷却方式可分为直冷式、间冷式和间直冷并用式三类。

1. 直冷式冰箱

直冷式冰箱又称冷气自然对流式冰箱，它利用箱内蒸发器周围密度大的冷空气，向下流向被储存的食品，吸热后温度上升，密度减小，又回到蒸发器周围，以使箱内空气形成自然对流。另外，箱内部分水分会在蒸发器周围冻结成霜，故直冷式冰箱又称有霜式冰箱。

直冷式冰箱的冷冻室由蒸发器直接围成，食品置于其中，除冷空气自然对流冷却外，蒸发器还直接吸取食品的热量进行冷却降温。冷藏室内的食品是利用箱内冷热空气的自然对流而直接冷却的，故称为"直冷式"。目前，国内外生产的单门冰箱基本上都是直冷式，它只设置一个蒸发器，安装在箱内上部，化霜多采用较方便的按钮式半自动除霜；而双门直冷式冰箱除了冷冻室有一个蒸发器外，冷藏室内还设有一个蒸发器，如图 2-8 所示。蒸发器有外露式和内藏式两种形式，如图 2-9 所示。外露式蒸发器的金属表面在冷冻室或冷藏室内直接与物品或空气相接触，因此霜会结在蒸发器表面。内藏式蒸发器虽用不易结霜的整体 ABS 塑料隔离开，但在工作时仍会有少量结霜。冷藏室的蒸发器内藏后，对充分利用冷藏室的空间十分有利。

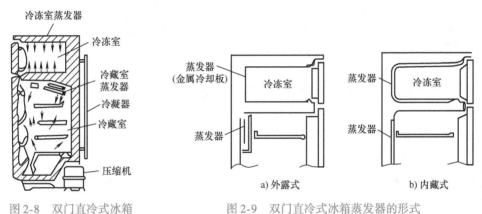

图 2-8 双门直冷式冰箱　　　图 2-9 双门直冷式冰箱蒸发器的形式

（1）双门直冷式冰箱的优点

1）箱内温度一般由冷藏室内的一个温控器进行调节。除霜方式：冷冻室一般采用人工除霜或半自动电加热除霜，冷藏室用自动除霜，因此结构简单，制造方便。

2）由于箱内冷空气自然对流，因而空气流速低，食品干缩少。另外，冷冻室和冷藏室互不相通，食品互不串味。

3）冷冻室和冷藏室的蒸发器直接吸收物品中的热量，加之冷冻室内有相当一部分物品直接与蒸发器表面相接触，加速了热量的传递，故冷却速度较快。

4）由于不需要循环风扇和除霜电热器，与同规格的间冷式冰箱相比，耗电略少。据测试，在32℃室温下，每天可节电约 0.1kW·h。

5）结构简单，零部件少，因此价格一般比同规格的间冷式冰箱便宜10% ~ 15%。

（2）双门直冷式冰箱的缺点

1）由于箱内依靠空气自然对流来冷却物品，因此，箱内的温度均匀性不如间冷式冰箱好。

2）冷冻室内会结霜，当霜层超过5mm以上时，必须进行除霜。而每次除霜时都要将物品从冷冻室中搬出，致使物品温度变化幅度较大，对食品的储藏不利；同时除霜需人工操作，食品易被冻结在蒸发器上且表面结有霜层，这使得冰箱使用时较不方便。

3）双门直冷式冰箱通常只设一个温控器，通过对冷藏室温度的检测，来控制压缩机的起停；因此不能对冷冻室温度和冷藏室温度分别进行调节控制。所以冷冻室和冷藏室的温度要高一起高，要低一起低。在冬季，环境温度降低，由于冷藏室温度与环境温度相接近，压缩机的工作时间缩短，致使冷冻室温度出现偏高的现象。如果环境温度过低，甚至会出现压缩机无法起动的现象。为避免这种现象的发生，必须在冷藏室蒸发器板上增设电加热器，以改善冰箱在低温时的工作状况，但这样会使耗电量增加。

2. 间冷式冰箱

间冷式冰箱也称冷气强制循环式冰箱，它依靠风扇吹风来强制箱内冷热空气对流循环，从而实现间接冷却。因箱内食品不与蒸发器接触，故称间冷式冰箱。它只需一个蒸发器，设置于箱内夹层中（横卧在冷冻室和冷藏室之间的隔层中，或竖立在冷冻室后壁隔层中），如图 2-10 所示。它利用一台小风扇把被蒸发器中吸收了热量的冷风分别吹入冷冻室和冷藏室，形成冷、热空气强迫对流循环，从而使食品得以冷却和冷冻。间冷式冰箱一般设置两个温控器，分别控制冷冻室和冷藏室内的温度。由于箱内食品蒸发出的水分随时被冷风吹走，并在通过蒸发器时冻结在蒸发器表面，并由全自动

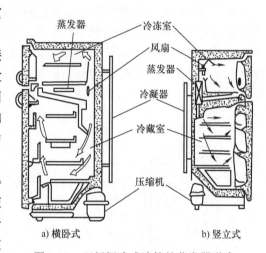

图 2-10 双门间冷式冰箱的蒸发器形式

除霜装置自动清除，所以食品表面不会结霜，箱内也看不到霜层，故又称间冷式冰箱为无霜型冰箱。

（1）间冷式冰箱的优点

1）箱内冷却空气采用风扇强制循环，因而箱内温度的均匀性较好，而且箱内温度变化较小，不超过5℃，对储藏食品十分有利。

2）冷冻室的温度靠温度控制器调节和控制，而冷藏室的温度高低靠风门开启的大小来进行调节。冷冻室和冷藏室的温度可通过调节冷风量分别进行控制，使用十分方便。

3）冷冻食品不会冻结在冷冻室表面上，取食方便。

4）由于水分都集中冻结在蒸发器的表面，结霜过多时就要阻碍冷空气的对流循环，使箱内温度偏高，甚至不能降温。因此，间冷式冰箱配备了全自动除霜装置。一般每昼夜除霜一次，不需人去管理，适合高湿度地区使用。

（2）间冷式冰箱的缺点

1）由于增加了一套完整的全自动除霜系统、一台循环风扇和一个冷藏室风门调节器，使间冷式冰箱在结构上比双门直冷式冰箱复杂。

2）由于部件增多，结构复杂，致使维修不便，其价格也比直冷式冰箱高。

3）由于增设风扇和除霜电热器等，耗电量比直冷式冰箱高15%左右。

4）由于箱内采用强制对流循环，冷空气对流风速较高，食品干缩较快。因此，存放的食品应装入食品袋内，以防止干缩。

3. 间直冷并用式冰箱

这种类型的冰箱（也称冷气强制循环及自然对流并用式冰箱）是将直冷式冰箱和间冷式冰箱的特点结合起来，冷冻室采用间冷式，冷藏室采用直冷式，其结构通常是在箱内夹层中设主蒸发器，利用风扇使冷冻室内的空气强制循环（间冷），同时在冷藏室内设有蒸发器（直冷），如图 2-11 所示。也有些间直冷并用式冰箱在冷冻室内增设一块直冷式快速冷冻板（即板管式蒸发器），来弥补间冷式冷冻室内食物冷冻速度慢的缺点。这种冰箱具有直冷式冰箱和间冷式冰箱的优点，即具有速冻功能，可以制冰，冷冻室不结霜，同时主蒸发器可自动除霜；其缺点是结构较复杂，价格贵，耗电量仍较大，适用于多门大容积、豪华型冰箱。

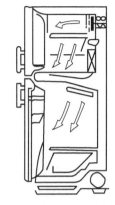

图 2-11 间直冷并用式冰箱

二、冰箱的规格和型号

1. 冰箱的规格

冰箱的规格是以箱内容积的大小进行划分的。冰箱内的容积可用毛容积和有效容积两种方法来表示。毛容积又称公称容积、标称容积和名义容积，它是冰箱门（或盖）关闭后内壁所包围的容积。毛容积中包括一些不能用来储藏物品的容积，例如门内的突出部分、蒸发器及蒸发器小门所占的容积等。而有效容积是指毛容积减去不能用于储藏食品的容积后所余的箱内实际可用容积。因此，毛容积一般大于有效容积。我国以前生产的冰箱规格表示比较混乱，有的厂家采用有效容积表示，有的厂家则采用毛容积表示。现在，本着对用户负责和有利于用户选购的精神，国家标准规定冰箱的规格均采用有效容积表示，其单位用"L（升）"表示，冰箱有效容积值可从型号中看出。

食品冷冻冷藏装置—冰箱

风冷冰箱结构图

冰箱的规格在国标中并没有系列规定。目前，国外家庭对冰箱的规格要求趋向于大型化。如日本家庭选购的冰箱一般都是在 300L 左右，美国家庭所选购的冰箱则在 400L 以上。目前我国生产的冰箱也开始向大型化、多门化和豪华无氟型化发展，有效容积超过 220L 的冰箱已大量进入市场。

2. 冰箱的型号

无论是国内还是国外，在冰箱上都标有产品型号，而且每一型号都有各自特定的含义。

根据 GB/T 8059—2016 规定，我国生产的 500L 以下电动机驱动压缩机式冰箱的型号表示方法及含义如图 2-12 所示。

例如：型号 BC - 158 指有效容积为 158L 的家用冷藏箱；型号 BCD - 185A 指工厂第一次改型设计，其有效容积为 185L 的家用冷藏冷冻箱；而型号 BCD - 158W 指有

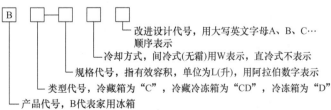

改进设计代号，用大写英文字母A、B、C…顺序表示

冷却方式，间冷式(无霜)用W表示，直冷式不表示

规格代号，指有效容积，单位为L(升)，用阿拉伯数字表示

类型代号，冷藏箱为"C"，冷藏冷冻箱为"CD"，冷冻箱为"D"

产品代号，B代表家用冰箱

图 2-12 冰箱型号表示

效容积 158L 的间冷式冷藏冷冻箱。另外，我国冰箱型号中的阿拉伯数字直接表示冰箱的有效容积。

三、冰箱的其他标志

1. 冰箱适应的气候类型

由于我国幅员辽阔，各地的气候和环境差异较大，要设计出一种在各种气候和环境下都能得到经济、合理使用的冰箱是有困难的。因此，需要有针对性地将环境温度分成几种类型，然后根据它们各自的特点，设计出最适合于在该环境温度下使用的冰箱供该地区使用，从而得到良好的制冷性能、较低的电耗及较好的性能价格比。

根据现行国标 GB/T 8059—2016 规定，按使用的气候环境，家用冰箱分为四种类型，即亚温带型、温带型、亚热带型及热带型。气候类型的代号标注在产品铭牌上。各种气候类型的代号及温度范围见表 2-2。

表 2-2　各种气候类型的温度指标

气候类型	代号	使用环境温度/℃	冷藏室温度/℃		冷冻室温度/℃		果菜保鲜室温度/℃
			范围	平均	二星级	三星级	
亚温带	SN	10~32	−1<（上、中、下）<10	7	<−12	<−18	8~14
温带	N	16~32	0<（上、中、下）<10	5	<−12	<−18	8~14
亚热带	ST	18~38	0<（上、中、下）<12	7	<−12	<−18	8~14
热带	T	18~43	0<（上、中、下）<12	7	<−12	<−18	8~14

当环境温度超出冰箱的规定温度范围时，就达不到上述规定的冷却性能指标。例如，一台温带型的家用冰箱，在环境温度低于 16℃ 和高于 32℃ 时做性能考核是不相宜的。也就是说该冰箱只有在 16~32℃ 的环境温度范围内性能指标才符合要求，若在低于 10℃ 的环境温度时出现停机时间过长、冷冻能力下降，或在高于 32℃ 时出现开机时间过长甚至不停机的现象，都不能说明该冰箱的性能不合格或该冰箱有问题。这就是一种不能算作故障的故障现象，使用者必须注意这一点。

2. 冰箱的冷冻级别

冷冻冰箱和冷藏冷冻冰箱的温度等级都是以冷冻室的温度来区分的，其温度以星标来表示，有一星级、二星级、三星级和高三星级等，一个星标代表 −6℃，星标一般标于冷冻室门上。不同温度级别的冷冻室温度及大约的食品储存期见表 2-3。

表 2-3　冰箱冷冻室的星级规定

星　级	星级符号	冷冻室温度	冷冻室食品一般储藏期
一星级	▣	<−6℃	两星期
二星级	▣▣	<−12℃	一个月
高二星级	▣▣	<−15℃	1.8 个月
三星级	▣▣▣	<−18℃	3 个月
高三星级（速冻三星级）	▣▣▣	<−18℃	3 个月

表中高二星级为日本标准，未纳入国标中，其冷冻室温度为−15℃以下，以多加一条星标边框线与二星级相区别。

四星级在国标中未做规定。而欧洲许多国家（包括国内有些厂家），将高三星级（速冻三星级）称为四星级，严格来讲这是不妥的。因为高三星级与三星级冷冻室温度相同，均为−18℃以下，不同点是高三星级的冷冻能力较强，有一定的速冻功能。根据国标规定：高三星级冰箱冷冻室加满负载并稳定在−18℃以后，放入不少于相当于每100L冷冻室容积4.5kg（45L以下不少于2kg）的鲜负载（如鲜瘦牛肉），能够在24h内从环境温度冻结到−18℃以下。而一般三星级冰箱只要求能使−18℃的冷冻负载，在冷冻室内长期保持温度不高于−18℃即可。高三星级的标志是在三星标志的左侧附加一个不同色调的星标。

四、冰箱箱体及其检修

冰箱箱体由外箱壳、内胆和绝热层组成，而箱门体由门壳、绝热材料、门内衬、磁性门封条、门铰链和手柄等组成。外箱与内胆之间填充的隔热材料用来降低漏热。箱体使用的材料及涂层除满足结构设计的强度要求之外，还要求无毒、无气味、防霉菌、耐弱酸弱碱以及耐潮湿气候的腐蚀等。非金属材料应耐低温，不产生收缩变形和开裂等。隔热材料应不吸水、隔热性能良好等。除制冷系统外，箱体的保温和箱门的密封性是冰箱制冷效果好坏的关键。箱体的热损失主要表现为如下两个方面：一是箱体绝热层的热损失，占总热损失的80%~85%；二是箱门和门封条的热损失，占总热损失的15%~20%。为了保证冰箱箱体的绝热性能，箱外壁与内胆之间的绝热层厚度一般控制在40~50mm，通常采用硬质聚氨酯泡沫塑料。为了防止从箱门与箱体贴合处泄漏冷气，箱门四周均采用软质聚氯乙烯门封条，在封条内插入塑料磁条，再用螺钉压板固定在箱门上。塑料磁条的磁力将门与箱体外壳紧紧吸合，对冰箱的绝热起着重要的作用。门封阻止箱体内、外空气的对流，所以如果门封条材料老化或箱体门框有裂缝，就会造成箱内外空气的对流，从而导致热损失。

1. 外箱壳及门壳

冰箱箱体结构有整体式和拼装式两种。图2-13所示为整体式箱体结构。整体式结构的上顶板和左右两侧板弯折成"U"字形，再与后板、斜板点焊成一体。图2-14所示为拼装式箱体结构。拼装式箱体结构均制成单件，再用聚氨酯发泡材料粘合成整体。拼装式结构的冰箱多为欧洲厂家生产，而整体式结构的冰箱多为美国和日本厂家生产。我国引进的冰箱生产设备多来自欧洲厂家，因此冰箱的结构也多为拼装式结构。

外箱壳及门壳一般是用0.6~1.0mm的冷轧钢板，经剪切、冲压、折边、焊接而成的，外表面经磷化、喷漆或喷塑处理。喷塑是喷环氧树脂或丙烯酸树脂粉。喷塑的表面

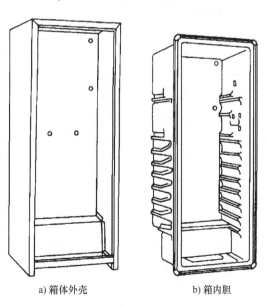

a) 箱体外壳 b) 箱内胆

图2-13 整体式箱体结构

耐蚀性好,附着性好,不易碰坏,但表面色泽度不如喷漆。近年来,国外已开发出了各种彩板(包括在门面板上压膜各种大小不同的彩色图画),既改变和丰富了产品的外观,又免除了繁杂的涂覆等工艺程序,保护了环境。

2. 箱内胆及门内胆

目前,冰箱内胆与门内胆一般采用丙烯腈—丁二烯—苯乙烯(ABS)板或改性聚苯乙烯(HIPS)板,也有部分国外产品采用经过搪瓷处理的薄钢板,经过喷涂环氧树脂处理的薄钢板、防锈铝板或不锈钢板。

ABS 板或 HIPS 板经加热至60℃干燥后采用凸模真空成型或凹模真空成型,板材厚度一般在1.0mm以下。塑料内胆由于可一次真空吸塑成型,生产率高,成本低,呈白色,表面粗糙度值小,耐酸碱,无毒无味,重量轻,因而在家用冰箱中得到广泛应用。其不足是硬度和强度较低,易划伤,耐热性较差,

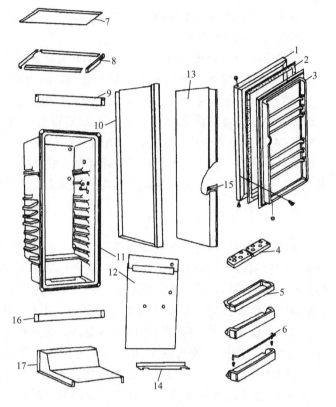

图 2-14 拼装式箱体结构
1—门外壳 2—门封条 3—内衬板 4—蛋架 5—瓶架
6—瓶栏杆 7—顶板 8—上顶边框 9—上前梁
10—右侧板 11—箱体内胆 12—后背板 13—左侧板
14—后梁 15—除露管 16—下前梁 17—下底

使用温度不允许超过70℃。因此箱内若有电热器件,则必须加装防热和过热保护装置。

聚苯乙烯(PS)是应用范围很广的热塑性塑料,其主要缺点是脆性大,抗冲击性能差,耐热性较差,高温时会变形,表面硬度较低。将聚苯乙烯链枝接于橡胶分子上,成为改性聚苯乙烯,便可使其兼有刚性和韧性,简写为 HIPS。

ABS 塑料是苯乙烯、丁二烯、丙烯腈三组元的共聚物。三元共聚的特点使它兼有三种组元的共同性能,A 代表的丙烯腈使其耐化学腐蚀并具有一定的表面硬度;B 代表的丁二烯使其呈现橡胶状韧性;S 代表的苯乙烯使其具有良好的热塑性和染色性。

ABS 和 HIPS 的热稳定性和流动性均非常好,易加工成型,成型时收缩小,制品尺寸稳定,加工方便。HIPS 的各种物理性能与 ABS 相仿或稍低,但价格要低 1/3 ~ 1/2。故选用HIPS 制作冰箱内胆是比较合适的。

用 ABS 和 HIPS 制作的内胆,从外观看来,ABS 塑料强度高、轻便,表面硬度大,非常光滑,易清洁处理;而使用 HIPS 制造的内胆,不如 ABS 光洁平滑,内胆壁也稍厚。ABS 内胆与聚氨酯(发泡层)相粘,内胆与箱体成一体,钢性感强。HIPS 与聚氨酯粘连不紧,箱体的钢性感差。此外,ABS 内胆在冲切或装配时较 HIPS 内胆出现的裂纹要少。

ABS 和 HIPS 两种材料的性能比较见表2-4。

表 2-4　ABS 和 HIPS 的性能比较

性　能	ABS	HIPS
真空成型工艺	成型工艺要求严，加工较困难；可直接发泡，与聚氨酯粘结良好	成型工艺与加工容易；需外套聚乙烯膜后再发泡，较复杂
外感	光泽好，对食品无污染，清洗后不留痕迹，吸灰	光泽不如 ABS 好，有污染现象，没有 ABS 那种气味，不吸灰
钢性感	钢性感强，内箱与箱体成一体	HIPS 与聚氨酯不粘连，钢性感差
耐化学腐蚀性	食品、肉、油及化妆品对 ABS 无影响	接触油类多时会产生裂纹
耐久性	20MPa 应力作用下，可耐 1000～10 万 h；在 10MPa 应力作用下，在 100 万次弯曲振动下而不断裂	20MPa 应力作用下，5h 断裂；10MPa 应力作用下，100 万次弯曲振动断裂
成本	比 HIPS 贵 1/3～1/2	比 ABS 便宜 1/3～1/2
装配	冲切或装配时裂纹少	冲切或装配时裂纹多
寿命	>10 年	>7 年

制造冰箱内胆的材料要求无毒、无臭、无味、耐腐蚀、耐低温等。随着人们生活水平的提高，越来越多的消费者希望用上能够预防和抵抗有害细菌生存的健康型冰箱。近年来，国内一些冰箱厂家为适应市场需求，开发了一种新型的健康冰箱，它采用经过特殊处理加入高效广谱无机系抗菌杀菌剂的塑料（ABS 或 HIPS）板材作为冰箱内胆。用这种新型抗菌板材成型的内胆能有效抑制冰箱内有害细菌的滋生，对附着在内胆壁上的大肠杆菌、黄色葡萄球菌等对人体有害及导致食物变质的毒菌有一定的杀伤力，使冰箱内食品的卫生环境有显著提高。

钢板搪瓷内胆具有强度好、耐酸碱、寿命长等优点，缺点是质量大、有硬脆性、制造工艺复杂、成本高等。由于它优点较多，且目前又研制出低温搪瓷，因此现在国外一些大型高档家用冰箱仍然采用搪瓷内胆（如美国旋涡公司）。

钢板喷涂环氧树脂干粉涂料的内胆，具有生产率高、成本低的优点，但喷涂工艺必须保证耐水、耐腐蚀和经久耐用等。现在美国的西屋公司、通用公司等生产的冰箱仍然采用这种内胆。

用铝板和不锈钢板做成的内胆具有搪瓷的特点，且无硬脆性，多用于高档冰箱和大型冷柜等。

采用金属内胆时，与外壳的结合部必须以导热性能很低的非金属材料作过渡连接，以减少漏热。

3. 磁性门封

为了防止从箱门与箱体结合处泄漏冷气，冰箱的箱门上均装有磁性门封。磁性门封由塑料门封条和磁性胶条两部分组成，它是在软质聚氯乙烯门封条内插入磁性胶条。

磁性门封一般用螺钉压板固定在箱门上，冰箱正是靠磁性胶条的磁力将箱门与箱体铁皮紧紧吸合，既可防止冷气外泄，又可阻止潮气侵入。

由于冷冻室与箱外环境的温差比冷藏室与箱外环境的温差大，为了改善隔热性能，冷冻室与冷藏室的门封结构也不相同。冷冻室一般采用双气室门封，而冷藏室则采用单气室门封。

对门封的严密性要求是关门后门封周边均能夹持住 0.08mm×50mm×200mm 的纸条而不滑落，抽出时有一定阻力。

对箱门的强度和耐久性的要求是在门格架加满负载的情况下，冷藏室门开闭 10 万次、冷冻室门开闭 5 万次，不应出现变形、位移和磨损等现象。

4. 箱内附件

箱内附件包括制冰盒、搁架、果菜盒、储冰盒、鱼肉盘等，有的还配有接水盒、蒸发盘和铲霜刮刀等。

五、冰箱箱门的维修

(一) 箱门的拆装与调整

1. 箱门的拆装

拆卸单门冰箱的箱门一般只要将箱门上铰链螺钉拆下，就可将箱门取下。拆卸双门冰箱的箱门，用扳手或套筒扳手将冷冻室门与冷藏室门之间的中铰链螺钉拆下，如图 2-15a 所示，然后慢慢地将箱门向前拉出取下，如图 2-15b 所示。重新安装箱门时，应先检查铰链销与弹簧是否完好，如图 2-15c 所示。原有垫圈应放上，紧固中铰链螺钉时，要注意保持门沿与台面（装饰板）之间的平行度。

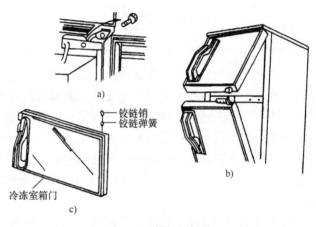

图 2-15　箱门的拆装

2. 箱门的调整

冰箱的箱门会因运输、长期使用等原因产生错位，应给予调整。表 2-5 列出了箱门的各种不正常现象及其调整方法。

表 2-5　冰箱箱门的不正常现象及其调整方法

不正常现象	原因及调整方法
上门向左下方倾斜	上铰链向左侧偏移，故向右侧调整 1. 取下固定顶部面板（装饰板）前框的自攻螺钉 2. 把顶部面板前框向外拉出、取下 3. 把固定上铰链的螺钉松开，将上铰链向右边移动
下门向左下方倾斜	下铰链向右侧偏移，故向左侧调整 1. 使冰箱向后倾斜，露出下铰链的螺钉 2. 松开 3 只螺钉，将下铰链向左侧移动

不正常现象	原因及调整方法
上门向左下方倾斜 下门向左上方倾斜	中铰链向右侧偏移，故向左侧调整 打开下门，松开固定中铰链的 2 只螺钉，向左侧移动中铰链
门关闭不严	门垫中央部分由于受低温影响，故不能关闭严密 1. 使用电吹风对有间隙的门封处加热，加热温度不宜太高，以免门封熔化 2. 用手拉出凹进部分，使其稳定 3. 恢复密封状态后，静放 10～20min
下门左下角有间隙	由于门面扭曲不平而产生间隙，故需修正不平之处 1. 把固定下门垫的自攻螺钉放松 1～2 圈 2. 扭正门面直到门缝消除 3. 把自攻螺钉放回原处，扭紧
门封角落出现间隙	门封中央部分伸长，门封角落出现间隙 为了增高出现间隙处的门封角高度，可填塞海绵或软胶带
门关闭不良	内封与箱体外壳凸缘接触，引起门关闭不良 1. 将中间和下面的铰链向前面移动，扩大外壳与门之间的尺寸。在中间铰链上加垫片，或松开下铰链的 3 只螺钉 2. 在与外壳凸缘接触部分涂上润滑剂

（二）冰箱门封的维修

冰箱使用很长时间后，它的磁性门封容易出现老化变形、起褶、粘连、翘起等问题，造成箱门关闭不严，隔热不好，压缩机长时间工作不停机等故障。

检查门封密封性除了上述用薄纸（0.08mm×50mm×200mm）检查法外，还可用漏光检查法。切断冰箱电源，准备一到两支手电筒，打开手电筒开关后将其头朝外放入箱内，然后关闭箱门。白天最好遮掉房间内光线，晚上关掉房间内灯光。沿门封四周仔细观察，以不漏光为合格。若有漏光现象，可用圆珠笔在门封胶条上标出漏光位置。

对于箱门关闭不严的故障，在修理时可根据不同情况采用不同方法予以修理解决。当粘连时，应将门封清洗干净后，涂上一层滑石粉（痱子粉亦可）。若门封起褶和翘起，可关好箱门用电吹风对门封起褶或翘起变形位置加热到使门封变软，用塑料薄板压紧变形处，使门封与箱体贴严、贴紧，待自然冷却到环境温度后，再拿开塑料薄板即可。如果磁性门封的局部有凹陷，可把门封翻起，用十字螺钉旋具将固定门封的螺钉拆下，使故障位置的门封从门壳上脱离开，在门封凹陷位置垫上合适的薄胶片，再固定好螺钉，可使门封恢复平整。门封出现四周密封不良情况时，可用同样方法，填进适量的海绵状软物质即可。采用以上方法仍不见效果时，证明门封已老化到无法使用，应更换新的磁性门封。

(三) 冰箱内胆的维修

目前冰箱的内胆大都采用 ABS 塑料制作，虽然耐热性好，硬度大，耐冲击性好，绝缘性能好，并可进行金属电镀和喷漆，但耐老化性能差，一旦与冰醋酸或某些植物油接触，容易老化，引起开裂，内胆会出现裂纹破损。下面介绍一种简便修补方法。

先准备 ABS 碎料少许、化学试剂氯仿 (三氯甲烷) 或丙酮一小瓶、小玻璃瓶两只 (有盖)、蓬头毛笔一支、砂纸一小块、剪刀一把，然后将 ABS 边角料剪成碎块，放入玻璃瓶，加入氯仿，浸没碎片。放置一天后，ABS 充分溶解成糊糊状，如太稀可再加入适量碎料。这就是补内胆用的"胶水"。另外用一只玻璃瓶装氯仿，专供洗去毛笔上的胶水用，还可用它在补丁上罩光。

修补时，先用砂纸在裂缝部位轻轻打磨，去除污迹，再在内胆裂口的两端各打一个小洞，以防止修补后裂口延长。用钢锯片或锋利的刀片刮裂口的两边，使缝隙增大，成 V 字形，如图 2-16 所示。用毛笔蘸取"胶水"涂在破裂部位，胶水干后再涂第二遍。这样多次涂补，胶层干得透，强度较好。在裂口补胶略高于周围后，将不平整的地方用砂纸磨平。最后用洗干净的毛笔蘸取氯仿涂在补过的部位，使其表面光亮。如果内

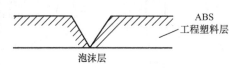

图 2-16 内胆修补示意图

胆破损面积较大或有一个洞，则可剪一块比破洞稍大一点的 ABS 薄片 (0.5mm 左右即可)，用氯仿当胶水，均匀地涂在接触面上后迅速粘合，待粘牢后用砂纸打磨，然后在补丁边沿补上"胶水"，以弥合和遮盖接缝。

这里须注意的是：①所用剪刀的刀口如已生锈，要磨亮后再用，不然补好的 ABS 会由于铁离子的存在而发黄；②氯仿不能接触冰箱里的保温材料发泡聚氨酯，以免发生化学作用而产生大量气体，将补上去的 ABS 吹出泡来，造成修补失败。

用这种方法补的内胆，"胶水"与内胆融为一体，两者热膨胀系数相同，不易再次破裂。

(四) 冰箱照明灯的维修

冰箱照明灯出现的最普遍故障有两种：一是灯泡损坏，可取下灯泡观察或用万用表测量灯丝是否断开，若灯泡已坏，则更换新灯泡即可；二是照明灯开关坏，可拆下照明灯开关盒，将电源线与开关断开，用万用表测量开关，若开关处在接通位置时，它的直流电阻无穷大，则是开关触点积炭或接触不良，可用一把小螺钉旋具将开关的顶盖撬开，用小镊子夹住通断点的接触片，左右转动把接触片从空隙处取出，这时可看到一个小弹簧，用镊子轻轻拨动，小弹簧会自动伸出，用手把这个小弹簧稍拉长一点，来增加弹簧的弹力，使触点接触良好。若触点已积炭，可用细砂纸轻轻打磨后，再重新装好。如果灯开关损坏严重，已无法修复，则应更换新的照明灯开关。

（五）检修实例

1. 箱门下沉、歪斜的检修

故障现象 一台单门冰箱箱门不正、歪斜。从冰箱的正面看，靠门把手这一侧下沉；另一台双门冰箱箱门边与门框四周的接合面偏斜，不平行。

故障原因 箱门下沉、门歪斜是由于门铰链位置不正引起的。

故障排除 对于单门冰箱，将箱门打开，把上门轴、下门轴的固定板紧固螺钉按逆时针方向旋松，调整固定板的位置，使门的方位端正，然后将固定螺钉旋紧。

对于双门冰箱，固定螺钉分上、中、下三组，上面的一组螺钉是调整上门位置的，中、下两组螺钉是调整下门位置的。上门下沉歪斜，先将冰箱后上方边框上的三个螺钉旋下来，将冰箱顶盖的装饰板向后拉出，便见到一条胶带（有的冰箱没有胶带），将胶带揭开，就看到固定上门用的螺钉，逆时针方向旋松螺钉，将上门调整到合适的位置，再将固定螺钉旋紧。下门歪斜，将中、下两组螺钉逆时针方向旋松，把下门调整到合适的位置后，旋紧固定螺钉，把装饰板盖好即可。

2. 门轴与轴孔间隙增大，引起箱门不密封的检修

故障现象 一台冰箱原来运转时开机与停机时间相当，近来开机时间延长（20min），而停机时间明显缩短（4min）。

故障原因 经检查，该冰箱除上述现象外，其他均未出现异常情况。仔细检查发现箱门有漏缝，这严重影响冷藏室的制冷效果，使压缩机开机时间明显延长。漏缝是由于门轴与轴套磨损，使之间隙增大，箱门稍向一侧倾斜造成的。

故障排除 门轴与轴套磨损后，可以更换新轴，也可以修理。修理时，可用铜片垫嵌在轴套中。必要时还可将门轴固定板上的螺钉松开，重新校正门边与门框四周的平行度。把箱门移动到合适位置后，再把门轴固定板与箱体连接螺钉旋紧。

3. 门封胶条变形的检修

故障现象 一台 BCD-175 型冰箱，使用多年后，潮湿天气时沿箱体门四周常有凝露出现，门封胶条与箱体局部明显不贴合，蒸发器结霜太快，制冷效果下降。

故障原因 检查发现，这台使用多年的冰箱磁性门封胶条老化变硬失去弹性，个别地方已有裂缝，箱内冷气外逸，沿箱门四周温度低于空气露点，以致出现凝露现象。

故障排除

（1）更换门封胶条 对于这种情况，门封胶条应全部更换。在拆去旧的门封胶条之前，应先将磁条抽出，让其吸在箱体上，以免碰坏、折断。旋下门封胶条紧固螺钉，取下整个门封胶条。从市场上买回的新门封胶条，由于捆扎等原因，局部呈弯曲不平的形状，如不加整形处理而换上，效果不好。所以，应先准备一盆60℃左右的热水，将待装的新门封胶条置于水中四五分钟后捞出，用手捏住两头拉直，等其自然冷却后，放在平整的地方。如一次未校直，可反复几次，直至门封胶条变直为止。

用刀片将门封胶条按箱门尺寸割成四段，各段端部割成45°角，然后装到箱门上。在装磁条时，要在箱体上试验一下磁条两面吸力的大小，有的磁条两面吸力是不一样的，吸力强的一面应朝向箱体。磁条装入胶条后，胶条四个角的45°接缝处应用电烙铁加热，使其熔合。电烙铁温度不宜过高，以免胶条过分熔化而不能熔合。熔合后用刀片修整接缝，使其平整，确保胶条与箱体的密封性。

（2）用衬垫法纠正门封胶条的变形　如果门封胶条变形区域较大，可用衬垫法纠正。操作时，先确定漏光的位置，以及漏光的严重程度等情况，然后将干净的泡沫塑料等弹性柔软物，按照门封胶条的漏光区域，剪成合适的长度。用手轻轻掀开漏光部分的门封胶条翻边，将剪好的衬垫物慢慢垫入门封胶条翻边与箱门之间的夹缝中。垫时应注意垫平，不能垫得太厚，边垫边观察漏光情况，直至漏光刚好消失为止。

采用衬垫法修整门封胶条的密封性时，应视门封胶条变形的程度和密封性恢复的情况决定衬垫的时间，一般至少数月，个别变形较严重的要求永久衬垫。经过衬垫后，箱门密封性得到恢复，凝露消失。

（3）用加热整形法修整门封胶条的变形　如果冰箱门封胶条局部变形区域较小，可用加热整形的办法来修整。操作时用 600～800W 的电吹风，对准门封胶条起褶部位加热，当门封胶条温度升高变软时，停止加热，然后用小刀或其他扁平金属片压住门封胶条起褶部位，使其与箱体紧贴，待门封胶条自然冷却后，拿开小刀，门封胶条便能与箱体紧密贴合。门封胶条密封不严也可用电吹风靠近门封胶条吹，并轻轻用手拉，边吹边拉，直至门封胶条与箱门密封为止。经过上述方法处理，门封胶条密封性得到改善，故障排除，冰箱工作正常。

4. 门封胶条与箱体接触面粘连的检修

故障现象　一台双门直冷式冰箱，使用一段时间后，尤其在夏季与梅雨季节，开门很费力，甚至把门封胶条拉出了固定槽。

故障原因　箱体与箱门上的门封胶条的接触面上，存在着很多形状不规则的小孔隙。夏季或梅雨季节空气很潮湿，湿空气在孔隙中形成凝露，关上箱门时，凝露将孔隙中的空气排出，形成负压。这类似在两块平板玻璃中间加上水，然后合在一起，不易分开一样。加之门封胶条原有的磁力，以及夏季高温环境中胶条产生的粘合力，所以在打开冰箱时，就会感到很费力。

故障排除　用软布擦去箱体与箱门接触平面上的凝露，并在接触平面上略敷一层滑石粉（痱子粉亦可），箱门即可正常开启。

任务实施

1）分成 10 个小组，每小组分别拆装至少三种冰箱。
2）对单门冰箱箱门、门封进行拆装，记录拆装的顺序，并画出冰箱的结构简图。
3）对双门直冷冰箱箱门、门封进行拆装，记录拆装的顺序，并画出冰箱的结构简图。
4）对双门间冷冰箱箱门、门封进行拆装，记录拆装的顺序，并画出冰箱的结构简图。
5）用丙酮液修复破裂的内胆。
6）对冰箱箱体进行检修。

任务汇报及考核

1）小组讨论：组长召集小组成员讨论，交换意见，形成初步结论。
2）记录与画图：
① 写出冰箱的拆装顺序示意图。

② 画出各种冰箱的结构简图。

③ 写出调整箱门的注意事项。

3）小组陈述：

① 每组成员进行分工，一个学生陈述：拆装冰箱的先后顺序和注意事项，调整箱门的技巧。

② 其他小组不同看法：每组陈述完后，其他组对陈述组的结论进行纠正或补充。注意：不是争论，而是提出不同的看法。

4）教师点评及评优：指出各组的训练过程表现、任务完成情况，对本实训任务进行小组评价，并将分数填入表2-6中。

表2-6　实训任务考核评分标准

组长：　　　　　　　组员：

序号	评价项目	具体内容	分值	小组自评（30%）	小组互评（30%）	教师评价（40%）	平均分
1	职业素养	细致和耐心的工作习惯；较强的逻辑思维、分析判断能力	5				
		良好的吃苦耐劳、诚实守信的职业道德和团队合作精神	5				
		新知识、新技能的学习能力、信息获取能力和创新能力	5				
2	工具使用	正确使用工具	15				
3	画示意图	正确画出结构图	20				
4	拆装操作规范	正确拆卸与安装	20				
5	总结汇报	陈述清楚、流利（口述操作流程）	20				
		演示操作到位	10				
6	总计		100				

思考与练习

一、如何对冰箱进行分类？

二、什么是直冷式冰箱？

三、什么是双门双温控冰箱？

四、分别说明以上冰箱的特点。

五、箱门倾斜该如何调整？

六、制冷剂在压缩机中的流动过程是怎样的？

七、如何区分吸排气管（打开机壳前与后）？

八、如何拆装门封？

任务二　冰箱制冷系统的维修

任务描述

➤ 拆下冰箱压缩机，更换压缩机润滑油，焊下干燥过滤器。

➤ 对冷凝器、蒸发器进行吹污。

➤ 装上压缩机并更换新的干燥过滤器。

➤ 焊接好制冷系统等管道，焊接工艺管，连接压力表，充入氮气进行检漏。

➤ 抽真空、充注制冷剂。

➤ 调试。听制冷系统工作声响、触摸相关部位，检测制冷系统运行参数并记录。

所需工具、仪器及设备

➤ 十字螺钉旋具、小割管器、毛细管钳、扳手、尖嘴钳、台虎钳、封口钳、组合压力表、万用表、真空泵、电子秤、制冷剂瓶。

知识要求

➤ 了解冰箱制冷系统部件的名称、作用、工作原理。

➤ 了解冰箱制冷系统的工作原理。

➤ 认识制冷系统各零部件（如压缩机、冷凝器、毛细管、蒸发器、干燥过滤器等）。

➤ 掌握冰箱制冷系统维修技术。

➤ 熟悉冰箱制冷系统维修中的注意事项。

技能要求

➤ 学会维修、更换冰箱压缩机、更换压缩机润滑油。

➤ 学会维修、更换干燥过滤器。

➤ 学会对制冷系统进行吹污、充氮检漏。

➤ 学会抽真空、充注制冷剂（包括 R134a、R600a 制冷剂）。

➤ 学会判断制冷系统故障并维修。

知识导入

知识点一　冰箱制冷系统部件

一、冰箱压缩机

压缩机是冰箱制冷系统的动力源，相当于冰箱的心脏。它使制冷剂在系统的管路中循环，即把来自蒸发器的低温低压制冷剂蒸气，经压缩机压缩成高温高压的制冷剂蒸气，并排入冷凝器。压缩机的性能好坏直接影响了整机的制冷效果。

为减少噪声和防止制冷剂泄漏，通常将所使用的各种压缩机与电动机连成一体，电动机直接带动压缩机且共同装在一个封闭的钢制外壳内，故称其为全封闭式制冷压缩机。

全封闭式制冷压缩机的主要特点是压缩机与电动机共用一根主轴，利用弹簧将机组悬吊在以钢板冲压成形的机壳内。机壳采用焊接密封，机壳底座设有弹性胶垫，通过弹簧和胶垫减振，可降低压缩机的振动和噪声。压缩机的外形一般呈圆柱状，顶部稍凸起，截面都做成椭圆形。为了降低噪声，有的压缩机还做成球形。封闭的机壳上有三根铜管（即吸气管、排气管、工艺管）和电动机的电源接线盒。

由于冰箱采用的是全封闭式制冷压缩机，它的体积小，转速高，散热条件差，所以必须采取适当的散热措施。一般功率在100W以上的压缩机需要采取强制通风冷却或加油冷却管；功率100W以下的压缩机，一般可采用自然冷却。

1. 冰箱压缩机的分类

（1）按压缩机结构分类　全封闭式压缩机按其结构的不同可分为往复活塞式、旋转式和涡旋式。

往复活塞式压缩机按其曲轴与活塞传动方式的不同又可分为曲柄滑管式、曲柄连杆式和曲轴连杆式三种。

旋转式压缩机是利用活塞旋转对制冷剂气体进行压缩的，按其结构不同又可分为滚动转子式和旋转叶片式两种。

冰箱全封闭式压缩机的分类如图2-17所示。

一般家用冰箱多采用往复活塞式压缩机，其中更多的是采用曲柄滑管式压缩机，只有当需要的功率较大时，才采用曲柄连杆式或曲轴连杆式压缩机。近年来，一些新型冰箱已开始采用旋转式压缩机，其效率比往复活塞式压缩机高。

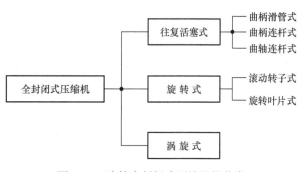

图2-17　冰箱全封闭式压缩机的分类

（2）按压缩机背压高低分类　冰箱全封闭式压缩机按其背压高低可分为低背压、中背压和高背压三种。背压是指压缩机的吸气压力，即蒸发器出口压力。它的高低与蒸发温度有关，见表2-7。

表2-7　压缩机背压高低与蒸发温度的关系

类　　别	蒸发温度/℃
低背压	$-30 \sim -15$
中背压	$-20 \sim 0$
高背压	$-5 \sim 15$

（3）按压缩机电动机输出功率不同分类　冰箱压缩机按其电动机输出功率的不同，可分成表2-8所示的几类。

表 2-8 压缩机按输出功率分类

功率单位	电动机输出功率											
马力/hp	1/25	1/20	1/15	1/12	1/10	1/9	1/8	1/7	1/6	1/5	1/4	1/3
瓦/W	30	40	50	65	75	80	93 ~ 100	101 ~ 110	125	150	187	250

（4）按压缩机与电动机的连接方式分类 压缩机按与电动机的连接方式分为开启式、半封闭式和全封闭式三种。早期冰箱压缩机是开启式的，即电动机与压缩机分离，依靠传动部件如 V 带等相互连接。后改进为半封闭式的，即电动机主轴与压缩机主轴同轴，但分别装于各自密封的壳体中。1926 年，美国通用电气公司首次研究成功全封闭式压缩机，经过几十年的发展，目前，家用冰箱已几乎全部采用全封闭式压缩机。这种压缩机和电动机装在同一密闭容器内，不仅可大大减少制冷剂的泄漏，而且为压缩机向高速化、微型化、轻量化、低噪声、低成本方向发展开辟了新的途径。

（5）按制冷剂在缸内的流动方向分类 按制冷剂在缸内的流动方向分为顺流式（制冷剂气体在缸内流动方向不变）和逆流式（制冷剂气体在缸内流动方向是变化的）两种。

（6）按气缸数分类 按气缸数分为单缸和多缸两种。

（7）按制冷能力分类 可分为轻型（小于 5000kcal/h）、小型（5000 ~ 50000kcal/h）、中型（5000 ~ 300000kcal/h）和大型（300000kcal/h 以上）。注：1cal≈4.2J。

（8）按蒸发温度分类 按蒸发温度分为低温和高温两类，前者用于冰箱、冷藏柜，后者用于空调、降温机、冷饮器等。

2. 压缩机的更换

当压缩机出现严重故障，由于种种原因无法修复时，就需更换新的压缩机，或者坏的压缩机修好后需重新与制冷系统复原，其操作要求如下：

1）割开原制冷系统中压缩机上的充气管，放出制冷剂。用气焊将原压缩机与高低压气管的连接口加热熔脱开，拆下压缩机的 4 颗地脚螺栓，就可取下压缩机。

2）当压缩机电动机烧坏时，会产生大量的酸性氧化物，存留在制冷系统内，容易造成脏堵，并容易毁坏新换上的压缩机，缩短其使用寿命。为此在重新装压缩机之前，应对制冷系统进行必要的清洗，要用有一定压力的氮气从制冷系统的高压排气管端吹入，从制冷系统的低压吸气管端排出，并用一张干净白纸或白布放于吸气管端，直至吹出的气体在白纸或白布上不留污物为合格。同时应更换新的干燥过滤器。

3）检查原压缩机底座的防振橡胶垫，如老化变形损坏，应更换。将完好的防振橡胶垫在压缩机的底座上垫好。把新压缩机或修复的压缩机安装在压缩机底座上，适度拧紧固定螺栓。如果螺栓拧得过紧或过松，都会造成冰箱在工作中噪声和振动增大。在修理中如果遇到老式冰箱时应注意，老式冰箱的压缩机地脚一般采用弹簧减振，在运输时为防止晃动，用螺栓压紧减振弹簧，所以维修时必须将螺栓完全松开，使其自由晃动，进行减振，否则会加大噪声。

4）将新换上的压缩机或修复好的压缩机高低压气管与制冷系统的管线套接好，再用银焊焊接好。焊接前应将焊接部位清理干净，打磨光亮，以保证焊接质量。焊接要又快又好，防止焊接不牢固造成渗漏或焊渣进入管路内造成堵塞。焊接好之后从充气管充入氮气进行压力试验。确定无泄漏后，再抽真空，充加制冷剂，通电试运转。

5）更换新的压缩机应与原压缩机规格相同，主要是功率与起动方式要相同。如果没有功率相同的压缩机，应选择比原功率稍大的压缩机，这时应对制冷系统做必要的调整。如有一台冰箱的压缩机是日本松下 FN51Q10G 型，功率为 124W，已经损坏，无法修复使用，需更换一台新的压缩机，但没有同规格同功率的压缩机，可选用功率为 135W 的压缩机，这时应对制冷系统中的毛细管进行更换并加长，来限制气流量。充加制冷剂时，要观察充气管中的压力和冰箱中的温度，以控制制冷剂的充注量，使其达到更换新压缩机后冰箱所需的技术要求。

二、冷凝器

（一）冷凝器中的冷凝过程

压缩机把高温高压制冷剂气体送至冷凝器，其压力和温度是由制冷系统和环境温度所决定的。冷凝器中的制冷剂气体所具有的热量，是在蒸发器内从周围空气吸走的热量与用压缩机压缩时加在活塞上的机械功相当的热量之和。因此冷凝器是把制冷剂气体这部分的热量传向周围空气，从而又把制冷剂变成液体状态的装置。

冷凝器内制冷剂发生变化的过程，在理论上可以看成等温变化过程。实际上它有三个作用：一是空气带走了压缩机送来的高温制冷剂气体的过热部分热量，使其成为干饱和蒸气；二是带走在饱和温度不变的情况下进行液化释放出的潜热；三是使已液化的制冷剂进一步过冷，如图 2-18 所示。

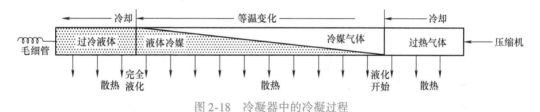

图 2-18　冷凝器中的冷凝过程

（二）冷凝器的种类

冷凝器的冷却方式可分为水冷却方式、空气冷却方式。大型制冷设备一般采用水冷却方式，家用冰箱的冷凝器采用的都是空气冷却方式。空气冷却方式又分为空气自然对流冷却和风扇强制对流冷却。

空气自然对流冷却方式具有结构简单、无风机噪声、不易发生故障等优点；不足之处是传热效率较低，一般中小型冰箱（<300L）和冷冻箱多采用此种冷却方式。

风扇强制对流冷却方式的传热效率较高，使用方便，结构紧凑，不需水泵，但风机有一定噪声。大型冰箱（>400L）和厨房冷藏箱等多采用此种冷却方式。

冷凝器的作用及分类

家用冰箱冷凝器按其形状结构可分为平板式、百叶窗式等，分别如图 2-19 所示。

（三）各种冷凝器的结构特点

1. 平板式及百叶窗式冷凝器

图 2-19a 所示为最早的冷凝器形式，冷凝器焊在一块平板上，后来改为由铜管与冲压成弧形的钢板焊接成板式冷凝器。为了提高换热效率，将平板冲成百叶窗，即成为后来的百叶

窗式冷凝器，如图 2-19b 所示。百叶窗式冷凝器的换热系数比平板式冷凝器高 15% ~ 20%，其换热系数 $k = 10 ~ 12kcal/m^2 \cdot h \cdot ℃$ 左右，且成本低，容易加工，设备简单，易于批量生产。欧美各公司早期生产的冰箱流行采用百叶窗式冷凝器，我国 20 世纪 80 年代从这些公司引进的技术也都采用百叶窗式冷凝器。试验表明，垂直盘管走向的冷凝器换热效率高于水平盘管走向的冷凝器。

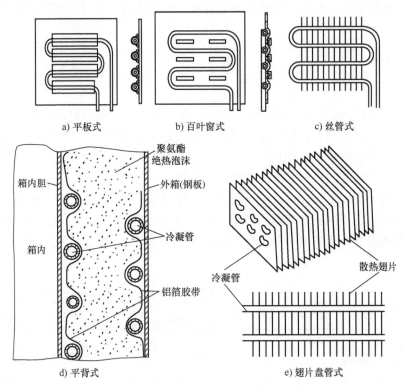

a) 平板式   b) 百叶窗式   c) 丝管式

d) 平背式   e) 翅片盘管式

图 2-19　冷凝器结构形式示意图

2. 丝管式冷凝器

丝管式冷凝器即邦迪管弯成多个 S 形，与多根钢丝点焊而成。因其体积小，重量轻，散热效果好，便于机械化生产，换热系数高于平板式冷凝器约 50%，也比百叶窗式冷凝器高 10% ~ 15%（其换热系数 $k = 12 ~ 15kcal/m^2 \cdot h \cdot ℃$），因而成为 20 世纪 80 年代中期以后冰箱普遍采用的形式。丝管式冷凝器需专门的生产设备和邦迪管，邦迪管分单层卷制、双层卷制两种。单层卷制管只在内表面镀铜。钢丝也有表面镀铜和不镀铜两种，单层管配不镀铜钢丝，外镀铜双层管配镀铜钢丝，钢丝直径为 $\phi 1.6 ~ \phi 2.0mm$，钢丝间距为 5 ~ 8mm，水平丝管式冷凝器效率高于垂直丝管式冷凝器。

3. 内藏式冷凝器

为了解决丝管式冷凝器外露不美观，又不易清洁的问题，利用冰箱外壳的散热，又推出了内藏式冷凝器，即将弯好的冷凝管用铝箔胶带和导热胶粘贴在箱体左右侧板或后板内侧，经发泡后将管紧固在侧板或后板上。内藏式冷凝器使冰箱外观大大改善，但传热效率有所降低。为保持良好的绝热性能，需要加厚箱体发泡层厚度，约增加 30% 以上，同时要优化粘贴工艺和采用导热胶粘贴，以提高热效率。

内藏式冷凝器的传热系数为 $8 \sim 10 \mathrm{kcal/m^2 \cdot h \cdot ℃}$，比百叶窗式冷凝器低20%，好在内藏式冷凝器散热面积较百叶窗式冷凝器大很多，弥补了不足。内藏式冷凝器无需冷凝器钢板，降低了成本，又防止了外露冷凝器在搬运中可能出现的损坏。但是，一旦出现泡层内管道泄漏，特别是焊口泄漏，则无法修理。目前，采用内藏式冷凝器的形式越来越多，丝管式冷凝器逐渐减少。

冷凝器除了具有使制冷剂气体放热液化为液体的主要功用外，还有以下几个作用：

1）将压缩机排气口接到副冷凝器（置于箱底或压缩机顶部）浸入化霜水即蒸发皿中，使之蒸发，以免弄湿地面。

2）冷凝管环绕箱门四周和箱顶部，可防止箱门四周及顶部凝露问题，无需电加热防露，节能省电。

内藏式冷凝器的组合方式如图 2-20 所示。

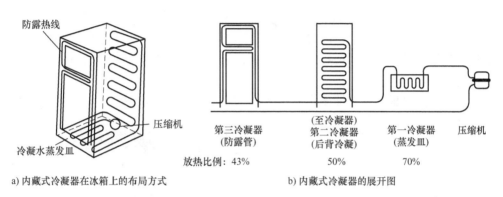

a) 内藏式冷凝器在冰箱上的布局方式　　b) 内藏式冷凝器的展开图

图 2-20　内藏式冷凝器的组合方式

4. 翅片盘管式冷凝器

翅片盘管式冷凝器是在冷凝管上串上经过二次翻边的铝箔，每片厚 0.15 ~ 0.20mm，再经过机械胀管，使铝箔与冷凝管接触良好。为提高换热效率，常将铝箔冲压出各种形状，以增加换热面积，提高换热系数。它具有体积小、重量轻、换热面积大、热效率高等优点，适合于采用强制对流方式。当风速达到 2.5 ~ 3.0m/s 时，换热系数为 $30 \sim 35 \mathrm{kcal/m^2 \cdot h \cdot ℃}$，比丝管式冷凝器提高一倍多，约是百叶窗式冷凝器的 2 倍。

三、蒸发器

（一）蒸发器的分类

蒸发器是使制冷剂液体吸收热量汽化成气体的热交换设备。在蒸发器内，低温低压的液态制冷剂吸收被冷却食品的热量，使食品制冷降温，制冷剂则吸热热量蒸发为气体。

直冷式冰箱采用自然对流式蒸发器，有管板式、铝复合板式、丝管式和翼片管式几种。间冷式冰箱采用强制对流的蒸发器，有翼片管式和翅片盘管式两种。

（二）各种蒸发器的结构特点

1. 铝复合板式蒸发器

铝复合板式蒸发器结构如图 2-21 所示，以前采用铝锌铝复合蒸发器，现在大多采用印制电路铝铝复合板。

蒸发器的作用与分类

铝锌铝复合板由铝锌铝三层金属板冷轧而成，将此板放在刻有管路通道的模具上，加压500t，给模具中的电热丝通电加热，温度升至440~500℃，中间锌层开始熔化，此时用24~28kgf/cm²（2.4~2.8MPa）的高压氮气吹胀成管道，刻有管道的部分因不受压，热锌液被氮气吹出，并形成管状。冷却后锌层又将没有管道部分的铝板粘合，成为有管道的复合板式蒸发器。

铝铝复合板是在铝板上印制出石墨管路图，上面再覆盖一铝板，经过碾轧和热处理而成。再将此复合板在高压下吹胀，带有石墨管路的部分被吹胀成管路，再用氩弧焊将进出口铝管焊接在铝蒸发器上。铝蒸发器需要做表面防腐处理（电极氧化或涂漆处理）。

这两种蒸发器各有优缺点，前者在水作用下起化学电池作用而易腐蚀，因此寿命较短，容易泄漏，但成本较低，20世纪80年代中期以前，我国冰箱广泛采用此种形式。后者不易腐蚀，虽工艺要求高，但易于批量生产，从而可降低成本，此形式已成为当前冰箱蒸发器的主要形式。它又可分为双面胀管、单面胀管和部分单面胀管三种形式。在使用中需经常清洗，不能与含碱物质直接接触，因为碱会使铝表面形成微小孔，出现制冷剂泄漏，故应将含碱物质用塑料袋包好后存放。铝蒸发器表面结霜时，不要用锐利金属清除，以免划破表面而造成制冷剂泄漏。

最新型的铝复合板式蒸发器是将冷冻室和冷藏室两个蒸发器连成一体，如图2-22所示。

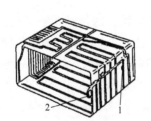

图 2-21　铝复合板式蒸发器
1—铜管进口接头　2—铜管出口接头

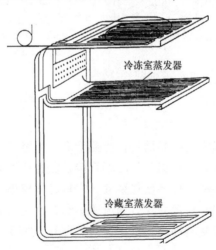

图 2-22　冷冻冷藏连体蒸发器

铜管式蒸发器、铝锌铝式蒸发器、印制电路铝铝式蒸发器的比较见表2-9。

表 2-9　三种蒸发器的性能比较

项　目	铜管式蒸发器	铝锌铝式蒸发器	印制电路铝铝式蒸发器
材料耗用	铜1.1，铝2	铝2.3，锌0.3	铝2.3
重量/kg	3.1	1.5	1.2
生产成本比	100	75	70
生产条件	手工操作，部分机械	批量生产	适合大批量生产
管道不变形压力/MPa	—	0.8	1.3
含尘量/(mg/m²)	—	≤150	≤100

项　目	铜管式蒸发器	铝锌铝式蒸发器	印制电路铝铝式蒸发器
含水量/(mg/m²)	—	≤150	≤100
传热效率	较低	高	高
使用寿命/年	10～15	2～5	≥15
环境污染	有	有	无
废料利用	可回收	不可回收	可回收
管道图形	受铜管限制	可任意设计	可任意设计
生产手段	技术要求低，设备精度低	技术要求较低，设备精度较低	技术要求高，设备精度高

2. 管板式蒸发器

早期冰箱采用铜管作蒸发器，铜管上焊接铜板。它的优点是结构牢固可靠，设备简单，使用寿命长，不需要高压吹胀设备，至今仍在部分冰箱中使用；不足之处是成本高，耗铜多。

目前冰箱采用薄不锈钢板或铝板作蒸发器内胆，外面裹以蒸发管（铜或铝扁管），用铝箔胶带或导热胶将铜或铝扁管与板粘在一起，形成管板式蒸发器，如图 2-23 所示。管板式蒸发器示意图如图 2-24 所示。

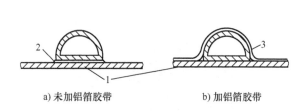

a) 未加铝箔胶带 　　　b) 加铝箔胶带

图 2-23　管板式蒸发器的粘接方式
1—蒸发板（铝板）　2—导热剂　3—铝箔胶带

图 2-24　管板式蒸发器示意图

这种结构除具有早期蒸发器的优点外，还具有成本低、规格变化容易的优点，目前大部分传统型直冷式冰箱均采用此形式。图 2-25 所示为实际应用管板式蒸发器的冰箱示意图。

丝管式蒸发器与丝管式冷凝器的结构基本相同，如图 2-26 所示。

3. 翅片盘管式蒸发器

翅片盘管式蒸发器如图 2-27 所示，即在盘管上串套铝箔翅片，与翅片盘管式冷凝器相同，常用于在间冷式冰箱上作蒸发器。其优点是传热系数高，结构紧凑，占用面积小，但需加风扇才能使空气强迫对流，从而增加了能耗，加之焊点增多，加工量大，泄漏的可能性也增大。

为了提高翅片盘管式蒸发器的传热效果，一方面在翅片上做了一系列改进，如将翅片压成波纹形（折叠形）或开成槽形及其他复杂形状，以增强对气流的扰动，改善传热效果；另一方面，在管内设置螺旋丝或用专门设备在管内壁开螺旋槽，增加管内流动紊流度，同样可以提高制冷剂的传热效果。

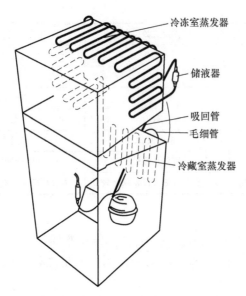

冷冻室蒸发器

储液器

吸回管

毛细管

冷藏室蒸发器

图 2-25　管板式蒸发器冰箱

图 2-26　丝管式蒸发器

4. 层架盘管式蒸发器

在目前较流行的冷冻室下置内抽屉式直冷式冰箱中，蒸发器普遍采用层架盘管式蒸发器，如图 2-28 所示，盘管既是蒸发器，又是抽屉搁架。这种蒸发器制造工艺简单，便于检修，成本较低（可用铝管或邦迪管），而且有利于箱内温度均匀，冷却速度快。

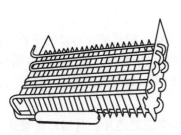

图 2-27　翅片盘管式蒸发器

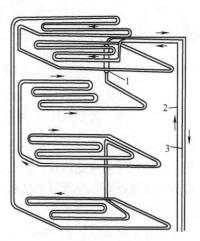

图 2-28　层架盘管式蒸发器

四、节流装置（毛细管）

1. 毛细管的节流原理

毛细管由一根长度为 1～4m、内径为 0.5～1mm 的纯铜管制作，其结构简单，加工方便，制造成本低，目前广泛应用于家用冰箱的制冷系统。

家用冰箱毛细管依靠其流动阻力沿管长方向的压力变化，来调节制冷剂的流量并维持冷凝器与蒸发器的压力。当有一定过冷度的液体制冷剂进入毛细管后，会沿

冷却空气的蒸发器

流动方向产生压力状态变化，过冷液体随压力的逐渐降低，变为相应压力的饱和液体，此段称为液相段，其压力降不大，一般呈线性变化。从毛细管中出现第一个气泡开始至毛细管末端，均为气液共存段，也称两相流动段。该段饱和蒸气的含量沿流动方向逐步增加，因此压力降为非线性变化，直至毛细管末端，其压力降最大。当压力降至低于其相应饱和压力时，就会使液体自身蒸发降温，即随压力降低，制冷剂的温度也降低。

制冷剂通过毛细管的流量随入口压力的增加而增加，同时也随出口压力（蒸发压力）的降低而增加。在达到极限时，其流量不再随压力的变化而增大。

由上可知，适当增加制冷剂的过冷度，可使制冷量增加，提高制冷效果。对 CFC－12 制冷剂，其过冷度每增加 1℃，制冷量约提高 0.88%。所以，毛细管通常要从回气管中穿过，或与低压回气管焊在一起，以使进入蒸发器前的制冷剂在毛细管中与低压蒸气进行充分的热交换，尽可能增加制冷剂的过冷度。因此换热器的构成有两种，即外焊法和内含法，如图 2-29 所示。外焊法是将毛细管并焊在低压吸气管上；内含法是将毛细管穿入低压吸气管内，并在蒸发器的铜铝接头处直接进入蒸发器内，如图 2-30 所示。内含法的热交换性能优于外焊法，同时也可以避免毛细管中的制冷剂外泄。

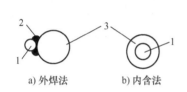

图 2-29　换热器的构成形式

1—毛细管　2—焊接处　3—低压吸气管

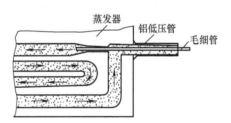

图 2-30　内含法的毛细管进入蒸发器

2. 毛细管的故障分析及处理方法

毛细管最容易出现的故障是堵塞，由于堵塞造成制冷量下降，甚至不制冷。这是因为毛细管中制冷剂的流量是与冰箱所需温度下的制冷系统中蒸发温度的产冷量互相适应的。对于一台冰箱来说，其制冷系统根据规定的使用温度，严格地注入一定量的制冷剂。毛细管的流量按照冰箱的使用温度，已调定在一定的蒸发温度所需范围之内。如果毛细管不畅通，或者

节流装置

出现堵塞，对制冷剂的流动阻力增大，蒸发器中的压力随之降低，使压缩机排气量降低，产冷量下降，严重时则不制冷，引起冰箱内降不到所需的温度或者根本不降温。造成毛细管堵塞的原因，主要是脏堵和冰堵。

（1）脏堵　脏堵也可叫作油堵，主要包括充入的制冷剂不干净有杂质；在维修中不慎将金属屑带进制冷系统；过滤器中的干燥剂质量差；在毛细管加工和安装工作中不细心，使毛细管局部内径变小，这样会使压缩机的吸气温度升高，吸气压力降低，同时压缩机电动机的温度过高，并会带来压缩机中的排气阀组烧黑和电动机受损等不良现象。

（2）冰堵　冰堵常发生在毛细管的出口与蒸发器的接合部位。开始时制冷系统能正常工作，但随着制冷系统工作时间的延长，毛细管出口部位开始结冰，冰块越结越大，造成堵塞，这种现象就是冰堵。一旦出现冰堵，说明制冷系统基本被污染。产生冰堵的原因主要是

制冷系统中存留有水分，水分主要来自如下几个方面：

1）在维修制冷系统时，抽真空干燥不彻底。

2）在充加制冷剂时不慎将空气（因空气中是含有水分的）带入制冷系统。

3）制冷剂质量差，含有水分。

4）制冷系统中的分子筛干燥过滤器失效。

过去曾用对制冷系统加甲醇的方法来降低系统内水的冰点，防止冰堵现象。但随着科学技术的发展，发现甲醇在制冷系统中对压缩机有腐蚀作用，会降低电动机的绝缘强度，产生镀铜现象。所以在制冷系统中加甲醇会造成更坏的后果，缩短冰箱压缩机的使用寿命，故此种方法是不可采用的。

（3）毛细管发生堵塞时的维修办法

1）脏堵：在冰箱工作中，用手摸毛细管，手感什么部位最凉，说明什么部位有堵塞。确定堵塞位置后，做好记号。先割开压缩机上的充气管，放出制冷剂，再给毛细管与蒸发器和干燥过滤器的连接部位加温，取下毛细管，在毛细管的堵塞位置进行退火，使其变软，在退火过程中，毛细管内的堵塞物融化，再用高压氮气吹通。如此方法不见效果，应更换新的毛细管。

2）冰堵：在冰箱工作中，发现制冷系统冰堵时，应切断冰箱压缩机的电源，使其停止工作，当冰堵位置的冰还没有融化时，及时把冰堵去掉，再迅速将管线连接好。但最好的解决办法是放出制冷系统中的制冷剂，更换分子筛干燥过滤器，对制冷系统重新抽真空、充加制冷剂，必要时可对制冷系统中的制冷剂进行干燥过滤后，再将其充入制冷系统，以保证充加制冷剂的质量。

五、干燥过滤器

1. 干燥过滤器的结构

干燥过滤器由干燥器和过滤器两部分组成。过滤器的作用是滤去制冷剂中的杂质，如金属屑、尘砂等。过滤器是在由钢管或铜管制成的外壳内装入 2～3 层 100～120 目的金属滤网构成的。过滤器一般装在冷凝器与节流装置之间的液体管路上，有的压缩机在其吸气侧还装有低压过滤器，防止蒸发器中的杂质被吸入压缩机内，损伤阀片和气缸。但这种过滤器必须有较大的过滤面积，以避免产生压力损失。气态制冷剂通过滤网的速度为 1.0～1.5m/s，液态制冷剂通过滤网的速度应小于 0.1m/s。

干燥器的作用是清除制冷系统中的残留水分，防止产生冰堵，减少对设备和管道的腐蚀。干燥器的构造与过滤器基本相同，只是在壳体内再装入干燥剂。干燥器一般装在冷凝器与节流装置之间的液体管路上，使制冷剂在循环过程中，其水分被吸附在干燥剂中。液态制冷剂通过干燥剂的流速应小于 0.03m/s。

家用冰箱一般使用具有干燥和过滤两种作用的干燥过滤器，其结构如图 2-31 所示。家用冰箱用的干燥过滤器以直径为 14～16mm、长 100～150mm 的钢管为外壳，内装滤网（铜丝网加纱布）和吸收水分的干燥剂。干燥过滤器安装在冷凝器和毛细管之间。

过滤器与干燥过滤器

2. 干燥过滤器故障的判断分析

干燥过滤器出现故障，进行判断分析时，以确定过滤器是否堵塞为准，有两种方法：

（1）手摸判断法 在制冷系统工作中，用手摸干燥过滤器进出口的前后温度没有变化，说明干燥过滤器没有堵塞；如果出现冷热差别，则说明干燥过滤器已经堵塞，应更换新的干燥过滤器。

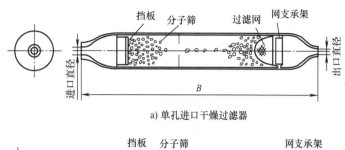

a) 单孔进口干燥过滤器

（2）割管判断法 使制冷系统停止工作，切断电源。将压缩机的充气管割开，应无大量制冷剂流出，而后将毛细管与干燥过滤器的连接位置断开，没有制冷

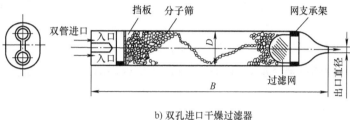

b) 双孔进口干燥过滤器

图 2-31 干燥过滤器的结构

剂流出，再将干燥过滤器的进口与冷凝器的连接口断开，如有大量制冷剂流出，则证明干燥过滤器完全堵塞。

六、单向阀和气液分离器

1. 单向阀

由于旋转式压缩机没有吸气阀，为防止在压缩机停车时，高温高压蒸气回流入蒸发器，导致蒸发器的热负荷增大、制冷效率降低，为此旋转式压缩机的制冷系统在压缩机吸气管与蒸发器出气管之间接入

干燥过滤器的更换方法

了单向阀。单向阀能阻止高温蒸气向蒸发器回流而获得节能效果，同时还能使压缩机吸气管道保持较高的平衡压力，有利于压缩机起动后在短时间内恢复制冷循环，以适应冰箱间断工作的特点。

单向阀一般均垂直安装，且具有方向性，维修后必须按原方向安装。在焊接单向阀和连接管时，要对阀体进行冷却保护（如加冰袋），以避免内部阀芯（尼龙材料）因高温变形而失效。

2. 气液分离器

气液分离器安装在压缩机的吸气管上，可使返回压缩机的制冷剂中的液体分离出来并储存在其底部，以防压缩机产生液击。从蒸发器来的制冷剂经吸气管进入气液分离器内，制冷剂蒸气中所含的液滴会因本身自重而落入气液分离器底部，只有制冷剂蒸气被吸入压缩机。

制冷剂在蒸发器中汽化吸热后即进入气液分离器。实际上气液分离器是接在蒸发器出口端与低压吸气管之间的一段粗管。它的作用是当冰箱在不同的温度状态下运行时，对制冷剂的循环量起一定的调节作用。冰箱在较低温度下运行时，制冷剂循环量减少，在蒸发器管路内未蒸发的液态制冷剂可在气液分离器内积存起来；相反，冰箱在较高温度下运行时，需要较多的制冷剂循环量，此时气液分离器内积存的液体制冷剂便参与制冷循环，使冰箱制冷系统在环境温度较高或较低时都能获得较佳的制冷效果，同时也可防止液滴进入压缩机中而引起"液击"事故。除此而外，气液分离器还可以起消声器的作用。

知识点二　制冷系统维修操作基础

一、制冷系统检修基本工艺

(一) 制冷系统的试压与检漏

冰箱的制冷系统是由压缩机、冷凝器、干燥过滤器、毛细管和蒸发器等部件，用管道串联钎焊成的一个全封闭系统。一旦焊接不良或制冷系统被腐蚀，或搬运、使用不当等，都很容易在焊接处造成裂缝，或使部件上产生漏孔，造成制冷剂泄漏。

制冷系统泄漏是冰箱的常见故障之一。制冷系统的试压和检漏，就是通过向系统内充注一定压力的氮气后，再采用不同的手段找出泄漏点，并进行补焊，消除制冷系统泄漏，恢复正常工作。对制冷系统发生故障的冰箱，这是查找故障和保证维修质量的重要一步，也是必不可少的过程。

1. 检漏的方法

(1) 水中检漏　水中检漏是一种最简单，而且应用得比较广泛的检漏方法，常用于压缩机、蒸发器、冷凝器等零部件的检漏。其过程是：在被测件内充入 0.8～1.0MPa 的氮气，将被测件浸入 50℃左右的温水中，仔细观察有无气泡产生。使用温水的目的在于降低水的表面张力，因为温度越低，水的表面张力越大，微小的渗漏就无法显示出来。检漏场地应光线充足，水面平静，观察时间应不少于 30s，且工件最好没入水面 200mm 以下。水中检漏的精度可达到年泄漏量 5g，但这需目力好、有耐心的人进行较长时间的观察。因此，水中检漏的效率较低，且容易发生疏漏。

(2) 卤素灯检漏　卤素灯是以工业酒精为燃料的喷灯，靠鉴别其火焰颜色变化来判别泄漏量的大小。其作用原理是：氟利昂气体与喷灯火焰接触即分解成氟、氯元素气体，氯气与灯内炽热的铜接触，便生成氯化铜，火焰颜色即变为绿色或紫绿色。泄漏量从微漏→严重泄漏，火焰颜色相应变化为微绿色→浅绿色→深绿色→紫绿色。不同火焰颜色与 R12 泄漏量的关系见表 2-10。

表 2-10　卤素灯火焰颜色与 R12 泄漏量的关系

年泄漏量/g	年泄漏容积/L	泄漏速率/(mm³/s)	颜　　色
48	9.6	0.31	无变化
288	57.6	1.85	微绿色
384	76.8	2.47	浅绿色
504	100.8	3.23	深绿色
1368	273.6	8.78	紫绿色

氟利昂与火焰接触分解出的气体有毒性，所以在严重泄漏的场合，不宜长时间使用卤素灯检漏。从表 2-10 可知，卤素灯的灵敏度较低，其最低检知量为年泄漏量近 300g，故不能满足家用冰箱检漏的要求，只能用于设有储液器的大型冰箱或冷库的粗检漏。

(3) 电子卤素检漏仪检漏　电子卤素检漏仪是一种精密的检漏仪器，主要用于精检漏，灵敏度可达年泄漏量 5g 以下。袖珍式检漏仪便于携带，流动维修使用方便，灵敏度为年泄漏量 14～1000g，但不能做定量检测。

（4）肥皂水检漏　即用小毛刷蘸上先制备好的肥皂水，涂于需检查部位，并仔细观察。如果被检部位积有白色泡沫或有气泡不断增大，则说明该处有泄漏产生。

制备肥皂水可用 1/4 块肥皂切成薄片，浸泡在 500g 左右的热水中，不断搅拌使其融化，冷却后，肥皂水凝结成稠厚状、浅黄色的溶液即可。若未制备好肥皂水而又急用，也可用小毛刷蘸上较多的水后，在肥皂上涂搅成泡沫状，待泡沫消失后再用。

用肥皂水检漏，方法简单易行。这种检漏方法可用在制冷系统充注制冷剂前的气密性试验中，也可用于已充注制冷剂或正在使用的制冷系统。在还没有用其他检漏方法进行检漏，或虽经电子卤素检漏仪、卤素灯等已检出有泄漏，但不能确定其具体部位时，使用肥皂水检漏，均可获得良好的检测效果。所以，一般修理厂都常用肥皂水检漏。

2. 检漏的具体做法

在对制冷系统进行检漏时，可分别采用整体检漏或者分段检漏。一般来说，先进行整体检漏，若此时在外露部分无法或不易找到泄漏点，而制冷系统又确实存在泄漏，此时才再以分段检漏的方法来缩小泄漏点的寻找范围，直至最后找出泄漏点。

（1）整体检漏　整体检漏是在压缩机的工艺管口处将三通修理表阀焊接好后，再将毛细管与干燥过滤器的接头处焊开，从表阀处注入 0.8～1.0MPa 压力的氮气，分别检查干燥过滤器与毛细管口处的出风情况。若有管道堵塞现象发生，则必然有一方不通或出风不正常。这时应采取烘烤、加压等办法进行排堵。若无堵塞现象发生，出风正常，应关闭氮气，更换干燥过滤器后，再将毛细管与干燥过滤器处焊好。

当上述工作完成后，仍从表阀处充注氮气，使表压力保持在 0.8MPa 以上。然后用肥皂水对外露的各个焊头（包括进行了补焊的地方以及三通检修阀的各个接头处）进行检漏，应无泄漏点，否则应重新进行补焊或紧固，直至消除明显的泄漏点为止。然后以上述压力保持 16～24h。在开始的 6h 允许有所加压力的 2% 的压力降（环境温度变化过大时，可能超过此范围），后面的 10～18h 里不允许表压有任何的下降。若在规定的时间里压力未下降，或虽有下降但保持在允许的范围内，则说明检漏合格，制冷系统无泄漏点存在，可进行下一步骤工作。若压力降超过允许范围，在排除外接管道和三通修理阀的泄漏可能后，即可判定为制冷系统泄漏，则应继续查找，直到找到全部泄漏点为止。

冰箱制冷系统整体检漏示意图如图 2-32 所示。

对制冷系统进行整体检漏时，充注氮气的压力不能过高，尤其当冰箱的蒸发器为吹胀式或铝管时更应注意，否则会造成蒸发器管道因破裂而损坏。国家规定的试压压力值见表 2-11。

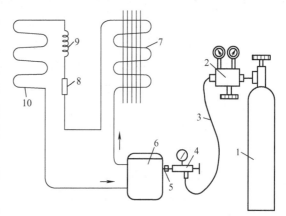

图 2-32　冰箱制冷系统整体检漏示意图

1—氮气钢瓶　2—氮气减压调节阀　3—耐压连接胶管
4—带压力表的三通修理阀　5—快速接头　6—压缩机
7—冷凝器　8—干燥过滤器　9—毛细管　10—蒸发器

表 2-11　试压压力值

制　冷　剂	高压/MPa	低压/MPa
R12	1.56	1
R22	1.96	1

（2）分段检漏　为了缩小泄漏点的寻找范围，需要将冰箱的制冷系统分割成高压和低压两个部分或更多部分，分别进行试压检漏，这就是分段检漏方法。

通常，制冷系统被压缩机和节流机构（如冰箱中的毛细管）分割为高压部分和低压部分。压缩机排气室至节流机构之前为高压部分，节流机构之后至压缩机吸气室为低压部分。在实际维修工作中，为方便焊接和进行后面要叙述的一些工作，需要将制冷系统分为高压和低压两部分时，一般是按下列方法来分的：

高压部分包括冷凝器、压缩机；

低压部分包括蒸发器、毛细管和回气管。

具体做法如下：

1）从干燥过滤器与毛细管的连接处将管路分开，并将分开的两管路分别封死。

2）把回气管从压缩机上取下，并将压缩机上接回气管的管口封死。这时可从压缩机工艺管上所接的三通检修阀上充注 1.0～1.2MPa 的氮气，对高压部分进行检漏。若高压部分发生泄漏，又有外露接头，则还可继续将主冷凝器、副冷凝器以及防露管再分开进行检漏，以确定泄漏发生于哪一部分。再根据不同的情况，采取补焊、更换零件或加装部分冷凝器以及丢掉部分管道等办法加以解决，直至泄漏排除为止。值得注意的是，不管采取何种方法，都应保证高压部分的容积不能减小，以免影响制冷剂的冷凝。

3）在从压缩机取下的回气管上，再焊接上一个三通修理阀，应无泄漏。再从三通修理阀充入 0.4～0.8MPa 的氮气进行低压部分的检漏。因蒸发器多为铝管管板式或吹胀式铝蒸发器，因此试压时压力不能太高，以免造成不必要的损坏，增加修理的难度。

若在低压部分发现有泄漏，对单门冰箱，可将蒸发器卸下没入水中进行检查，查到泄漏点进行粘补或焊接；而对双门直冷式冰箱，因蒸发器无法卸下，可采取开背修理的方法或采用其他方法进行处理，直至无泄漏为止。

在检漏、补焊结束，各段均无泄漏后，再将各段连接成整体。最后必须进行一次整体检漏，检查焊接的接头及补漏后各点的密封情况。只有当确认泄漏已经排除后，才能进行下一步抽真空和充注制冷剂的工作。

（3）制冷系统的真空检漏　检查制冷系统有无泄漏，也可以采用真空检验方法。具体操作方法是，在压缩机的工艺管上接上带表的三通检修阀，并将三通检修阀与真空泵连接。开启真空泵对制冷系统抽真空 1～2h 后，在真空泵的排气口接上胶管，并将胶管口放入盛有水的容器中。边抽真空，边观察胶管口有无气体排出。若对制冷系统抽真空 1～2h 后仍有气体排出，则说明制冷系统有泄漏。也可以在对制冷系统抽真空到制冷系统内的压力为 133.3Pa 时，关闭三通修理阀，静置 12h 后，观察真空表上的压力值有无升高。若压力升高，则说明制冷系统有泄漏点存在。然后再设法找到泄漏点，进行补漏，直至泄漏排除。

（二）制冷系统抽真空及制冷剂的充注

1. 制冷系统抽真空

冰箱制冷系统在试压检漏合格之后、充注制冷剂之前，必须进行抽真空，使制冷系统内的真空度不高于 133.3Pa。抽真空的方法有三种，即低压单侧抽真空，高、低压双侧抽真空和二次抽真空。

（1）低压单侧抽真空　低压单侧抽真空是利用压缩机上的工艺管进行的，而且可利用试压检漏时焊接在工艺管上的三通修理阀进行，不必另外再接焊口。低压单侧抽真空操作简便，焊接点少，相对来说焊口泄漏的机会也相应减少。低压单侧抽真空示意图如图 2-33 所示。低压单侧抽真空的缺点是制冷系统的高压侧（冷凝器、干燥过滤器）中的空气须通过毛细管→蒸发器→回气管→压缩机低压侧，然后由真空泵排出。由于毛细管的流动阻力较大，当低压侧（蒸发器、压缩机低压侧）中的真空度达到要求时，高压侧仍然不能达到要求，因此采用低压单侧抽真空时必须反复进行多次抽真空，时间较长。虽然反复多次抽真空会使制冷系统内的残留空气减少，但却很难使制冷系统的真空度达到不高于 133.3Pa 的要求，且制冷系统内残留空气过多会影响整机的制冷性能。

（2）高、低压双侧抽真空　高、低压双侧抽真空是在干燥过滤器的进口处加设一工艺管，与压缩机上的工艺管并联在一台真空泵上进行抽真空，或用两台真空泵同时进行抽真空，其连接方法如图 2-34 所示。

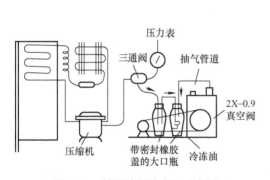

图 2-33　低压单侧抽真空示意图

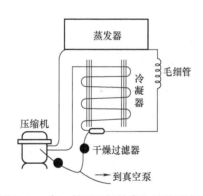

图 2-34　高、低压双侧抽真空连接示意图

高、低压双侧抽真空克服了毛细管流动阻力对高压侧真空度的不利影响，能使制冷系统在较短的时间内获得较高的真空度。但要增加一个焊口，操作工艺较为复杂。

由于高、低压双侧抽真空能使制冷系统的真空度达到要求，对提高制冷系统的制冷性能有利，故被广泛采用。

（3）二次抽真空　在采用低压单侧抽真空时，为了使制冷系统的真空度达到要求，可以采用二次抽真空的方法。

二次抽真空的工作原理是，先将制冷系统抽真空到一定的真空度后，充入制冷剂，使制冷系统内的压力恢复到大气压力或更高一点。这时起动压缩机，使制冷系统内的气体成为制冷剂蒸气与残存空气的混合气。停机后，第二次再抽真空稍长时间。这时系统内残留的气体是混合气体，其中绝大部分为制冷剂蒸气，残留空气只占很小比例，从而达到了减少系统内残留空气的目的。只是这种做法会增加制冷剂的消耗。

根据上述原理，在修理冰箱对，如果现场没有真空泵，则可以利用多次充、放制冷剂的方法来排除制冷系统中的残留空气。一般充、放制冷剂 3～4 次，即可使系统内的真空度达到要求。

在抽真空时应该合理选用连接压缩机工艺管与三通修理阀之间的连接管的管径。若管径选得过小，则流动阻力太大，从而使制冷系统的实际真空度要比联程压力表上所指示的真空度更大一些。若管径选得过大，则最后封口时比较困难，通常选用 $\phi4～\phi6mm$ 的铜管作为连接管比较合适。

2. 充注制冷剂

冰箱在抽真空结束后，应尽快地充注制冷剂，最好控制在抽真空结束后的 10min 内进行，这样可以防止因三通修理阀阀门关闭不严而影响制冷系统的真空度。

制冷剂的注入量应满足冰箱铭牌上的要求。如果制冷剂充注量过多，就会导致蒸发器温度升高，冷凝压力升高，轴功率增大，压缩机运转率提高，还可能出现冷凝器积液过多的现象。自动停机时，液态制冷剂在冷凝器末端和干燥过滤器中蒸发吸热，造成热能损耗。受以上诸因素的影响，使得冰箱性能下降，耗电量增加。若制冷剂充注量偏少，则会使蒸发器末端的过热度提高，甚至蒸发器结霜不满，也会使压缩机的运转率提高，耗电量增加。因此，制冷剂的注入量一定要力求准确，误差不能超过规定注入量的 5%。

准确地充注制冷剂和判断制冷剂充注量是否准确的方法有两种，即定量充注法和综合观察法。

（1）定量充注法

定量充注法即用专用的制冷剂定量加液器按冰箱铭牌上规定的 R12 注入量充注制冷剂。按图 2-35 所示将管道连接好，连接处不得有泄漏现象。先将阀 D 关闭，打开阀 E，让 R12 钢瓶中的制冷剂液体进入量筒中。量筒的外筒为

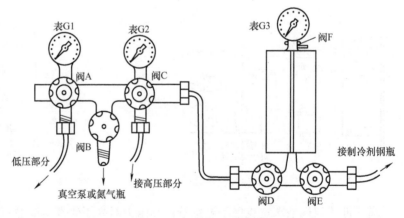

图 2-35　制冷剂的定量充注

不同制冷剂在不同压力下的重量刻度。选择合适的刻度，使制冷剂液面上升到铭牌规定数值的刻度时，关闭阀 E。若量筒中有过量的气体致使液面无法上升到规定刻度，可打开阀 F，将气体排出。再开动真空泵进行抽真空，使冰箱制冷系统和连接管道中的残存气体排出，达到要求之后关闭阀 B 和阀 C。然后打开阀 D，量筒中的制冷剂便通过连接管道，经过阀 A 进入已经抽真空的冰箱中。这样，定量充注制冷剂的工作就完成了。

如果要求充注的制冷剂量较大，而量筒刻度无法满足时，则可以分两次或三次充入，只要充入的总量与铭牌上的要求注入量相符即可。

如果没有专用的制冷剂定量充注器，也可以在充注制冷剂前先称一下制冷剂（连罐）的质量，然后进行充注。当磅秤读数达到规定值时，立即停止，并用热毛巾将导管加热，以

使管中残留的制冷剂全部进入系统。这种方法会因冰箱的制冷剂充注量较小（一般为 90 ~ 150g）而不易准确掌握，可能出现较大的误差，故在对冰箱充注制冷剂时使用较少，但在进行较大质量的制冷剂充注时（如厨房冷藏柜、空调等）可采用此方法。

（2）综合观察法　综合观察法是在没有制冷剂定量充注器的情况下，充注制冷剂后，结合观察三通修理阀上的气压表指示和冰箱的结霜情况来判定制冷剂充注量是否适量。这是冰箱修理中经常采用的一种方法。其具体操作方法如下：

1）将制冷剂钢瓶与已经过抽真空的冰箱上的三通修理阀用管道连接起来，锁紧钢瓶端的接口螺母，稍微打开钢瓶阀门，让制冷剂将导管中的空气排出。然后锁紧三通修理阀端的接口螺母。将制冷剂钢瓶阀门打开后，再将三通修理阀上的阀门打开，让制冷剂液体进入系统。观察气压表读数，当达到 0.35MPa 时，暂时关闭修理阀上的阀门。

2）起动压缩机，气压表指示下降，充注制冷剂，当气压表指示保持在 0.05MPa 左右时，即可停止制冷剂充注。让压缩机继续运行，同时观察蒸发器的结霜情况和气压表的指示，并用温度计测量冷冻室与冷藏室的温度。若无异常情况出现，可运行至冰箱自动停机。在此试机与观察的过程中，应注意以下几点：

① 试机中，温度控制器最好置于热点，以使冰箱能较快地自动停机，缩短压缩机的工作时间。在夏季，因环境温度较高而不易自动停机时，可采用两次或三次间歇工作而最终达到自动停机的办法。若冰箱达到其规定的停机温度而仍未停机，则应考虑控制系统可能出现故障。

② 试机开始 20min 后，上、下蒸发器上都应有一层均匀的霜。

③ 监测冰箱的工作电流，其值应与铭牌上的额定工作电流值相符。特别应注意冰箱在自动停机后的第一次和第二次自动起动时的工作电流是否正常。

④ 注意气压表的指示。从开始到自动停机，气压表指示稍有下降，一般不会为负压。若压力较低，蒸发器有一部分（特别是尾部）结霜不好时，可适当补充注入部分制冷剂。若气压表指示为负压，且冷凝器温度下降，则表明管道内出现了堵塞（包括冰堵和其他堵塞），这时，应立即停机。若停机一定时间后，压力表指示又回升到正压，则前述的堵塞多为冰堵，应放掉所充入的制冷剂，重新更换干燥过滤器后，再进行试压检漏、抽真空、充注制冷剂和试机。若是其他堵塞（焊堵或脏堵），应设法排除堵塞，重复前述各项工作。

有的维修人员在冰箱出现冰堵后，采取注入少量甲醇的方法来解决，这是万万不可以的。因为甲醇的注入，只是降低了系统内残留水分的冰点温度，使系统不再出现冰堵，而水分并未排除。但甲醇对压缩机电动机的绝缘层会产生侵蚀，降低其绝缘程度，甚至可能导致短路现象的发生。所以，绝对禁止往系统内注入甲醇来解除冰堵。

⑤ 试机中还应注意观察外露管道，尤其是回气管不应结露和结霜。如果出现此现象，则为制冷剂充注过量，应放掉一部分，直到回气管结霜刚好化净为止。若停机后的很短一段时间里，干燥过滤器出现结露，也说明制冷剂充注过量，应适当放出一些。还应注意，压缩机在每次起动时，其回气管上不应结霜，而只是该管温度比环境温度低。虽然这时所结的霜在压缩机正常运转后会很快融化，但仍说明制冷剂充注稍有过量，也应放出一部分。

若试机正常，制冷温度能达到规定要求，结霜情况良好，无异常现象发生，就可以封口了。

从上述介绍可知，定量充注制冷剂，具有快捷、充注量准确、省时等优点，且不需起动压缩机。而综合观察法则比较费时，制冷剂的充注量不易掌握准确，且与维修人员的经验积累有很大关系，但不需更多设备。两种方法各有特点，修理人员对两种方法都应掌握，以根据设备和场合来选用不同的方法。

3. 封口

冰箱经充注制冷剂、试机正常后，即可将三通修理阀与压缩机工艺管口的连接管封闭，取下修理阀，把冰箱交付给顾客使用。封口常在压缩机运转时进行，因此时系统内的低压部分压力较低，易于封闭。

封口的操作过程如下：

1）先用封口钳将连接管距压缩机工艺管口约10cm处用力夹扁1~2处。

2）再在离夹扁处（靠近修理阀端）2~3cm处切断连接管，用焊条将切口封死。也可直接用气焊方法将连接管熔化后封死管口，保证无泄漏即可。为保险起见，可将封口处没入水中检查，无气泡逸出即为合格。

二、冰箱故障的检查方法及检查步骤

（一）判断冰箱工作正常的检查方法

判断冰箱工作情况是否正常，简单易行的基本方法是"一看、二摸、三听"。下面以双门直冷式冰箱在32℃环境温度下工作为例，介绍判断经验。

冰箱接通电源后，就可以听到冰箱后部发出轻微的"喀"一声，这是起动器触点闭合的声音，随之压缩机起动运转。在正常运转约30min后，整个制冷系统进入稳定运行工况，此时压缩机外壳的温度可达85℃左右，手摸应有烫手的感觉，冷凝器进口处（距压缩机排气口15cm处）温度可达60℃左右，此处有较烫手的感觉。在冷凝器的出口处（即干燥过滤器前15cm处）温度为35℃左右，手摸此处有略高于室温的感觉，顺着冷凝器的走向，用手摸各段管路，应有较均匀的温度递减。如装有防露管，则手摸箱门框四周应有略高于室温的感觉。打开冷冻室门，应有冷气溢出，蒸发器上结有一层均匀的薄霜，用手指蘸一点水去摸蒸发器，手指有被粘的感觉，耳朵靠近蒸发器可听到蒸发器内有"咝咝"的气流声或类似的流水声，由此可判定冰箱的制冷系统工作情况良好。

将冰箱温控器旋钮调到中间点或说明书所要求的位置，然后关闭箱门，待冰箱工作一段时间后，箱内温度下降到温控器所控制的温度点时，温控器触点断开，切断电源，压缩机停止工作，完成一次制冷循环。受环境温度的影响，箱内温度会随时间缓慢回升，当升高到温控器所控制的温度点时，温控器触点闭合接通电源，压缩机起动运转，又开始下一次制冷循环。在完成制冷循环的过程中，压缩机的开停时间受温控器设定温度值的控制，停机时间一般稍长于开机时间（冰箱刚开始使用或一次性放入较多食品的情况除外）。停机时间越长，开机时间越短，则箱体保温性能和门密封性越好，压缩机制冷量越大，制冷速度越快，制冷效率也就越高。

双门直冷式冰箱工作正常时，冷藏室温度应保持在0~10℃，冷冻室温度一般应在-18℃以下。

（二）冰箱故障的检查方法

1. 现场直观检查

现场直观检查一般常采用"一看、二摸、三听"的方法来判断冰箱发生故障的部位。

（1）看

1）检查蒸发器结霜情况是否正常。工作正常的直冷式冰箱蒸发器上应结成一层均匀的实霜，如发现蒸发器无霜，或上部结霜、下部无霜，或结霜不均匀、有虚霜等情况，则说明冰箱的制冷系统工作不正常。若出现周期性结霜情况，说明制冷管道中有水分，可能在管道中出现了冰堵故障。若在压缩机运转30min后，蒸发器仍未结满霜，说明制冷系统有微漏，制冷能力下降。

工作正常的间冷式冰箱蒸发器结霜应能自动融化并蒸发掉。

2）看制冷系统管路是否有制冷剂渗漏。仔细检查制冷系统各个裸露部位的表面（特别是各管连接处及焊口处）是否有漏油现象，若某处有油迹，则说明此处制冷剂有渗漏。由于制冷剂 CFC-12 有很强的渗透力，并可与冷冻油以任意比例互溶，所以凡是有油迹处，就说明有制冷剂渗漏。注意制冷系统管路及零部件有无机械损伤，例如从冷冻室取出食物或在进行人工化霜时，使用尖锐的金属工具硬撬，则易使铝制蒸发器泄漏甚至损坏。

3）看冰箱冷冻室制冷情况是否正常。当冷藏室温度接近0℃时，冷冻室温度如能达到额定的星级温度，则冷冻室制冷速度正常。

（2）摸

1）摸压缩机外壳表面温度是否正常。压缩机起动并进入正常运行后，压缩机外壳应有热感，夏季时更应有烫手感觉。如手摸压缩机外壳感到十分烫手，不能触及或手指接触后即反射性缩回，均属温度过高。如手摸温度过低，说明阀片损坏。上述情况均说明压缩机有故障，需停机进行仔细检查。

2）摸压缩机吸气管和排气管表面温度是否正常。在正常工作状态下，手摸吸气管，夏季时应发凉，管壁有时结满霜水，冬季则应冰凉。手摸排气管时，夏季应烫手，冬季则应很热。

3）摸冷凝器的温度是否正常。手摸冷凝器时应有热感，但可长时间放置（温度约50℃）。若手摸冷凝器不热，蒸发器中也听不到"咝咝"的气流声，而压缩机在运转中发出沉闷的过载声，则说明在制冷系统干燥过滤器或毛细管等部位发生了脏堵故障。如手摸冷凝器进口处感到温度偏高，则可能是冷凝压力过高，系统中含有空气等不凝性气体或制冷剂过量等；如温度过低，同时毛细管出口处不冷，说明可能是冷凝压力过低，制冷剂过少或泄漏，制冷系统出现冰堵或脏堵故障等。

4）摸干燥过滤器表面温度。干燥过滤器工作正常时，应与环境温度相差不大，手摸有微热感（35~40℃）。若明显低于环境温度或结霜，则说明干燥过滤器内部脏堵严重。

5）摸直冷式冰箱蒸发器表面。蒸发器表面各处温度应基本一致，如用手蘸水后触摸蒸发器表面，有被粘住的感觉，说明蒸发器工作正常。

图2-36中给出了制冷系统正常运行时各部分的温度和压力值，以供参考。

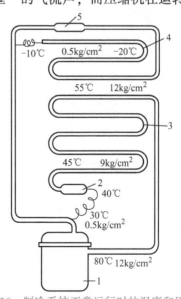

图2-36 制冷系统正常运行时的温度和压力值
1—压缩机 2—干燥过滤器 3—冷凝器
4—蒸发器 5—分液筒

手摸各部件的粗略估计温度，可对照表2-12。

表2-12　温度与手摸时的感觉对照表

温度/℃	手摸时的感觉
30	比人体温度低，感觉稍凉
40	比人体温度略高，感觉稍温
45	用手摸时感觉温和
50	用手摸时可长时间放置，但稍热
55	用手摸时觉得发热，可持续放置5~7s
60	手只可触及3~4s，急忙缩回
65	手最多可触及2~3s
70	只可用一个手指接触3s
75	只可用一个手指接触1~2s，感觉像针刺一样
80	手不能触及，一旦接触立即缩回
85~90	极热，手指接触，反射性地缩回

（3）听

1）听压缩机工作情况是否正常。压缩机中的电动机在接通电源后，机壳内应发出微弱的电动机运行响声，说明工作正常。

① 若接通电源后，能听到"嗡嗡"的声音，说明电动机没有起动，应立即切断电源。

② 在电动机起动和停止时，听是否有明显的抖动声和运行杂声，若有异常声音，表明电动机内有故障。

③ 如听到压缩机壳内发出"吱吱"的气流声，则是压缩机内高压缓冲管断裂，高压气体窜入机壳后的声音。

④ 若听到"咯咯"的异常响声，则是压缩机内部运动机件振动发出的敲击声。

⑤ 若压缩机在运行过程中发出"当当"的异常响声，说明压缩机壳内吊簧松脱或折断，造成压缩机倾斜运转，发出机座与外壳内壁的撞击声。

2）若听到液态制冷剂在制冷系统内的冷凝器、毛细管、蒸发器中发出"沙沙"的流水声，则表明制冷系统有堵塞（冰堵、脏堵或油堵）。

2. 现场仪表检查

经过上述现场的直观检查后，如需进一步判断故障所在具体部位及故障的轻重程度，还需用绝缘电阻表和万用表进一步做现场检查。

1）用绝缘电阻表检测冰箱电气系统的绝缘电阻是否达到正常值（≥2MΩ）。若低于2MΩ，应对压缩机电动机、温控器、起动器等做进一步检查，看其是否漏电。

2）用万用表检测压缩机电动机起动绕组和运行绕组的阻值是否正常，并检查起动器、温控器、风扇电动机、化霜加热器、化霜定时器及双金属化霜温控器是否正常。

（三）冰箱现场检查步骤

冰箱的现场检查步骤如下：

（1）检查冰箱的使用电压和绝缘电阻　检查使用电压与电源电压是否相符。用万用表或绝缘电阻表进行绝缘测量，其电阻不得小于2MΩ，若低于2MΩ，应马上做局部检查，如电动机、温度控制器、继电器线路等部件是否有漏电现象。

（2）检查电动机绕组电阻值 将机壳上的接线盒拆下，检查电动机绕组电阻值是否正常。如绕组短路、断路或电阻变小，都需打开机壳重绕电动机绕组。经过上述检查后若无故障，可接通电源运转。如果起动继电器没有故障，电动机起动不起来，并有"嗡嗡"的响声，说明压缩机抱轴卡缸，需打开机壳修理。如果压缩机能起动运转，则应观察其能否制冷。

压缩机运转10min后再进行以下检查：

1）用手摸冷凝器发热，蒸发器进口处发冷，则证明系统中的制冷剂存在。

2）用手摸冷凝器不热，在蒸发器处能听到"咝咝咝"的气流声，则说明制冷系统中的制冷剂几乎漏光了，应查看各连接口是否有油迹。

3）用手摸冷凝器不热，在蒸发器中也听不到"咝咝咝"的气流声，但能听到压缩机由于负载过重而发出的沉闷声，则说明制冷系统中的过滤器或毛细管中有堵塞现象。

4）观察蒸发器出现周期性结霜，说明系统中有水分，在毛细管的出口处发生冰堵现象。

5）发现回气管结霜或结露，说明充加的制冷剂过量。

6）观察蒸发器结霜不均匀，说明充加的制冷剂不够量。

7）用手摸蒸发器的出口部件10cm处左右，在夏季稍稍有点凉，冬季稍微有点霜，说明制冷剂充注量合适。

8）观察温度控制器的控制情况以及门封是否严密等。

<h2 style="text-align:center">知识点三 冰箱制冷系统及其检修</h2>

一、制冷系统内制冷剂的状态变化

冰箱的制冷系统主要包括全封闭式压缩机、冷凝器、干燥过滤器、毛细管和蒸发器等部件，如图2-37所示。系统中充注有一定量的制冷剂，制冷剂是制冷设备中的工作介质，整个制冷过程中都伴随着制冷剂状态的变化。因此，讨论制冷系统离不开对各个阶段的制冷剂状态的讨论。

这里以典型的家用冰箱的制冷系统为例，所用制冷剂为R12，图2-38所示是该系统中R12的状态变化示意图。图中用线段分别表示R12在冰箱工作过程中各个阶段的状态，从状态图中还可以了解到R12的变化过程。

图2-38中各线段的含义：

线段AB表示对R12气态的压缩，同时伴有温度的升高。

线段BB'表示热量相继减少，即气态制冷剂失去部分在上一阶段所获得的热量，并趋向于饱和气态。在B'处，制冷剂的蒸气和液体开始共存。

弧线B'C表示制冷剂蒸气继续由气态变为液体，并进一步散失热量。

线段CD表示制冷剂液体流经一个小截面的限流器，同时压力和温度继续降低。

线段DE表示制冷剂液体的膨胀，同时温度进一步降低。

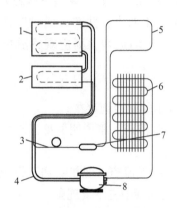

图 2-37　冰箱制冷系统图

1—冷冻室蒸发器　2—冷藏室蒸发器
3—毛细管　4—回气管　5—防露管
6—冷凝器　7—干燥过滤器　8—压缩机

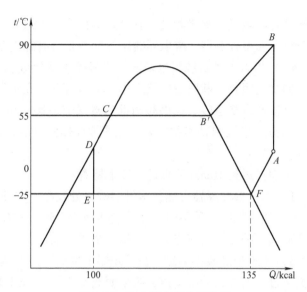

图 2-38　R12 状态变化示意图

　　线段 EF 表示制冷剂液体在膨胀的同时从外界吸热，趋于再次变为气态。在 E 处，液体与蒸气共存。

　　线段 FA 表示制冷剂液体又回到蒸气状态。此时，温度和热量逐渐增加。至此完成一个循环。

　　在冰箱的制冷系统中，R12 反复地从气态变为液态，再从液态变为气态。只要压缩机在运转，这种转化状态就始终不断地重复进行。在有些变化阶段，温度和压力升高，而在另一些阶段，温度和压力下降。非常重要的一点是，在论证压力、温度和状态变化时，R12 从制冷系统的某一固定部位（蒸发器）吸取热量，而在另一部位（冷凝器）将热量散发出去。这样，制冷剂在制冷系统中起到将（蒸发器中）热量"吸收""运送"和"传递"给外界环境（与冷凝器相接触的空气）的作用，从而使蒸发器产生制冷效果。

二、冰箱常见的制冷系统

（一）直冷式单门双温冰箱的制冷系统

直冷式单门双温冰箱的制冷系统如图 2-39 所示。

直冷式单门双温
冰箱制冷系统

　　有的直冷式单门冰箱在制冷系统中还加装了箱门除露管和水蒸发器加热器。箱门除露管作为冷凝器的一个组成部分，既可以用其热量防止门边结露，又便于与空气介质进行热交换，提高冷凝效果。水蒸发器加热器的作用是使箱内融化的霜水与冷凝器中的 R12 高压高温蒸气进行热交换，一方面使霜水获得热量加速蒸发，另一方面可提高冷凝效果。这样，由冷凝器、箱门除露管和水蒸发器加热器一起组成冷凝系统。这种冰箱的制冷系统如图 2-40 所示。

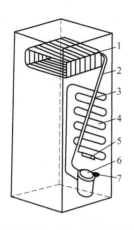

图 2-39 直冷式单门双温冰箱的制冷系统（一）

1—蒸发器　2—低压吸气管　3—毛细管
4—冷凝器　5—干燥过滤器　6—压缩机
7—抽真空注制冷剂管

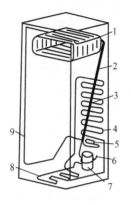

图 2-40 直冷式单门双温冰箱的制冷系统（二）

1—蒸发器　2—低压吸气管　3—毛细管
4—冷凝器　5—干燥过滤器　6—抽真空注制冷剂管
7—压缩机　8—水蒸发器加热器　9—箱门除露管

（二）直冷式双门双温冰箱的制冷系统

直冷式双门双温冰箱，按其温控方式不同又可分为双温单控型和双温双控型两种。因其温控方式不同，它们的制冷系统也有所不同。

1. 双门双温单控型冰箱的制冷系统

直冷式双门双温单控型冰箱的制冷系统如图 2-41 所示。从图 2-41 可见，双门双温单控型冰箱的冷冻室蒸发器即构成了独立的冷冻室；而冷藏室蒸发器安装在冷藏室后壁的上方，一般采用单脊翅片管式蒸发器或平板式蒸发器；冷凝器装于冰箱的后背，称为箱背式。也有一部分双门双温单控型冰箱的冷凝器分别安装于箱体左右两侧，称为内藏式或平背式。

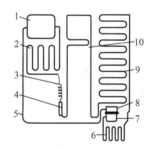

图 2-41 直冷式双门双温单控型冰箱的制冷系统

1—冷冻室蒸发器　2—冷藏室蒸发器　3—毛细管
4—干燥过滤器　5—低压吸气管　6—水蒸发器加热器
7—制冷压缩机　8—抽真空充注制冷剂管
9—冷凝器　10—门口除露管

直冷式双门双温单控型冰箱只有一个温控器，它通过对冷藏室温度的控制使冷冻室也达到相应的温度要求。由于这种温控方式是冷冻室温度随冷藏室温度的升降而升降，所以，这种温控方式对冷冻室蒸发器与冷藏室蒸发器的匹配要求较严格，此外冷冻室和冷藏室的温度也不能单独调节。

2. 双门双温双控型冰箱的制冷系统

直冷式双门双温双控型冰箱的制冷系统如图 2-42 所示。

这种冰箱的冷藏室和冷冻室各装有一只温控器，以实现两室温度的分别控制。图中的电磁阀采用二位三通型电磁阀，其工作状态由冷藏室温控器控制。双控冰箱制冷系统的工作过程如下：接通电源后，因冷藏室温度高于设定温度，冷藏室温控器处于闭合状态，电磁阀断电，压缩机运转，R12 由第一毛细管（图 2-42 中元件 9）经冷藏室蒸发器流入冷冻室蒸发器，冷冻室和冷藏室同时制冷。当冷藏室温度降至设定温度而冷冻室仍未降至设定温度时，冷藏室温控器动作，使冷藏室温控器与压缩机的触点断开并与电磁阀控制线圈的触点接通，电磁阀控制线圈通电，电磁阀换向，关闭第一毛细管通道，接通第二毛细管（图2-42中元件8）通道。因冷冻室温控器触点仍处于接通状态（冷藏室温控器控制压缩机的触点与冷冻室温控器触点并联），压缩机继续运转，R12由第二毛细管进入冷冻室蒸发器，继续对冷冻室进行制冷，直至冷冻室也降到设定温度，冷冻室温控器也断开，压缩机才停止运转。不管哪个室的温度回升到起动温度，均能起动压

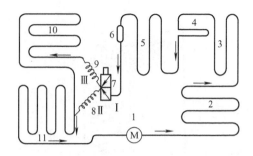

图 2-42　直冷式双门双温双控型冰箱的制冷系统

1—压缩机　2—水蒸发器加热器　3—左侧冷凝器
4—门口除露管　5—右侧冷凝器　6—干燥过滤器
7—电磁阀　8—第二毛细管　9—第一毛细管
10—冷藏室蒸发器　11—冷冻室蒸发器

缩机，从而达到双温双控的目的。即制冷剂随电磁阀的开闭有两条循环回路：

　　当电磁阀断电时，制冷剂按第一回路循环。其路径为压缩机→水蒸发器加热器→左侧冷凝器→门口除露管→右侧冷凝器→干燥过滤器→电磁阀Ⅰ、Ⅲ管路→第一毛细管→冷藏室蒸发器→冷冻室蒸发器→压缩机。

　　当电磁阀通电时，制冷剂按第二回路循环。其路径为压缩机→水蒸发器加热器→左侧冷凝器→门口除露管→右侧冷凝器→干燥过滤器→电磁阀Ⅰ、Ⅱ管路→第二毛细管→冷冻室蒸发器→压缩机。

　　采用双温双控后可以减少对冷冻室蒸发器与冷藏室蒸发器的匹配要求，同时也实现了冷藏室温度和冷冻室温度的分别控制。

　　另外，采用双温双控后冰箱冷藏室的温度调整范围可以适当扩大。若将冷藏室温控器旋钮调至强冷点，可使冷藏室温度降至 -1℃左右。这时冷藏室可作为冰温室使用，既可保鲜，又便于解冻。而当冷藏室不储存食品时，可将冷藏室温控器调至停机点，这时冷藏室停止使用，冰箱只作为小冰柜使用。同样，冷冻室也打破了星级界限，既可以连续运转进行速冻，也可以在速冻后将冷冻室温度调到 -12℃左右，实现冷冻储存，从而大大方便了用户，也为节约能源、降低费用创造了条件。除此之外，双温双控冰箱与某些直冷式双门单控冰箱相比，不需设置冷藏室温度补偿加热器，具有明显的节能效果。同时由于冷藏室温控器控制压缩机的触点与冷冻室温控器触点并联，故压缩机的开、停不像单控冰箱那样具有规律性。国产琴岛-利勃海尔 BCD-220 型、长岭—阿里斯顿 BCD-203 型、航天 BCD-222 型和华日 BCD-230 型冰箱的制冷系统均属此类。不同的是华日 BCD-230 型冰箱采用微机控制。

　　另一种直冷式双门双控冰箱的制冷系统如图 2-43 所示。该系统与前述系统的区别在于系统中的电磁阀为二通

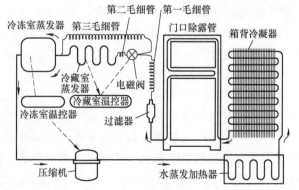

图 2-43　直冷式双门双控冰箱的另一种制冷系统

阀。电磁阀的电磁线圈还与冷藏室温控器的触点串联，即受冷藏室温控器控制。

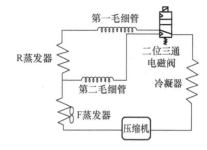

图 2-44　航天 BCD‒218W 型冰箱的制冷系统

（三）间直冷混合式无霜冰箱的制冷系统

间直冷混合式无霜冰箱的制冷系统按其所采用的压缩机形式不同，也可分为往复式压缩机制冷系统和旋转式压缩机制冷系统。

国产航天 BCD‒218W 型冰箱即属于间直冷混合式双温控无霜冰箱，其制冷系统如图 2-44 所示。它采用单台往复式压缩机，双毛细管系统，通过二位三通电磁阀形成双制冷回路，解决了利用小压缩机带动大容量、大冷冻室（大于总容积的 30%）冷量分配的难题，不需要设置温度补偿加热器和随季节变化的调整温控器。其双制冷回路构成方式如下：

由压缩机→冷凝器→电磁阀→第一毛细管→R（冷藏室）蒸发器→F（冷冻室）蒸发器→压缩机,构成第一主回路。

由压缩机→冷凝器→电磁阀→第二毛细管→F 蒸发器→压缩机,构成第二补充制冷回路。

三、冰箱制冷系统的故障检修

（一）发生故障的基本规律

1. 泄漏

冰箱在长期工作中，由于使用不当，制冷系统内外的腐蚀，制造工艺缺陷以及材料先天缺陷的影响，再加上氟利昂制冷剂极强的渗漏性，都会使制冷系统发生泄漏。泄漏容易发生在各个焊口、铜铝过渡接头、铝制蒸发器和全封闭式压缩机电动机的接线柱等处。

2. 脏堵

脏堵分为干燥过滤器堵塞和毛细管堵塞两种。造成脏堵的杂质主要是制冷零部件上残存的污物、品质差的制冷剂和干燥剂脱落的粉末。一般情况下，其基本故障是系统内杂质过多，在干燥过滤器的过滤网处沉积造成堵塞。在制造或搬运过程中，使毛细管变形造成弯曲，流通面积变小，机械杂质容易积聚，也会造成毛细管堵塞。另外，对使用了很长时间的冰箱，因氟利昂制冷剂与冷冻油有共溶性，经长期循环，油中的蜡成分会在低温下析出，逐渐沉积在温度很低的毛细管出口附近的管壁上，造成毛细管内径变小，直至堵塞，这种脏堵也称为结蜡。

3. 压缩机不做功

压缩机不做功指的是电动机起动运转正常，也无运转异声，但不能压缩制冷剂。其故障原因是压缩机吸排气阀片损坏、缸垫击穿或压缩机内高压排气缓冲管断裂等。

（二）制冷系统故障判断步骤

1. 通过检查外观来确定故障部位

由于漏油必漏气，因此应仔细检查制冷系统各个裸露部位的表面是否有漏油现象。若故障是在清理或搬运后发生的，则要注意制冷系统的管路和零部件是否有机械损伤。例如：在直冷式冰箱的冷冻室中为了分离冻结在蒸发器上的物品，使用尖锐的金属工具硬撬，导致铝制蒸发器损坏。

2. 通过加电运转来判断故障部位

通过加电运转来判断故障部位，是在电气系统绝缘良好、压缩机电动机能够正常起动的情况下进行的。使冰箱连续运转 20 ~ 30min，通过对制冷系统各个主要零部件的感官检查，初步判断制冷系统的故障。

直冷式冰箱经通电运转后，其蒸发器表面应结霜，如果根本不结霜，则泄漏、脏堵和压缩机不做功等故障均有可能出现，必须再检查其他部位，进行综合判断。若结霜很少，则微堵或微漏的可能性很大。间冷式冰箱的蒸发器不易直接观察，可用半导体温度计测量冷冻室风扇出口处的温度，压缩机运行后此处温度应明显下降。冰箱发生泄漏和压缩机不做功故障时，冷凝器温度没有升高。制冷系统堵塞时，最初运行可出现发热，但很快就降为常温，这是因为停机时制冷剂充满制冷系统各处，最初运行中压缩机将低压侧的制冷剂压缩至高压侧，在冷凝器放热液化，当低压侧抽真空后，高压侧没有制冷剂放热，所以冷凝器又恢复常温。这个过程很短，检修时要细心领会。

将冰箱冷冻室的门打开，正常制冷时可听见毛细管内制冷剂的流动声。泄漏、微堵和压缩机不做功时，毛细管内的流动声断续、微弱。堵死的情况是起动时有过液声，继而无声。

通过对蒸发器的表面状态进行观察，手摸冷凝器的温度和聆听毛细管的过液声，即可对故障做初步的判断，其结果见表 2-13。

表 2-13　故障初步判断结果

故 障 现 象	蒸发器结霜	冷凝器温度	毛细管声音
微漏	无或很少	温升很小	断断续续的微弱声音
泄漏	无	无温升	极微弱的声音
微堵	无或很少	温升很小	断断续续的微弱声音
堵死	无	无温升	无
压缩机不动作	无	无温升	无

从上述可见，对不同故障的感官状态差别不大，因此要准确地查出故障部位，还必须打开制冷系统。

3. 通过监测电动机运行电流来判断故障部位

一台技术指标符合规定的冰箱，在正常使用的情况下，电动机的运行电流应该等于铭牌标称的额定电流。当电动机及压缩机工作异常，或因制冷系统内出现各种故障时，电动机会出现运行电流增大或减小的现象。因此通过监测电动机运行电流的大小，可判断出制冷系统有无故障及故障的部位。

（1）电动机运行电流大小的监测方法　将一只量程小于 3A 且大于 1A 的交流电流表串接在冰箱的电源电路中（见图 2-45），来监测电动机的运行电流。然后将一只短路开关并联在交流电流表两端，在电动机起动前接通此短路开关以保护交流电流表。如果想进一步监测起动电流，可增加一只量程大于或等于 10A 的交流电流表（注意：起动电流为运行电流的 7 ~ 8 倍），其接法如图 2-46 所示。

（2）引起电动机运行电流增大的原因

1）制冷系统出现脏堵与冰堵（冰堵缓解后例外）时，系统内的压力比和压力差会增大。制冷系统内的工作物质（CCl_2F_2）充注量过多时，高低压端的压力会同时升高。压缩机在此状态下运转，其运转的负荷就会增加，其运行电流一般比额定电流大 20% ～30% 。

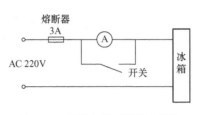

图 2-45　监测电动机运行电流的
交流电流表串接示意图

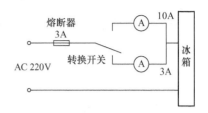

图 2-46　监测电动机起动电流的
交流电流表串接示意图

2）压缩机内冷冻油标号不正确（正确标号应为 18 号），冷冻油充注量不足或油品过脏，油泵吸油嘴堵塞或脱落，电动机旋转方向错误而不上油等。

这一类故障均会造成压缩机润滑不良，机械摩擦阻力过大，从而造成电动机运行电流增大。这种原因所造成的电流增大是随着压缩机运转时间的增加而增加的，同时有温升较快、温度较高的特点。经常会出现如下状况，即压缩机在冷态时运行电流基本正常，但在压缩机钢壳出现温升后（60～70℃），运行电流可大于额定电流 30% ～50% 。若油泵由于某种原因而根本不上油，则压缩机开始运转时电流稍大，运转 3～5min 后电流就可上升 2～3 倍，此时压缩机转速急剧降低，过电流保护器触点即跳开。同时，压缩机抱轴或卡缸的故障随时都有可能发生。相反，若冷冻油充注量过多，则会造成电动机的转子与定子被油浸没，直接降低电动机的转速而引起电流增加。这种原因造成的电流增加，压缩机开始运转就能表现出来，运行电流可大于额定电流 30% ～50% ，同时压缩机壳内有很明显的液体搅动声。

3）压缩机装配间隙不当，电动机转子与定子间隙不均，或定子因固定不牢经振动改变了间隙。

若冰箱发生这一类故障，则这时压缩机（包括电动机）冷态能够运转，运行电流稍大于额定电流。但当压缩机钢壳升温后，运行电流可大于额定电流 20% ～40% 。这时若断电，即使过数分钟之久也无法再次起动压缩机。而当压缩机得到充分冷却后，一般都能再起动，这是这类故障的典型特点。

4）电动机绕组的绝缘强度降低，以及绕组匝间发生短路。发生这一类故障时，压缩机的温升极快，温度极高（一般为 100～110℃），电动机的运行电流一般都大于额定运行电流 50% 以上，甚至大于额定电流几倍。对于绕组匝间短路较为严重的电动机，由于它的直流电阻明显减少，同时运行电流也大于额定电流几倍，所以很容易判断。对于绕组在热态时绝缘强度才严重降低或绕组匝间短路较轻微者，用万用表测其冷态直流电阻是不易察觉的。故此时必须通过监测电动机的运行电流，比较冷热态的直流电阻并根据电动机的温升情况来判断电动机绕组的好坏。

（3）引起电动机运行电流减小的原因　制冷系统工作物质不足或泄漏，压缩机气缸垫损坏，气阀机构不严（漏气）或阀片损坏，气缸与活塞磨损严重，压缩机高压输出缓冲管（压缩机壳内）断裂，均会使电动机处于空负荷或轻负荷运转，造成运行电流不同程度的减小。特别是系统内工作物质全部漏失时，运行电流将低于额定电流 30% ～40% 。并且压缩机外壳温升较慢，温度较正常制冷的压缩机低，运转声响也减小。这类能够造成电动机运行电流减小的故障，只要能够判断出是工作物质上的故障（工作物质不足或工作物质泄漏）还是压缩机的机械故障即可，没有必要一定要准确判断出故障出在压缩机的哪个方面，因为后一类故障都要开机壳才能进行修理。

（4）故障部位的判断 若市电在 210～225V 范围内，根据监测到的运行电流，再对制冷系统的故障现象进行综合分析，即可进一步缩小故障范围。然后再结合一看、二听、三摸的方法判断具体故障部位。

看，就是看制冷系统各管路连接焊口和各部件表面有无开焊、碰撞裂缝、人为损坏及腐蚀现象，是否有油迹渗出等。

听，就是听蒸发器内有无工作物质的气液流动声响及响声的大小，听制冷压缩机运转声是否正常，有无异常杂音等。

摸，就是摸蒸发器、冷凝器、干燥过滤器、压缩机外壳以及吸排气管的温度，并判断各部位的温度是否正常。同时还要通过摸来感觉压缩机内部的振动情况，以便分析压缩机的工作情况。

最后需提醒读者的是：①原冰箱的压缩机如经更换或拆修过电动机（绕组指标改变），按铭牌数据监测运行电流则失去意义；②监测电动机的运行电流，必须以电动机运转 5～10min 后的数值为准。这是因为冰箱在刚开机运转时，由于箱内温度上升，制冷系统的压力尚未稳定（排气压力较高，压力差与压力比较大），以及压缩机内冷冻油受低温的影响而黏度增加，机械运动部位尚未得到良好的润滑等，因而运行电流稍大于额定电流。

（三）冰箱常见故障的判断与维修方法速查图表

1）冰箱内温度过高（机器运转正常）的故障判断与排除方法，见表 2-14。

2）冰箱内的温度不下降（机器始终运转）的故障判断与排除方法，见表 2-15。

3）冰箱内温度过低的故障判断与排除方法，见表 2-16。

4）压缩机开停过于频繁的故障判断与排除方法，见表 2-17。

5）压缩机不能正常起动的故障判断与排除方法，见表 2-18。

6）压缩机有敲击声或异常振动声的故障判断与排除方法，见表 2-19。

7）机壳温升过高和箱体漏电的故障判断与排除方法，见表 2-20。

表 2-14 冰箱内温度过高的故障判断与排除方法

序号	故障现象	故障判断	排除方法
1	1. 蒸发器的前半部只结很少一点霜 2. 蒸发器内只有微弱的流动声 3. 干燥过滤器发凉、结露或结霜	干燥过滤器的过滤网网孔大部分被污物堵塞	清洗过滤网或更换干燥过滤器
2	1. 蒸发器只在与毛细管的出口处结有少量的实霜 2. 蒸发器内有间断轻微的流动声，对毛细管出口处加温后，流动声增大 3. 蒸发器结霜正常	制冷系统内有水分，毛细管冰堵	对制冷系统重新进行抽真空干燥处理后，充加制冷剂
3	1. 蒸发器结霜不实或不满 2. 蒸发器内有断续的气流声	制冷剂量不足	补充制冷剂
4	蒸发器结霜不实，但吸气管结霜，甚至结到压缩机，压缩机运转时的声音沉重	制冷剂充注过多	放出多余的制冷剂

（续）

序号	故障现象	故障判断	排除方法
5	蒸发器结霜不实，冷凝器上部分温度很高，并有明显的冷热分界线，压缩机的排气温度偏高，机壳的温度也偏高	制冷系统内有空气	对制冷系统重新进行抽真空处理
6	蒸发器结霜不满，蒸发温度、吸气温度偏高，而冷凝温度偏低	压缩机排气效率降低	打开机壳检查压缩机吸、排气阀片的严密性，如不能使用，应更换吸、排气阀片
7	蒸发器结霜不实，蒸发器内发出"咕噜咕噜"的油流动声	蒸发器内存油过多	找出蒸发器存油的原因，加以排除，并吹洗蒸发器，放出蒸发器内的存油
8	压缩机运转时间过短，停车时间过长	温度控制器的调节点选择过高或差额调得大	重新调整温度控制器的调节点和差额值
9	压缩机能开、能停，有时蒸发器结霜很厚形成冰块，但箱内温度降不到使用要求	1. 箱体的密封性能或隔热性能变差 2. 蒸发器结霜过厚 3. 散热条件恶化 4. 热负荷增加 5. 开门次数过多	1. 找出原因加以修理 2. 除去霜层 3. 清扫蒸发器上的污物 4. 箱内的东西不能存放过多 5. 减少开门次数

表 2-15 冰箱内的温度不下降的故障判断与排除方法

序号	故障现象	故障判断	排除方法
1	1. 高压管不热、低压管不冷，蒸发器内有气流声 2. 蒸发器不挂霜结露	制冷系统中的制冷剂基本上已全部漏光	找出泄漏部位加以补漏后，抽真空干燥，充加制冷剂
2	1. 高压管不热，低压管不冷，蒸发器内没有气流声 2. 蒸发器结霜不好，对毛细管出口处加热能听到气流声	制冷系统内有水分，毛细管出口处冰堵	对制冷系统重新进行抽真空干燥处理，更换干燥过滤器
3	高压管不热，低压管不冷，蒸发器内无气流声，对毛细管出口处加热无效，过滤器结露或结霜并发凉	1. 干燥过滤器滤网被污物全部堵塞 2. 毛细管被污物堵塞 3. 低压连接管路堵塞	1. 清洗干燥过滤器，或更换干燥过滤器 2. 更换毛细管或重新吹洗毛细管 3. 清洗低压管堵塞位置，重新焊接
4	高压管不热，低压管不冷，蒸发器内无气流声，但有时能听到机壳内有气流声	1. 压缩机高压引出管断裂 2. 压缩机气缸垫被击穿 3. 压缩机吸、排气阀片破裂	1. 打开机壳焊接高压引出管 2. 打开机壳更换气缸垫 3. 打开机壳更换吸、排气阀片

表 2-16　冰箱内温度过低的故障判断与排除方法

序号	故 障 现 象	故 障 判 断	排 除 方 法
1	箱内温度过低，压缩机长时间运转不停	1. 温度控制器的感温管没有被夹紧在蒸发器壁上 2. 温度控制器失灵，动、静触点粘连不能分开	1. 把温度控制器上的感温管与蒸发器贴紧 2. 轻轻打磨动、静触点
2	压缩机能停、能开，但箱内温度过低	温度控制器调节点选择过低	调整温度控制器的调节点在合适的位置

表 2-17　压缩机开停过于频繁的故障判断与排除方法

序号	故 障 现 象	故 障 判 断	排 除 方 法
1	箱内温度降到使用温度要求后，压缩机开停频繁	1. 温度控制器的动作差额值调得过小 2. 箱体保温性能变差，门封不严	1. 调大温度控制器的动作差额值 2. 对箱体有缝隙处及门封不严加以处理，或更换门封
2	通电后压缩机始终开停频繁	过热保护装置中的双金属片失灵，使热保护接点频繁动作	调整双金属片或更换过热保护装置

表 2-18　压缩机不能正常起动的故障判断与排除方法

序号	故 障 现 象	故 障 判 断	排 除 方 法
1	通电后，机壳内发出"嗡嗡"响声，并能听到继电器热保护触点跳开的声音	1. 电源电压过低 2. 继电器重锤吸下后，被电流线圈铁心挡住，而不能弹开 3. 继电器起动弹簧片过硬或过软 4. 漏电造成电压降过大 5. 机壳内压缩机运动件被卡住	1. 加装调压器，升高电压到220V 2. 检修继电器 3. 调整起动继电器的调节螺钉 4. 找出漏电的原因，加以消除 5. 打开机壳检修压缩机的运动部件
2	接通电源后，电流很大，熔断器熔断	电动机线圈烧毁或匝间短路	打开机壳重绕线圈
3	接通电源后，压缩机没有响声	1. 电路无电源，熔断器熔断，电源插头没有插紧 2. 继电器失灵，热保护触点没有复位，热阻丝烧断 3. 温度控制器失灵，动、静触点烧毁不能闭合，机械部分失灵，动、静触点不能闭合，感温包内的制冷剂泄漏 4. 电动机故障，电动机引出线与机壳内接线柱脱落，压缩机接线柱上有绝缘物或接线盒没有插紧	1. 检修电路加以排除，更换熔断器，插紧电源插头 2. 检修继电器，调整触点位置，并更换热阻丝 3. 更换温控器或检修烧毁的触点，调整触点位置，并充加感温剂（给感温包） 4. 打开机壳检查电动机，接好电动机引线，清除压缩机接线柱上的绝缘物，插紧接线盒

表 2-19 压缩机有敲击声或异常振动声的故障判断与排除方法

序号	故障现象	故障判断	排除方法
1	压缩机机壳内传出敲击声或异常振动声	1. 运动件因磨损而松动 2. 压缩机内消振吊簧断裂	1. 打开机壳更换磨损的部件 2. 打开机壳更换消振吊簧
2	撞击声或振动声发生在压缩机机壳外部	1. 压缩机机壳的地脚螺母松动 2. 管路与管路或与箱体碰撞 3. 冰箱放置不平稳	1. 紧固螺母 2. 使管路与管路或与箱体离开一定的距离，或加上橡胶垫 3. 把箱体放正，四脚垫稳

表 2-20 机壳温升过高和箱体漏电的故障判断与排除方法

序号	故障现象	故障判断	排除方法
1	压缩机机壳超过规定温度，箱内降温速度慢	1. 压缩机工作时间过长 2. 门封不严，或开门次数过多 3. 箱内存放物品过多	1. 检修制冷系统和压缩机 2. 修理门封或更换门封，减少开门次数 3. 减少存放物品
2	箱体漏电	1. 温度控制器受潮而短路，引起漏电 2. 照明灯、门灯开关受潮而短路引起漏电 3. 继电器接线螺钉碰到机壳短路而漏电 4. 电动机绕组绝缘层损坏、短路而漏电 5. 机壳接线柱上的接线与机壳相碰而漏电	1. 对温度控制器进行干燥处理，加绝缘层 2. 对照明灯，门灯开关进行防潮处理 3. 检查并调整接线螺钉 4. 打开机壳重绕电动机绕组 5. 检查并修理机壳接线柱

（四）冰箱的开背修理

冰箱箱体内部的管道泄漏，是维修工作中的一个比较复杂的问题，很多修理厂和维修人员为此故障的排除做出了努力，生产厂家也为避免这个问题的出现做了许多工作，尤其是随着内藏式冷凝器冰箱的出现，对产品提出了更高的质量要求。

双门冰箱，尤其是直冷式双门冰箱，它的冷凝器（对内藏式冷凝器而言）、蒸发器、毛细管和回气管都不便与箱体分离，且多埋在箱体的隔热材料内或被隔热材料所包围，如果出现泄漏，不易更换和维修。最好的解决方法是更换箱体，以保证冰箱的各项功能和性能。但在我国，各冰箱生产厂都未向各特约维修点提供箱体，更何况更换箱体的费用较高。针对这样的现状，提出了冰箱开背修理的问题。

冰箱的制冷系统分为高压部分和低压部分。高压部分包括主冷凝器、防露加热管和蒸发器加热管三大部分。对于内藏式冷凝器的直冷式冰箱，主冷凝器和防露加热管都在箱体内。而低压部分主要包括冷冻室蒸发器（也称上蒸发器）、冷藏室蒸发器（也称下蒸发器）、毛细管和回气管几个部分，这些部件的大部分都被隔热材料所包围或固定，外面不易看见全貌。上述的这些部件及它们之间的连接处，都有泄漏的可能。

双门直冷式冰箱低压部分的泄漏主要发生在以下地方：①毛细管与蒸发器的接头处；②上、下蒸发器的连接处；③蒸发器与回气管的连接处；④这些零部件的铜—铝接头处。这些接头绝大多数都埋在冰箱箱体的隔热层中，要检修这些接头，必须卸下冰箱的后盖板，挖掉隔热层，待检修完毕后，将所挖去的隔热材料进行重新发泡，或另用隔热材料进行充填，再盖上后背板。

1. 高压部分泄漏的解决方法

高压部分所发生的泄漏，对于外露的冷凝器泄漏，可卸下后进行修补。但对防露加热管泄漏，则只有甩掉不用，这样对冰箱的制冷性能不会产生较大影响。只是由于防露加热管被甩掉后，在夏季炎热潮湿的气候下，在箱门的四周可能出现"结露"现象。而对于内藏式冷凝器的泄漏，由于不能将箱体打开进行修补，故可将原冷凝器不用，找一个与该冰箱蒸发器匹配的冷凝器，装在箱体背后即可，冷凝器由内藏式改为外露式。例如东芝 GR－204 冰箱配用北京雪花 BC－155 冰箱的冷凝器，效果良好，也较美观。

2. 低压部分泄漏的解决方法

泄漏多发生在管道的接头处。双门直冷式冰箱低压部分的泄漏，也多发生在毛细管与蒸发器的接头处，上、下蒸发器的连接处和蒸发器与回气管的连接处，以及其间的铜—铝接头处。然而，这些接头大多都在冰箱箱体的隔热层中，要检查这些隔热层中的接头，必须取掉或部分割开冰箱的后盖板，按所在位置挖掉隔热层后让其暴露。在进行了检查和修补之后，确认不再泄漏了，对所挖去的隔热材料应进行重新发泡或另用隔热材料充填，再将后背板盖上或用稍大一些的铁皮将背板所割去的部分补上，固定即可。这就是冰箱开背修理的大致过程。

任务实施

1）分成 10 个小组，每个小组领取一个干燥过滤器、一个维修阀针、适量润滑油（酯类油或矿物油）。

2）按照以下步骤进行操作：

① 割开工艺管、放出制冷剂。

② 焊下压缩机、干燥过滤器。

③ 用氮气进行系统吹污。

④ 更换润滑油，R134a 制冷系统更换酯类油，R600a 制冷系统更换矿物油。

⑤ 装上压缩机，焊接好制冷系统，焊上维修阀针，焊上新的干燥过滤器。

⑥ 充氮检漏。

⑦ 抽真空。

⑧ 充注制冷剂。

⑨ 调试。

⑩ 封口。

3）注意事项：

① 焊接维修阀针时需取出阀芯。

② 管路拆开后，应用塑料薄膜或胶布将其严密包好。

③ 进行系统吹污时可用拇指堵住出气口，等压力升高后突然放开，形成断续的气流。

④ 干燥过滤器拆封之后要快速焊接好。

⑤ 充注制冷剂时要用电子秤称量后再充注。

⑥ 采用 R600a 制冷系统的冰箱需要停机封口。

任务汇报及考核

1）小组讨论：组长召集小组成员讨论，交换意见，形成初步结论。

2）记录数据：

① 充氮气检漏压力值。

② 抽真空时间。

③ 充注制冷剂量。

④ 调试时测试的数据：低压压力，冷藏冷冻室温度，电压、电流值，压缩机排气、回气温度。

3）小组陈述：

① 每组成员进行分工，一个学生陈述：操作流程，注意事项。两个学生进行现场演示操作，一个学生在旁边辅助并记录数据。

② 其他小组不同看法：每组陈述完后，其他组对陈述组的结论进行纠正或补充。注意：不是争论，而是提出不同的看法。

4）教师点评及评优：指出各组的训练过程表现、任务完成情况，对本实训任务进行小组评价，并将分数填入表2-21中。

表2-21 实训任务考核评分标准

组长： 组员：

序号	评价项目	具体内容	分值	小组自评（30%）	小组互评（30%）	教师评价（40%）	平均分
1	职业素养	细致和耐心的工作习惯；较强的逻辑思维、分析判断能力	5				
		良好的吃苦耐劳、诚实守信的职业道德和团队合作精神	5				
		新知识、新技能的学习能力、信息获取能力和创新能力	5				
2	工具使用	正确使用工具	15				
3	操作正确	操作步骤正确	20				
4	测试数据	测试数据正确	20				
5	总结汇报	陈述清楚、流利（口述操作流程）	20				
		演示操作到位	10				
6	总计		100				

思考与练习

一、充工质时如何控制充注量？

二、维修采用R600a和R134a作为制冷剂的冰箱与维修采用R12作为制冷剂的冰箱有什么不同？

三、对制冷系统抽真空抽到何时为止？

四、充注制冷剂时如何控制充注量？

五、如何判断冰箱充注制冷剂量是否合适？

六、制冷系统常见故障有哪些？如何排除故障？

七、冰箱制冷系统故障一般有哪些检查方法？

任务三　冰箱电气系统的维修

任务描述

➢ 对冰箱各电气零部件进行检修。

➢ 画出各种冰箱电路工作原理图。

➢ 对直冷式冰箱电气系统进行接线。

所需工具、仪器及设备

➢ 十字螺钉旋具、尖嘴钳、斜口钳、万用表、冰箱。

知识要求

➢ 了解普通温控器、定温复位型温控器、风门温控器的结构、工作原理、应用场合。

➢ 了解重锤式起动器、PTC起动器、过载保护器的结构、工作原理、应用场合。

➢ 了解化霜定时器的结构、工作原理、应用场合。

➢ 了解各种冰箱电路的工作原理。

技能要求

➢ 学会检修压缩机、重锤式起动器、PTC起动器、过载保护器。

➢ 学会检修温控器、化霜定时器。

➢ 学会检修温度补偿加热器、化霜加热器。

➢ 学会分析各种冰箱电路的工作原理图。

➢ 学会对直冷式冰箱的电气系统进行接线。

知识导入

知识点一　压缩机电动机及其检修

一、压缩机电动机

1. 电动机性能要求

压缩机是制冷设备的心脏，电动机为压缩机提供原动力，将电能转变成机械能，驱动压缩机实现制冷循环。冰箱使用的电动机和压缩机一起密封在一个机壳中，并且长期在一定的蒸气压力和高温下工作，因此对电动机的使用性能有着特殊的要求：

1）电动机在制冷剂和冷冻机油的长期浸泡下，必须具有良好的化学稳定性。要求电动机的绝缘材料在高温高压下应保持可靠的绝缘性能，并且具有良好的耐制冷剂、耐冷冻机油腐蚀的特性。

2）电动机经常在满载或超载的情况下起动，因此要求电动机的起动转矩要大，并且能够在超载时运转正常，能适应一定范围的电压波动和频繁起动的要求。

3）为了提高设备的制冷能力，要求电动机具有较高的效率。

4）密闭在压缩机钢壳内的电动机，其工作环境温度大多在70℃以上，工作时温升可达100~120℃，这就要求电动机的绕组线圈及绝缘材料能够具有抗高温、抗老化的性能。

5）由于电动机容易受到起动电流引起的电磁力的冲击、制冷剂进入壳内的冲击、急剧蒸发的热冲击以及起动和停机时的机械振动，所以要求电动机的电磁线圈具有一定的机械强度，能够耐振动、耐冲击。

制冷设备使用的电动机有单相电动机和三相电动机，一般家用冰箱及空调等小型制冷设备大多采用单相电动机。商用冷藏箱及中大型制冷设备均采用三相电动机。

2. 单相电动机

单相电动机采用单相交流电源作为动力。由于单相交流电是随时间按正弦规律变化的电流，它所产生的磁场是一个脉动的磁场，因此，单相电动机无法获得起动转矩。为了使单相电动机旋转，一般采用在主绕组之外再增加一个起动绕组的方法，即在定子上装有两个绕组，一个是主绕组或称为运行绕组，另一个是副绕组或称为起动绕组。两个绕组并联，由于起动绕组的线径细、匝数少、电阻大，而运行绕组的线径粗、匝数多、电阻小，因而两个绕组的电感、阻抗不一样。通电以后，由于运行绕组电感阻抗很大，使它与起动绕组的电流形成相位差。也就是说，电阻大、电抗小的起动绕组的电流比相邻的运行绕组的电流超前达到最大值，两绕组之间的电流有 π/2 角度的相位差，因而定子电流也就产生了旋转磁场，电动机也跟着旋转磁场沿同一个方向转动起来。一旦电动机起动旋转，由于转动惯性和异步的关系，切断起动绕组，则运行绕组继续维持电动机旋转。

二、压缩机电动机故障的检查与判断

1. 压缩机的起动绕组与运行绕组的判别

在修理冰箱电路故障时，常常需要区分冰箱压缩机的起动绕组与运行绕组。下面介绍如何用万用表的电阻档来进行判断。冰箱压缩机绕组的接法一般有两种，如图 2-47 所示。在图 2-47a 中，运行绕组和起动绕组连接于外抽头 2。在图 2-47b 中，运行绕组的中心抽头与起动绕组连接，外抽头 2 是起动绕组的另一端。因绕组阻值一般从几欧姆到几十欧姆，所以测量时应首先将万用表的档位置于 $R \times 1$ 或 $R \times 10$。然后将表笔分别搭在 1-2、2-3、1-3 之间进行测量。如果三次测得的阻值都不相同，则压缩机绕组接法如图 2-47a 所示，且三次测量中阻值最小者一般是运行绕组的两个引线端，中间阻值为起动绕组，最大阻值即为起动绕组与运行绕组阻值之和。三次测量中，如果有两次测量的阻值相等，那么这种压缩机绕组接法就如图 2-47b 所示，其测量的阻值中有一次测量的阻值与另外两次测量的阻值不等，那么此次所测的绕组是运

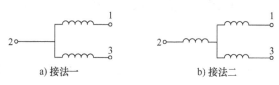

a) 接法一   b) 接法二

图 2-47 冰箱压缩机绕组的接法

行绕组。起动绕组因串接在运行绕组的中心抽头上，其阻值通过换算可以得出，即两次测量相同的绕组中的阻值减去运行绕组阻值的一半，就得到起动绕组的阻值。

2. 断路

无论是电动机起动绕组电磁线断线还是运行绕组的电磁线断线，压缩机都不能起动，电动机有轻微的"嗡嗡"声，且电流大，继电器重复动作。断线一般在起动绕组中，因起动绕组线径较细，如扎线过紧拉断电磁线或匝间短路和层间短路，会烧断起动绕组。另外，进口冰箱或引进的压缩机，线槽未加槽楔固定，运行时受振动摩擦，也会使电磁线烧断。用万用表电阻档测量接线端子运行端 M、启动端 S、公共端 C 时会发现 S 与 C、M 之间的阻值为无穷大。

3. 短路

短路分为起动绕组匝间短路、运行绕组匝间短路、起动绕组与运行绕组层间短路。电磁线轻微短路，电动机尚可起动，但电流大；电磁线严重短路（绕组烧坏），电动机不能起动，而且电流很大，电动机温升快，继电器跳动频繁。经万用表检查，M-C、S-C、M-S 之间的阻值近似等于或小于原压缩机电阻值。

4. 接地（电磁绕组与定子铁心相连，绝缘电阻很小或等于 0Ω）

进口冰箱或引进压缩机组，电动机槽绝缘垫纸采用聚酯绝缘的较多，压缩机温度高于120℃时，聚酯绝缘垫纸就熔化，同时绕组尼龙扎线熔断，电磁线击穿，使电磁绕组某一点或多次搭铁接地。如 VKXXAR 型日立机，这种机型的部分产品质量不良，一般运行三年左右，就易发生绕组烧毁接地故障，其原因是冷冻油质量欠佳，将烧坏的压缩机解体均发现冷冻油严重变质，而且油的数量很少，一般少于 60g，定子铁心多处有锈迹。说明冷冻油及制冷剂含水分较多，使电动机绝缘电阻降低，导致匝间短路或层间击穿，电动机温度升高，绝缘纸熔化，造成绕组搭铁接地。

三、压缩机电动机故障维修

冰箱压缩机单相电动机的检修主要是针对绕组和接线柱进行的。单相电动机主要易发生断路、匝间短路、碰壳通地等故障，必须先用万用表予以检查。

（一）电动机绕组的检查

电动机发生断路时，将万用表的两表笔接到任何两个绕组的接线端，测其电阻值。若绕组的电阻值为无穷大，则表明绕组断路。

电动机绕组发生匝间短路时，短路的两相邻导线导通，局部的短路电动机还可能运转，但会引起过大的电流。短路时可用万用表的电阻档进行测量，先将表的指针调至零位，若所测绕组的阻值小于正常值，表明此绕组短路。

电动机碰壳通地时，绕组或内部接线与压缩机外壳相碰，即形成了短路，熔断器也因此熔断。一般用万用表测量每个绕组与机壳之间的电阻。若所测电阻值很低，则表明绕组已碰壳。

（二）电动机的拆卸

剖开机壳，取出机心，将电动机定子的 4 个紧固螺钉拆下，取出电动机定子，拔下电动机引线，并记好接插位置。然后将 3 个引出线在与电磁线接头处剪下，剪断时应在每个引出线的接头处留一小段电磁线，供修复电动机接线时参考。记下电动机出线的位置后，即可拆电动机绕组。拆绕组时，先将捆扎线和槽楔去掉，若没有所拆电动机绕组的技术数据，拆卸时应将运行绕组和起动绕组各组的每个线包都保留完整。

（三）电动机绕组的绕制

修理电动机绕组需取出绕组重新绕制，新绕线应采用同型号的耐氟漆包线。在了解电动机容量、电压、电流及起动保护方式之后，可将电动机绕组重新绕制，具体应按如下步骤进行：

1）将固定电动机定子的螺钉旋下，使定子、转子分开。

2）记下电动机引线位置，拆除绕组，记下电动机匝数、极数、定子槽数。

3）量出运行绕组和起动绕组漆包线的线径。

4）记下运行绕组和起动绕组的匝数和匝间距离，运行绕组与起动绕组的相互位置。

5）记下定子槽内绝缘材料的尺寸和种类。

6）将定子槽内绝缘纸清洗干净，重新垫入涤纶薄膜青壳纸。

7）按照起动绕组和运行绕组的尺寸做好木模及挡板。

8）电动机绕线一般采用手工绕制，起动绕组和运行绕组可采用联绕或分绕的方法绕制，绕制时须细心。新漆包线的规格应与原漆包线相同。

9）电动机下线。先将电动机定子槽按照原来各槽绝缘材料的尺寸垫好绝缘纸箔。根据拆卸电动机时记下的标记，先下运行绕组，并在运行绕组各槽上插一层薄的绝缘纸，再垫第二层绝缘纸并压紧，然后再下起动绕组，覆盖绝缘纸，待全部装好后，用万用表测量各绕组的直流电阻。最后塞入楔块，以固定绕组。

（四）电动机的装配

当选定电动机的旋转方向，接好引出线后，即可将定子装配在机架上。装配时应检查线圈有无与机架直接接触。若有触碰处，应重新对线包进行整形，或在触碰处垫上绝缘纸。装好定子后，将固定定子的 4 个螺钉旋入，但不要旋紧。然后调整定子和转子之间的间隙，其间隙一般为 0.20 ~ 0.25mm。调整时用塞尺从转子的四周垂直插入测量，若有插不进处，表明此处间隙过小。用木槌击打定子，直至间隙合适，调整后的定子和转子间隙误差不能超过 ±0.05mm，否则，将产生单边磁拉力，影响电动机的起动和运行。当定子和转子各处的间隙调好后，可将 4 个定子固定螺钉对角旋紧，并再次检查间隙。一切正常后将电动机的 3 根引出线按原位置插入机壳内的 3 个接线柱。

（五）电动机修复后的性能检查

电动机修复后在未封壳之前，应对其进行以下方面的性能检验：

1. 检测其绝缘电阻值

用绝缘电阻表的一根接线与电动机的任意一根引出线相接，表的另一根接线与机壳相接，摇动绝缘电阻表，观察表针指示的绝缘电阻值，不得小于 2MΩ。

2. 检测起动性能

用手堵紧排气管，起动电动机应能连续顺利起动 3 次以上为好，并且起动时间在 1 ~ 2s。若用手堵住排气管，电动机起动不起来，或者电动机起动后，用手堵住排气管能将电动机憋住，表明电动机定子和转子的间隙调整不当，应重新进行调整。

3. 检测电动机电流值

起动电动机时，观察运行电流值，正常情况不得超过额定电流值0.1A。

4. 检查润滑油情况

掀起压缩机上盖，观察冷冻油的飞溅情况是否良好。

当电动机各项性能检测合格后，即可进行封壳焊接。在压缩机封壳后，在低压侧充入1MPa的氮气，浸入温度为25℃的水槽中检查，历时1min无气泡出现即为合格。

知识点二　温度控制器及其检修

一、温度控制器

温度控制的目的是使冰箱内的温度始终保持在某一预定的范围内。温度控制过程可用图 2-48 来表示，其温控过程如下：

当冰箱内的温度变化偏离预定范围时，感温元件接收温度变化的信息，并将其转化成为开关触点的动作，进而引起压缩机开停状态的转换。而压缩机的开停又引起冰箱内温度的变化，这样就使制冷循环或断或续地进行，达到控制冰箱内

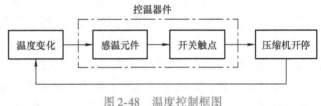

图 2-48　温度控制框图

温度的目的。框图中的感温元件和开关触点构成控温器件。冰箱中的控温器件称为温度控制器（简称温控）。常见的感温元件有感温囊和热敏电阻两种，因此温控器也就分为感温囊式和电子温控式两种。这里将着重介绍目前冰箱中使用较普遍的感温囊式温控器。

感温囊式温控器按其结构、功能和用途不同又有普通型、定温复位型、半自动化霜型和风门型四种，其中半自动化霜型温控器将在化霜控制装置中介绍。

（一）普通型温控器

普通型温控器的结构与工作原理如图 2-49 所示。从图中可以看出，普通型温控器主要由感温囊和触点式微型开关组成。感温囊是一个密闭的腔体，由感温管、感温剂和感温腔三部分组成。感温剂一般为 R12 或氯甲烷。根据感温腔的形状不同，感温囊又分为波纹管式和膜盒式两种，如图 2-50 所示。

由于冰箱内的温度是随蒸发器表面温度的变化而变化的，因此通过控制蒸发器表面的温度即可控制冰箱内的温度。一般来说，直冷式冰箱将温控器感温管的尾部压紧在蒸发器出口附近的表面上，直接控制蒸发器的表面温度；而间冷式冰箱则将感温管的尾部置于冷冻室的循环冷风进口处，间接控制蒸发器的表面温度。图 2-49 所示感温管的安装方式属前者。

温控器的控制原理如下：

1. 控温原理

如图 2-49 所示，当蒸发器表面的温度低于某预定值时，感温管内感温剂的饱和压力下降，主弹簧 6 的拉力大于感温腔前端传动膜片的推力而迫使它右移。力点 A 处很小的位移就可以在快跳活动触点 2 端获得较大的行程，使固定触点 1 与快跳活动触点 2 迅速断开，导致电路断电，压缩机停止运转。压缩机停转一段时间后，箱内温度回升并超过另一预定值，

感温管内感温剂的饱和压力变大，传动膜片的推力升高，当膜片推力大于主弹簧 6 的拉力时，膜片便推动力点 A 左移，使快跳活动触点 2 与固定触点 1 贴紧，电路闭合，压缩机重新运转，系统又恢复制冷。上述过程交替进行，便可将冰箱内的温度控制在一定范围内。

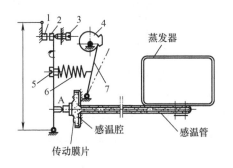

图 2-49　普通型温控器的结构与工作原理
1—固定触点　2—快跳活动触点　3—温差调节螺钉
4—温度高低调节凸轮　5—温度范围调节螺钉
6—主弹簧　7—拉板

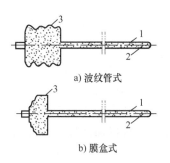

a) 波纹管式

b) 膜盒式

图 2-50　感温囊
1—感温管　2—感温剂　3—感温腔

2. 温度调节原理

旋动温度高低调节凸轮 4，拉板 7 的位置后移，使主弹簧的拉力变大，如图 2-49 中虚线位置所示。这时，只有提高蒸发器的温度，感温剂的饱和蒸气才可能在力点 A 处产生足以克服弹簧拉力的压力，而使力点 A 前移，推动快跳活动触点 2 闭合，这就是将冰箱的温度调高了。反之，如果将拉板 7 的位置前移，则是将冰箱温度调低了。

3. 最低温度调节原理

如果将温度调节凸轮旋至如图 2-49 所示的最小极限位置，再旋动温度范围调节螺钉 5，便可调整主弹簧的初拉力，这样就限定了凸轮 4 所能调整的最小极限位置。一旦这两个零件的位置调定，冰箱所能调节的最低温度也就确定了，这便是最低温度调节原理。需要指出的是，温控器在制造时最低温度就已调定，并用漆封住，维修时不要随便旋动。

4. 温差调节原理

旋动温控器的温差调节螺钉 3，就可以改变固定触点 1 与快跳活动触点 2 之间的距离，就改变了感温囊动作的压力差，也就改变了产生这种压力差的温差，这就是温差调节原理。温控器的温差在制造时已经调定，并且用漆将螺钉 3 封死。温差范围一般为 3～5℃。

图 2-51 所示为普通型温控器的温控曲线。可以看出，调温旋钮在不同位置时，其触点接通和断开时的温差基本不变，即接通和断开点平行移动。

（二）定温复位型温控器

为了防止在环境温度较低（如室温低于 15℃）时压缩机处于停机状态而不制冷，目前，有相当一部分直冷式双门双温冰箱在其控制电路中增加了由节能开关和冷藏室冬用加热器组成的串联电路。为了控制该电路的工作，需要采用一种有三个接线端的温控器，这种温控器被称为定温

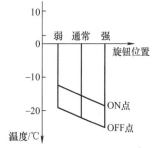

图 2-51　普通型温控器的温控曲线

复位型温控器。白云牌 BCD－220A 型冰箱采用的 WDF25A 型温控器即属此类，其外形如图 2-52 所示。

1. 构成及工作原理

WDF25A 定温复位型温控器的内部结构及工作原理如图 2-53 所示。

其自动控温原理：当感温管感受的温度上升到温控器的接通温度时，波纹管 10 内的压力增大，推动杠杆 9 克服接通弹簧 11 的拉力沿顺时针方向转动，杠杆推动顶杆 22 向左移动，动作杠杆 3 转动，同时把能量积聚到快跳簧片 2 中。当动

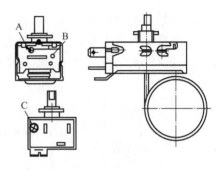

图 2-52　WDF25A 定温复位型温控器的外形
A—接通温度调节螺钉　B—断开温度调节螺钉
C—温差调节螺钉

作杠杆 3 转动到一定角度时，积聚了一定能量的快跳簧片 2 发生翻转动作，快跳触点在瞬间与接线端 1 的触点接通。相反，当感温管感受的温度下降到温控器的断开温度时，波纹管内的压力下降，杠杆 9 在接通弹簧 11 的拉力作用下沿逆时针方向转动，顶杆 22 在触点簧片 4 的弹力作用下向右移动，同时快跳簧片 2 翻转，快跳触点在瞬间即与接线端 1 的触点断开。

其温度调节原理：顺时针方向旋转调节凸轮 21，断开弹簧 19 的拉力增大，并通过断开杠杆 16 和辅助顶杆 15，使杠杆 9 沿逆时针方向转动的阻力矩增大，波纹管内的压力必须下降到一定值（即感温管的温度下降到一定值），才能使杠杆 9 沿逆时针方向转动。也就是说顺时针方向旋转调节凸轮的结果使温控器的断开温度降低，即冰箱内温度调低了；反之温控器的断开温度升高，即冰箱内温度调高了。

当逆时针方向旋转手动断开凸轮 17 到达止点（即温控器旋钮调至"停"点）时，手动断开杠杆 13 通过拉杆 14 拉动手动断开杠杆 8 沿逆时针方向转动，迫使常闭触点簧片 7 的触点与接线端 6 触点断开。同时，迫使杠杆 9 在接通弹

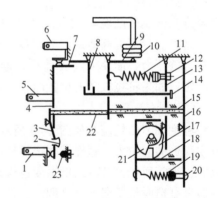

图 2-53　WDF25A 定温复位型温控器的
内部结构及工作原理图

1、5、6—接线端　2—快跳簧片　3—动作杠杆　4—触点簧片
7—常闭触点簧片　8、13—手动断开杠杆　9—杠杆　10—波纹管
11—接通弹簧　12—接通温度调节螺钉 A　14—拉杆
15—辅助顶杆　16—断开杠杆　17—手动断开凸轮
18—调节杠杆　19—断开弹簧　20—断开温度调节螺钉 B
21—调节凸轮　22—顶杆　23—温差调节螺钉 C

簧 11 的作用下逆时针方向转动，顶杆 22 右移，快跳触点断开，即接线端 5 与 1 也断开，这正是该温控器与普通温控器的不同之处。

若需调节温控器的断开温度，可调节断开温度调节螺钉 B；若需要调节温控器的接通温度（正常接通温度为 2.5～5.5℃），可调节接通温度调节螺钉 A；若需调节箱内温差，可调节温差调节螺钉 C。WDF25A 温控器的基本参数见表 2-22。

表 2-22   WDF25A 温控器的基本参数   （单位：℃）

强　冷	冷点（Cold）		中点（Normal）		热点（Warm）		停　机
ON	ON	OFF	ON	OFF	ON	OFF	OFF
	4 ± 1.5	-26 ± 1.5	4 ± 1.5	-20 ± 2	4 ± 1.5	-11.2	

2. 温控特性

定温复位型（WDF 型）温控器的温控特性曲线如图 2-54 所示。由图可以看出，这种温控器的特点是停机温度可以通过调整旋钮设定在"1"点（-8.5℃）至"4"点（-24℃）的任意位置，但无论旋钮置于哪个位置，均在冷藏室蒸发器表面温度为 3.5℃时开机。因为温控器的感温管固定在冷藏室蒸发器上，可使冷藏室蒸发器在每次停车时融霜一次，这也是一种最简单的自动除霜方法。为了防止在低温使用冰箱时出现融霜慢、停机时间过长、冷冻室温度升高的现象，要在冷藏室蒸发器上装设 10W 左右的电加热器，如图 2-55 所示。图中电加热器 E 与压缩机电动机绕组 M 串联，而与温控器触点 K 并联。当 K 闭合时，压缩机起动运转，电加热器 E 被短路而停止加热；当温控器达到预置温度后，K 断开，因电加热器电阻远高于电动机绕组电阻而使电加热器发热。由于电加热器仅仅是对冷藏室蒸发器表面缓缓加热，所以既可以保证冷冻室温度的稳定性，对冷藏室整体温度也不会造成太大影响。

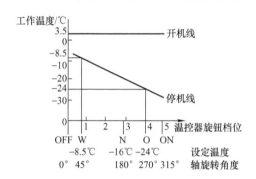

图 2-54   定温复位型温控器的温控特性曲线

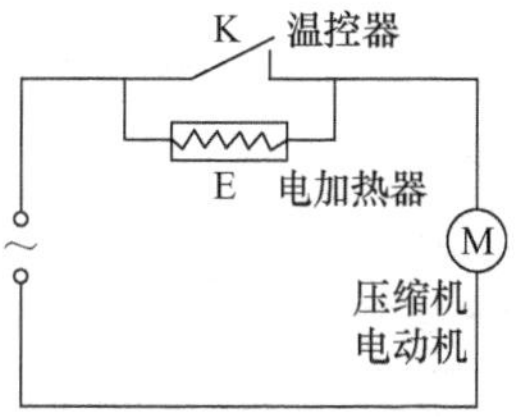

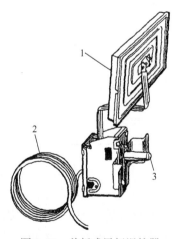

图 2-55   冷藏室蒸发器电加热器电路

（三）风门温控器

风门温控器主要用于间冷式冰箱的温度控制，由波纹管、感温管、平衡弹簧、风门和调节钮等组成。其工作原理与蒸发器压力式温控器基本相同，即利用感温剂压力随温度变化而变化的特性，通过温压转换部件，带动并改变风门开启的角度，控制进入冷藏室、果菜室、冰温保鲜室及变温室的冷风量以控制其温度。它不接入电路，由冷冻室温控器控制压缩机的开停。

风门温控器的常见形式为盖板式风门温控器，如图 2-56 所示。

盖板室风门温控器有一根细长的感温管，装在出风口附近的风道内，以感受循环冷风温度的变化。旋转温度调节旋钮便可对进入该间室的冷风量进行调节，从而控制该间室温度的高低。

图 2-56   盖板式风门温控器

1—风门　2—感温管　3—温度调节旋钮

二、温控器的检修

（一）温控器常见故障现象及处理方法

温控器失灵是冰箱控制系统出现故障的主要原因之一。这里以半自动化霜型（WSF 型，常用于直冷式单门冰箱）和定温复位型（WDF 型，常用于直冷式双门冰箱）温控器为例，介绍其常见故障现象及处理方法，见表 2-23。

表 2-23　温控器常见故障现象及处理方法

序号	故障现象	故障原因	处理方法	备注
1	除"不停点"外压缩机不起动	①感温管中感温剂泄漏 ②触点烧坏或接触不良 ③平衡弹簧断裂	①查漏，充灌感温剂或更换新件 ②修复或更换新件 ③更换平衡弹簧	
2	压缩机连续运转不停，箱温过低	①感温管脱离蒸发器 ②触点粘连	①将感温管固定在原位置 ②拆修触点或更换新温控器	
3	压缩机起动、停止频繁，耗电量增加	①感温管距蒸发器太近 ②通断温差过小	①适当调节感温管与蒸发器距离 ②逆时针方向旋转温差调节螺钉	
4	开停机时间过长，冷冻食品冻不实或冷藏食品冻结，只结冰，不结霜	通断温差过大	顺时针方向旋转温差调节螺钉	
5	冰箱降温良好但不停机，冷藏室食品冻结	停点温度过低	顺时针方向旋转停点温度调整螺钉	WSF 型
			逆时针方向旋转停点温度调整螺钉	WDF 型
6	开机时间短，制冷效果差，只结冰不结霜	停点温度过高	逆时针方向旋转停点温度调整螺钉	WSF 型
			顺时针方向旋转停点温度调整螺钉	WDF 型
7	冬季不易起动，开停机时间过长	开点温度过高	逆时针方向旋转开点温度调整螺钉	WDF 型
8	开停机频繁，冷藏室蒸发器结霜或结冰过多	开点温度过低	顺时针方向旋转开点温度调整螺钉	WDF 型
9	按下化霜按钮后箱内温度上升，虽已化霜但冰箱不起动	化霜温度偏高	逆时针方向旋转化霜温度调整螺钉	WSF 型
10	按下化霜按钮后，尚未化完霜而过早起动	化霜温度偏低	顺时针方向旋转化霜温度调整螺钉	WSF 型
11	箱体带电	触点粘有脏物或壳体潮湿	清洗触点或烘干壳体（绝缘电阻应大于2MΩ），或更换新件	

（二）温控器触点粘连故障的检修

1. 故障现象及判别方法

如果将冰箱温控器的调温旋钮置于"1"（即热点）的位置，冰箱仍长时间连续运转，即使冷藏室的温度降至0℃以下也不能停车，这时可以初步判定冰箱的温控器出现了触点粘连的故障。

检查判断该故障的方法是，将温控器的调温旋钮从"1"（热点）到"7"（冷点）反复转动数次，如果始终听不到清晰、有力的"嗒嗒"动作声，压缩机仍不能停车，则说明温控器的触点确实粘连了。产生粘连一般是触点反复通断时出现拉弧而使动静触点熔结在一起造成的。

2. 修复方法

1）断电后，在冷藏室的蒸发器部位用螺钉旋具旋下感温管，拆卸时应注意其固定方式。

2）根据温控器的安装特点小心地拆下温控器。为操作方便，也可事先拆下温控器上的塑料罩和灯泡。

3）用笔在纸上记下温控器上三个接线端子连接导线的颜色和接线位置，拔下接线的插头。

4）为防止误判，用万用表电阻档再次检查温控器的温控开关3-4（或L-C）触点间的电阻值，若在调温范围内测得电阻均为零，则证明判断正确，确实是温控器触点粘连了。

5）用螺钉旋具轻撬温控器金属外壳两侧，触点绝缘座板即可取下，此时能见到塑料座板上装有的快跳活动触点和固定触点已经粘连在一起。用小刀将两触点撬开，将零号砂纸剪成小条形，用两片砂纸条叠放在一起后再放入两触点之间，用小螺钉旋具拨动快跳活动触点使其闭合，将砂纸向外拉。这样反复操作，就能把两触点表面的氧化层清除，修理平整、打磨光亮。

6）按照与拆卸时的相反顺序安装好，通电试车。

<h2 style="text-align:center">知识点三　化霜控制装置及其检修</h2>

一、化霜控制装置

冰箱运行一段时间，蒸发器表面就会凝结一层霜。造成冰箱结霜的原因主要有：冰箱中所存的食物含有水分；制取冰块，冰盒内盛水；打开冰箱箱门，室内的潮气会进入冰箱内等。由于霜层的传热性能差（霜的传热系数 $\lambda = 0.1 \sim 0.5 \mathrm{W/m \cdot K}$），如果凝结的霜层过厚，将会使蒸发器热交换性能大大降低，出现压缩机长时间运转，而冰箱内温度却不能正常降低的故障现象。因此当霜层厚度达到5mm左右时，就需要及时将凝霜除掉。常见的除霜方式有人工化霜、半自动化霜和自动化霜三种。

（一）人工化霜

人工化霜法仅用于低档的直冷式冰箱。操作方法：当发现蒸发器表面凝霜厚度达到5mm左右时，用手旋动温控器的旋钮，使其指向"停车"（或"OFF"）的位置，或拔下电源插头，使压缩机停止运转。这时冰箱内的温度逐渐升至零度以上，使凝霜逐渐融化。当蒸发器表面凝霜全部融化后，再将温控器由"停车"位置旋回到原位置，或重新插上电源插头，即可使压缩机重新制冷。这种化霜方法既不方便也不利于食物的保鲜。目前国内外生产的冰箱绝大多数已不采用人工化霜方式，而采用半自动化霜或自动化霜方式。

（二）半自动化霜

按钮式半自动化霜在直冷式冰箱中应用最为广泛。这种化霜方式采用感温囊式半自动化霜温控器（即化霜复合型温控器），其工作原理如图2-57所示。从图中可以看出，这种温控器是在普通型温控器上加装了一套化霜机构而成的。所增加的部分包括化霜平衡弹簧 4、化霜温度调节螺钉 11、化霜弹簧 12 和化霜控制板 13 四个零件。

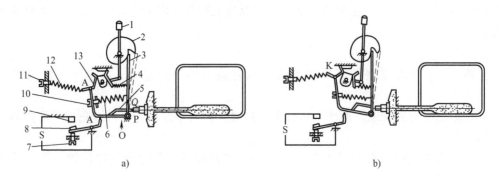

图 2-57　感温囊式半自动化霜温控器的工作原理图

1—化霜按钮　2—温度高低调节凸轮　3—拉板　4—化霜平衡弹簧　5—主架板

6—主弹簧　7—温差调节螺钉　8—快跳活动触点　9—固定触点　10—最低温度极限调节螺钉

11—化霜温度调节螺钉　12—化霜弹簧　13—化霜控制板

（三）自动化霜

采用半自动化霜，虽然在蒸发器表面上的凝霜融化后能自动起动压缩机恢复制冷循环，但在化霜开始时仍需人工参与，并且化霜结束时箱内温升较高，影响食物的鲜度。因此，目前部分高档冰箱采用的是自动化霜方式。所谓自动化霜，就是整个化霜操作无需人工参与，冰箱按一定的时间间隔自动地完成化霜操作。

1. 自动化霜控制装置的主要元器件

图 2-58 所示为自动化霜温度控制电路原理图。图中温度控制器 1 为感温囊式普通型温控器，用它来控制和调节冰箱内冷冻室的温度。除此之外，自动化霜温度控制装置的元器件还有加热化霜超热熔断器、双金属化霜温度控制器、蒸发器化霜加热器及定时化霜时间继电器等。下面分别加以介绍。

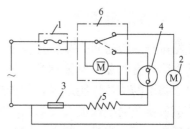

图 2-58　自动化霜温度控制电路原理图

1—温度控制器　2—制冷压缩机

3—加热化霜超热熔断器　4—双金属化霜温度控制器

5—蒸发器化霜加热器　6—定时化霜时间继电器

（1）定时化霜时间继电器　器件 6 为定时化霜时间继电器，其外形结构如图 2-59 所示。它由一台传递动力的电钟电动机和一组触点构成，用来控制化霜的时间间隔。通常，其触点动作的时间设计为压缩机运转的积算时间。所谓积算时间，是指压缩机累计运行的时间和。因为蒸发器表面凝霜的多少与压缩机累计运行时间的长短有关。当箱内储存的食物一定时，箱门打开的次数越多，则进入冰箱内的湿热空气量也越多，这不仅使压缩机的运行时间加长，而且也使蒸发器表面的凝霜增加，因此压缩机累计运行的时间和大体上就能反映出蒸发器表面的结霜厚度，而且更便于控制。定时化霜时间继电器动作的间隔时间一般设计为每 8h 动作一次。

（2）双金属化霜温度控制器　图 2-58 中的器件 4 为双金属化霜温度控制器，其外形与结构如图 2-60 所示。它是由封装在塑料外壳中的双金属热元件构成的，卡装在翅片管式蒸发器上，直接感受蒸发器的温度。在13℃±3℃时，双金属化霜温度控制器的双金属片变形而使其触点跳开；当温度降至-5℃左右时，双金属片复位而使触点接通。

（3）加热化霜超热熔断器　图2-58中的器件3为加热化霜超热熔断器，其外形与结构如图2-61所示。它由封装在塑料外壳中的超热熔断合金制成。从图2-58中可以看出，加热化霜超热熔断器串联在蒸发器化霜加热电路中，并且卡装在蒸发器上，并能直接感受到蒸发器的温度。加热化霜超热熔断器的作用是，电路出现故障（如化霜温度控制器触点粘连）、蒸发器温度超过13℃±3℃时，加热电路仍不能及时断电而继续加热，当蒸发器温度达到60~70℃时化霜超热熔断器动作，切断加热电路，防止因蒸发器温度过高、管内压力增大而爆裂的事故发生。需要指出的是，加热化霜超热熔断器只能起一次保护作用，故障排除后，需更换新的加热化霜超热熔断器。

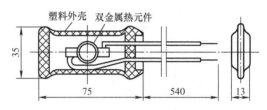

图2-60　双金属化霜温度控制器的外形

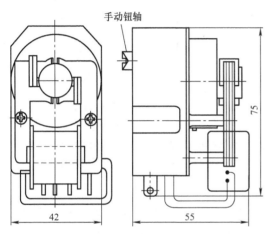

图2-59　定时化霜时间继电器的外形

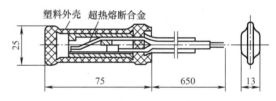

图2-61　加热化霜超热熔断器

（4）蒸发器化霜加热器　图2-58中的器件5为蒸发器化霜加热器，其外形与结构如图2-62所示。它与蒸发器盘管平行地卡装在蒸发器的翅片内，由封装在镀镍薄铜管中的电加热器构成，其电热丝的功率一般在120W左右。将它接入电源后，便对蒸发器上的凝霜进行加热。

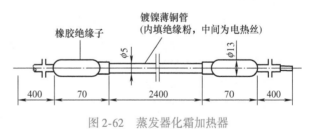

图2-62　蒸发器化霜加热器

2. 电路工作原理

图2-63所示为定时化霜时间继电器动作原理图。

自动化霜原理如下：假定电路中触点的位置为上次化霜终了，定时化霜时间继电器6接通制冷压缩机2的电路，制冷压缩机开始下一个化霜周期的运转，定时化霜时间继电器6中的电钟电动机与制冷压缩机2同步运转。由电路可以看出，定时化霜时间继电器6的电钟电动机绕组与蒸发器化霜加热器5串接在一条支路上，由于电钟电动机绕组的电阻约为7055Ω，而蒸发器化霜加热器的电阻仅为320Ω左右，即电钟电动机绕组的阻值是蒸发器化霜加热器电阻的22倍，因此加在蒸发器化霜加热器上的电压约为电源电压的1/22。如果电源电压为 220V，则加到蒸发器化霜加热器 5 上的电压仅为 10V 左右，因此在蒸发器化霜加热器 5 上基本不产生热量。当定时化霜时间继电器 6 与制冷压缩机 2 同步运转到调定的化霜时间间隔（一般为 8h）时，定时化霜时间继电器 6 的活动触点将通往压缩机 2 的电路断开，同时将双金属化霜温度控制器 4 接入电路，蒸发器化霜加热器 5 开始对蒸发器加热化霜。因为定时化霜时间继电器 6 的电钟电动机与双金属化霜温度控制器 4 并联，故定时化霜时间继电器的电钟电动机被短接而处于停止状态。随着加热化霜的进行，蒸发器的温度升高，蒸发器表面的凝霜融化。当蒸发器表面的凝霜全部融化，且温度升高至双金属化霜温度控制器 4 的跳开温度（一般为 13℃ ±3℃）时，触点跳开，将通往蒸发器化霜加热器 5 的电路切断。这时蒸发器化霜加热器 5 停止对蒸发器加热，同时定时化霜时间继电器 6 的电钟电动机开始运

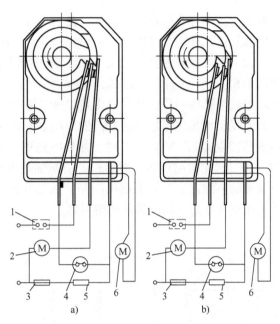

图 2-63　定时化霜时间继电器动作原理图

1—温度控制器　2—制冷压缩机
3—加热化霜超热熔断器　4—双金属化霜温度控制器
5—蒸发器化霜加热器　6—定时化霜时间继电器

转，但压缩机 2 并不能立即恢复运转。这是因为定时化霜时间继电器 6 的活动触点尚未跳回，图 2-63a 所示即为此时的状态。由图 2-63a 可以看出，此时压缩机 2 的电路尚未接通，压缩机 2 还不能立即恢复运转。当定时化霜时间继电器的凸轮继续旋转一个很小的角度（一般需要 2min），达到图 2-63b 所示的位置时，压缩机 2 的电路立即接通，同时接双金属化霜温度控制器 4 的触点跳开，于是蒸发器的表面温度很快下降。当温度降至 -5℃ 时，双金属化霜温度控制器 4 的触点复位，立即将通往蒸发器化霜加热器 5 的电路接通，为下一个化霜周期做好准备。这样就实现了对冰箱的周期性自动化霜控制。可以看出，蒸发器化霜加热器的加热化霜时间与凝霜的多少成正比，霜层厚，化霜时间长；霜层薄，化霜时间短。

自动化霜的优点是整个化霜过程自动完成，无需人工参与；除霜时冷冻食品温升小，有利于食品的保鲜；主要缺点是耗电量较大，噪声也稍大。

二、自动化霜电路电气部件的检修

间冷式无霜双门冰箱的自动化霜功能是由它的自动化霜电路实现的。一旦自动化霜电路中的电器元件出现故障，或者导致压缩机不能起动运转，冰箱不制冷，或者产生冰箱制冷不良的现象。现将间冷式冰箱的自动化霜电路重画于图 2-64 中，并将电路中主要电器元件的检修方法介绍如下：

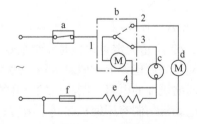

图 2-64　自动化霜电路

a—温控器　b—时间继电器　c—双金属化霜温度控制器
d—压缩机　e—加热器　f—超热熔断器

(一)化霜时间继电器的检修

化霜时间继电器的故障可分为电气故障和机械故障两类。

1. 电气故障的检修

检查化霜时间继电器的电气故障时，首先打开冰箱后背化霜时间继电器的扣盖，用万用表的电阻档测量其触点的接触是否良好。当其处于制冷位置时，1-2 触点间应为接通状态，而 1-3 触点间应为断开状态。然后慢慢地旋动继电器的手控钮轴，在听到触点动作的声音后（需仔细听）再测，1-2 触点应由接通变为断开，而 1-3 触点由断开变为接通，即继电器由制冷状态变为化霜状态。再旋转手控钮轴，继电器又由化霜状态变为制冷状态。这说明继电器的触点接触良好；否则，说明其触点接触不良。若其触点出现接触不良，需用零号细砂纸磨去结炭或氧化物，并用无水酒精将触点擦洗干净。如果继电器的各触点接触良好，再用万用表的 $R \times 1k$ 档测量继电器电钟电动机绕组的直流电阻值，正常时在 $7k\Omega$ 以上。万宝155 型冰箱采用的 TMDE807CC 型化霜时间继电器，电钟电动机绕组电阻为 $7.5 \sim 8.2k\Omega$；高宝178 型冰箱采用的 TD20 型化霜时间继电器，绕组电阻为 $26k\Omega$；松下系列冰箱采用的 TM-DE-802AF 型化霜时间继电器，绕组电阻约为 $10k\Omega$。如果电阻值正常，可以给冰箱通电，仔细地听一下电钟电动机的运转声音。如果运转声轻而匀则为正常；否则，可能出现了机械故障（如机械卡壳等）。

2. 机械故障的检修

在通电检查化霜时间继电器的运行情况时，如果听到电钟电动机发出"嗡嗡"声，电动机不转，则可判定电动机电路正常，故障为继电器内的齿轮发生机械卡壳。其检修方法如下：

将电源关闭，拔掉继电器上的接线头，打开继电器上盖，检查齿轮箱内是否有脏物及齿轮损坏的情况，并拆下齿轮。若有脏物，可用酒精清洗各零件，以清除其表面脏物。清洗完毕后，加少许钟表油，再将齿轮重新装好。

齿轮若有毛刺或轻微磨损，可用较细的什锦锉或金刚砂条锉掉毛刺，修整好磨损的轮齿，继续使用。如果轮齿损坏严重，则须更换新的化霜时间继电器。

由于继电器中装有多个齿轮，因此在检修过程中一定要注意齿轮的拆卸和安装顺序，最好在拆卸时编号，切不可装错。

继电器装配完毕，应旋转手动钮轴，检查齿轮能否灵活旋转，并用万用表电阻档测量各触点是否接触良好。如一切正常，即可将化霜时间继电器重新复位装好，通电使用。

(二)双金属化霜温度控制器的检修

双金属化霜温度控制器在冰箱化霜终了时起开关作用。此元件一般卡装在蒸发器的翅片边沿，当蒸发器表面的霜化尽并被继续加热到 $13℃ \pm 3℃$ 时，其触点应跳开；当蒸发器表面温度降至 $-5℃$ 左右时，其触点复位接通。

判别双金属片化霜温度控制器好坏的简易方法有两种。一种是在室温（一般高于 $15℃$）下用万用表的电阻档测量其两端的引线，正常阻值应为无穷大；再将其置于另一台运行正常的冰箱的冷冻室中，在低于 $-5℃$ 的温度下放置 $5 \sim 10min$，其阻值应由无穷大跳变为零，同时还能听到双金属片跳变的"啪"声（开关接通），说明双金属化霜温度控器是好的。另一种方法是用 R12 喷射此元件，过几分钟后应能听到"啪"一声，同时万用表指示值由无穷大跳变为零（触点接通），也说明元件是好的。否则，元件是坏的。

（三）超热熔断器元件的检修

超热熔断器元件也卡装在翅片管式蒸发器的翅片边沿，直接感受蒸发器的温度。其作用是，当化霜温度控制器出现故障，蒸发器温度上升至70℃左右时，该元件便熔断，防止蒸发器管路内压力不断升高，而导致管路爆裂。

判别此元件好坏的简易方法是：用两根小缝衣针分别插进该元件引线两端，再用万用表电阻档测其电阻值，正常值应为零；否则，说明超热熔断器已损坏，需更换。

（四）蒸发器化霜加热器的检修

蒸发器化霜加热器卡装在翅片管式蒸发器中间，与蒸发器组合成一个整体，在电路中起加热化霜作用。它的功率一般为120～150W，电阻值为260～320Ω。

判别该元件好坏的简易方法是：在蒸发器化霜加热器两端的引线中分别插入小缝衣针，用万用表的 $R \times 10$ 档测量其阻值。若阻值为260～320Ω，则说明蒸发器化霜加热器是好的；否则是坏的，应更换新品。

知识点四　起动与保护装置及其检修

冰箱的起动与保护装置是为了确保压缩机电动机正常起动和安全运转而设置的，由起动继电器和过电流过温升保护继电器组成。

一、起动与保护装置的作用

1. 起动装置的作用

如前所述，压缩机电动机大部分采用单相分相式感应电动机，这种电动机的定子绕组如图2-65所示。其中，一个是运行绕组，端子符号一般用"M"表示；另一个是起动绕组，端子符号一般用"S"表示；公共端用符号"C"表示。在电动机起动时，为了产生旋转磁场，并且有足够大的起动转矩，必须将运行绕组和起动绕组同时接入电路，待电动机起动运转后，再将起动绕组断开，而运行绕组继续工作。实现起动电动机的控制，需借助于起动继电器才能完成。

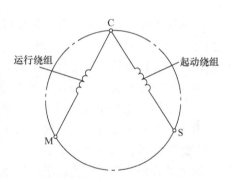

图2-65　电动机绕组示意图

2. 保护继电器的作用

在压缩机起动或运转过程中，当某种原因引起电路过载或电动机绕组温升过高时，保护继电器保护电动机绕组和电路元器件不致被烧毁。

产生过载电流的原因主要有：

1）电源电压过低。在起动时，如果电源电压低于规定的电压（如低于180V），则流过起动继电器电流线圈的电流将小于其吸合电流，使电动机不能起动运转，这一电流虽然小于正常的起动电流，但比正常的运行电流要大得多。

2）电源电压过高。在起动时，如果电源电压高于规定的电压（如高于240V），则流过起动继电器电流线圈的电流将高于其吸合电流，使继电器触点吸合，电动机起动运转。但是由于电源电压过高，电动机起动后电流不能降到起动继电器的释放电流，使触点不能断开，以至引起过电流。

3）制冷系统中制冷剂蒸气的压力过高。冰箱在使用过程中，由于受到某种外界因素的影响，使冷凝器的冷凝效果降低，系统内制冷剂蒸气的压力升高，使电动机的运转电流超过额定电流。

4）制冷压缩机质量差。零件制造精度低，运动件间摩擦过大，使电动机在起动过程中不能及时达到额定转速；或是运动件之间间隙过小，在运转一段时间后因热膨胀而使运动件间卡死等，均会引起电动机产生过电流。

过温升则是压缩机电动机连续运转所致，其原因主要有：

1）冰箱放置的场所通风不良或冷凝器距热源过近，或冷凝器表面积尘太厚，影响了冷凝器的散热效果，使压缩机的制冷效果降低。

2）箱体门封不严，或因绝热材料潮湿等使箱体漏热过多。

3）温度控制器的触点发生粘连。

4）箱内一次放入过多的温度较高的食品。

二、冰箱常用的起动继电器和保护继电器

下面介绍冰箱中常见的几种起动继电器和过电流过温升保护继电器。

1. 电流线圈重力式起动继电器

电流线圈重力式起动继电器（也称为重锤式起动继电器）是一种结构简单、动作可靠的起动继电器，也是目前国内外冰箱中常见的起动继电器，它的结构如图2-66所示。电流线圈重力式起动继电器的工作原理如下：当流过电流线圈2的电流达到吸合电流时，重力衔铁1被吸合，动触点4上移与静触点5接通，将起动绕组接入电路，压缩机电动机起动运转。当流过电流线圈的电流降至释放电流时，重力衔铁落下，触点4、5断开，压缩机停止运转。

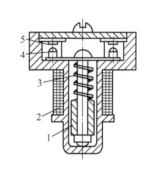

图2-66　电流线圈重力式起动继电器
1—重力衔铁　2—电流线圈　3—弹簧
4—动触点　5—静触点

这种起动继电器的主要特点是当流过电流线圈的电流减小到释放电流而不能吸动衔铁时，完全依靠衔铁的重力来断开触点，这样可以较好地避免触点粘连；同时它的结构简单，维修方便，因此获得了比较广泛的应用。

2. 碟形过电流过温升保护继电器

从20世纪60年代中期以来，碟形过电流过温升保护继电器（简称过载保护继电器）在冰箱中被广泛采用，其结构如图2-67所示。它是将镍铬电阻丝热元件、碟形双金属片和一对常闭触点安装在一个耐高温的酚醛塑料制成的小圆壳内制成的。安装时，将它的开口端紧压在压缩机外壳的表面上，以便感受压缩机的温升。其工作原理是，由于保护继电器中双金属片上、下两层金属的热膨胀系数不同，当电阻丝热元件流过过载电流或压缩机温升过高时，碟形双金属片受热弯曲翻转，常闭触点断开，压缩机电路断电，从而起到保护压缩机电动机绕组的作用。这种碟形过载保护继电器常与电流线圈重力式起动继电器或PTC起动继电器配合使用。

由电流线圈重力式起动继电器和碟形过载保护继电器构成的压缩机起动与保护电路如图 2-68 所示。图中触点位置系压缩机电动机处于正常运转状态时的位置。起动过程如下：在接通电源的一瞬间，电流经起动继电器电流线圈 4、电动机运行绕组 8、碟形保护继电器热元件 10、双金属片 9 和定触点 11 形成回路，电流立即增大到大于吸合电流，于是电流线圈 4 中的电磁力吸动重力衔铁 2，使其向上移动，推动连接弹簧 3，使动触点 1 与定触点 5 闭合，将起动绕组 6 接入电路，压缩机电动机起动运转。电动机达到额定转速后 1~2s，流过运行绕组的电流降至释放电流以下，产生的磁力不足以吸动衔铁 2，衔铁 2 落下，动触点 1 与定触点 5 断开，起动绕组断电，电动机起动完毕。

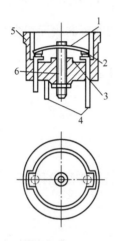

图 2-67　碟形过载保护继电器

1—碟形双金属片　2—常闭触点　3—电阻线热元件
4—接线端子　5—酚醛塑料外壳　6—调节螺杆

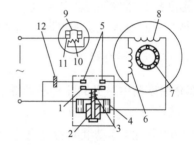

图 2-68　重力式起动继电器和碟形过载保护
继电器组成的起动与保护电路

1—起动继电器动触点　2—起动继电器重力衔铁
3—起动继电器连接弹簧　4—起动继电器电流线圈
5—起动继电器定触点　6—电动机起动绕组
7—电动机转子　8—电动机运行绕组
9—碟形双金属片　10—继电器热元件
11—定触点　12—起动电容器

保护原理如下：当压缩机电动机产生过电流时，热元件 10 发热，碟形双金属片 9 受热弯曲翻转，使定触点 11 断开，电路断电。当压缩机长时间连续运转，电动机绕组温升过高时，通过热传导和热辐射，使碟形双金属片 9 受热弯曲翻转，断开触点，电路断电，保护电动机绕组不被烧毁。

在图 2-68 所示电路中，电动机的起动绕组串联了一个起动电容器。它有以下两个作用：一是增大电动机的起动转矩；二是避免压缩机每次起动对其他家用电器（如收音机、电视机）产生干扰。

3. PTC 起动继电器

PTC 起动继电器是近 20 年才开始用于冰箱压缩机的。日立 R-165FH 和 R-175FH 型冰箱用的 PETOD 型起动继电器即属于此类，其外形如图 2-69 所示，它的内部电路如图 2-70 所示。PTC 型起动继电器主要由 PTC 元件 3、碟形双金属片 1 和电阻热元件 2 组成。

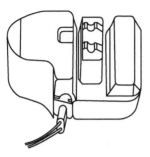

图 2-69　日立 PETOD 型 PTC 起动继电器外形

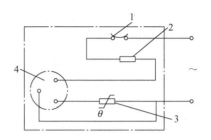

图 2-70　PTC 型起动继电器内部电路
1—碟形双金属片　2—电阻热元件
3—PTC 元件　4—与电动机端子配合的插口

（1）PTC 元件的特性　PTC 元件是以钛酸钡（BaTio$_3$）为主要原料，掺入微量的稀土元素，经陶瓷工艺制成的一种半导体晶体材料。它具有正温度系数的电阻特性，即温度升高到某一特定范围（居里点）时，其阻值发生突变，会比原阻值增加几个数量级。图 2-71 所示为一种典型 PTC 元件的电阻–温度（$R - T$）关系曲线，该曲线有以下两个特点：

1）在室温 $T_室$ 和居里点 T_C 之间，元件的电阻值变化平缓，在 100℃ 附近其阻值出现最低值 R_{min}；而在 120℃ 附近，元件的阻值与室温时的阻值基本相等。可见在室温到 T_C 之间的温度范围内，PTC 元件呈低阻导通状态，即相当于元件呈"通"的状态。

2）在居里点 T_C 以上，其阻值随温度的升高很快增大，其正温度电阻系数可达 30%/℃。在温度升至 150℃ 左右时，阻值可达 20kΩ 左右，即相当于元件呈"关"的状态。

PTC 元件的上述开关特性恰好满足压缩机单相分相式电动机的起动要求。由 PTC 元件构成的继电器是一种无触点的起动继电器，可以避免触点通断过程中拉弧所造成的触点烧蚀，甚至粘连而导致压缩机失控的故障。因此 PTC 起动继电器在中高档冰箱中得到了较为广泛的应用。

（2）工作原理　PTC 型起动继电器的工作原理如图 2-72 所示。

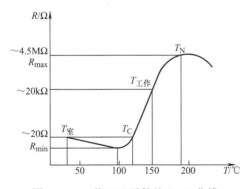

图 2-71　一种 PTC 元件的 $R - T$ 曲线

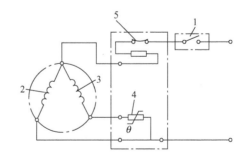

图 2-72　PTC 型起动继电器的工作原理图
1—温度控制器　2—运行绕组　3—起动绕组
4—PTC 元件　5—碟形过电流过温升保护继电器

在电路通电的一瞬间，由于 PTC 元件刚刚通过电流，产生的热量很少，温度较低，电阻值很低，处于接通状态。此时电动机的起动绕组与运行绕组同时接入电路，电动机起动运转。经过 1~5s 后，电流的热效应使 PTC 元件的温度迅速升高，阻值也很快增大。当温度达到 150℃左右时，PTC 元件呈高阻状态，使流过起动绕组的电流大大减小，致使起动绕组相当于断路。而流过 PTC 元件的小电流（10~15mA）恰好起到维持高阻温度的作用，使起动绕组保持在断路状态，压缩机完成了起动过程。

当冰箱内温度降至预定的温度时，温度控制器的触点断开，压缩机电动机停车，PTC 元件断电冷却。当温度降至 100℃以下时，PTC 元件恢复低阻状态，为下次起动做好准备。

值得指出的是，使用 PTC 起动继电器的冰箱要防止频繁起动。这是因为在冰箱接通电源、压缩机进行制冷运转时，PTC 元件处于高温高阻状态，如果断电后 3min 内重新接通电源，则 PTC 元件的温度尚未降到 100℃以下，故仍保持高阻状态，起动绕组就不能流过足够大的起动电流，不但电动机不能正常起动，还会使碟形过电流过温升保护继电器动作，严重时会烧毁压缩机电动机绕组。因此使用 PTC 起动继电器的冰箱，每次断电后，至少应间隔 3min 方可再次将电源接通。

4. 内埋式热控保护继电器

近几年来，部分冰箱压缩机采用内埋式热控保护继电器作为过载保护器。内埋式热控保护继电器的结构如图 2-73 所示。它的安装方式是埋藏在电动机的定子绕组中，直接感受绕组温升的变化。当某种原因（例如在 3min 内再次起动）使绕组电流或温升超过允许值时，保护继电器内的双金属片产生变形，触点断开，切断通往绕组的电路，从而保护电动机绕组不致被烧毁或损坏。这种保护继电器的优点是，能直接感受电动机绕组的温度变化，过温升保护更为灵敏可靠；其缺点是，它埋藏在封焊的压缩机电动机绕组中，损坏后不便更换。内埋式热控保护继电器与 PTC 型起动继电器共同组成起动与保护电路，其电路如图 2-74 所示。

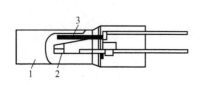

图 2-73　内埋式热控保护继电器
1—外壳　2—触点　3—双金属

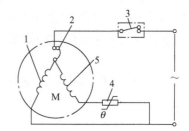

图 2-74　PTC 型起动继电器与内埋式热控保护
继电器组成的起动与保护电路
1—电动机运行绕组　2—内埋式热控保护继电器
3—温度控制器　4—PTC 元件　5—电动机起动绕组

三、起动与过载保护继电器的检修

目前冰箱压缩机的起动继电器主要有电流线圈重力式（又称重锤式）和 PTC 元件两种。

1. 重力式起动继电器好坏的判别

电流线圈重力式起动继电器一定要垂直安装。检查其触点接触是否良好，可采用如下方法：将电流线圈重力式起动继电器垂直放置，再将万用表置于 $R×1$ 档，两根表笔分别插入运行和起动插孔内，此时测得电阻应为无穷大。再将起动继电器翻转 180°，测得的电阻应近似为零，恢复直立后万用表指针又回到无穷大，说明继电器的动、静触点接触良好。再用万用表测其电流线圈电阻值，应为 1~2Ω，电流线圈外观无任何烧焦变色现象，则说明该起动继电器是完好的。如果发现触点接触不良，则可拆开上盖，用整形锉和金相细砂纸修整好触点继续使用；如果触点烧损严重或电流线圈损坏，则必须更换新品。

2. PTC 起动继电器好坏的判别

该起动继电器的起动元件是 PTC 元件，可用如下方法判断其起动性能：

1）用万用表 $R \times 1$ 档测量其直流电阻值，应为 $15 \sim 40\Omega$，若阻值为 0 或阻值过大，则不能使用。

2）用一只 220V、100W 的电灯泡与 PTC 元件串联后接入 220V 电源，此时灯泡应立即点亮，十几秒后很快变暗淡继而完全熄灭。此时切断电源，3min 后重新接入电源，灯泡再次点亮，并重复上述现象。

3）切断电源后，迅速测量 PTC 元件两端的电阻，其阻值应大于 $20k\Omega$，手摸 PTC 元件应有灼热感。

4）待 PTC 元件温度降至室温时，再测量其阻值又回到起初的数值。

PTC 元件只要满足上述检查结果，则可判定该元件的起动性能完好；否则，说明该元件是坏的。

PTC 元件应防水防潮，一旦受潮，接通电源会马上碎裂损坏。PTC 元件受潮，可放入烘箱中（温度控制在 110℃ 左右）烘 2h 以上，即会活化。

3. 过载保护继电器好坏的判别

过载保护继电器与起动继电器组合在一起，插接在压缩机机壳的接线柱上。它对压缩机电动机起过电流与过温升保护作用。无电流时，其断开温度为 $100 \sim 110℃$；在 90℃ 时，其断开电流为 $1.3 \sim 1.5A$，复位温度为 $70 \sim 84℃$；25℃ 时，其断开电流为 $4.5 \sim 7A$，断开前延时为 $1 \sim 14s$。

判别过载保护继电器好坏的简易方法是：用万用表测量此元件接线柱间的电阻值应近似为零，然后用 30W 电烙铁的金属管部分加热保护继电器的开口端，过一段时间应能听到"啪"的动作声，此时万用表指示应变为无穷大。移开电烙铁约 2min，继电器触点复位，万用表指示回零，这说明该保护继电器性能良好。否则，说明其碟形双金属片动作失灵。

知识点五　冰箱的其他控制装置及其检修

一、加热防冻装置

加热防冻装置主要用于间冷式无霜冰箱中，而在直冷式冰箱中应用相对少一些。其主要作用是保证各控制系统正常工作；保护箱内结构及保证食品卫生。常见的加热防冻装置有接水盘加热器、出水管加热器、风扇扇叶孔圈加热器和温感风门温控器壳体加热器。它们在间冷式冰箱内的分布如图 2-75 所示。温感风门温控器壳体加热器位于温感风门温控器的外壳表面，图中未标出。

加热防冻装置中的出水管加热器处于经常加热状态，接水盘加热器和风扇扇叶孔圈加热器则仅在蒸发器加热化霜时才工作。接水盘加热器安装在接水盘的外表面，其作用是防止霜水滴入接水盘内冻结积累而损坏周围结构。安装出水管加热器的目的是防止霜水导出箱外时发生冰堵，造成霜水溢出盘外，淋湿并污染食品。风扇扇叶孔圈加热器安装在风扇扇叶孔圈部位，在对蒸发器加热化霜时对扇叶孔圈部位加热，防止该部位因凝霜过厚而将扇叶卡住，造成箱内冷风的正常循环中断，甚至烧毁风扇电动机。

温感风门温控器壳体加热器用来对温感风门温控器的主体进行加热，以便使主体部位（感温腔所在部位）的温度高于感温管尾部的温度，以确保温感风门温控器正常工作。

此外，一部分直冷式双门双温冰箱冷藏室蒸发器的背面还安装了一个冬用加热器。它与冬用开关（也称节能开关）串联后，再并联于定温复位型温控器接线端子的两端。其作用是：一方面当冬季环境温度较低，甚至低于冷藏室温度时，通电加热而使冷藏室温度上升，促使压缩机运转制冷，既解决了冰箱冬季不起动的问题，也保证了冰箱冷冻室工作在相应的冷度（星级）；另一方面，当压缩机停机时，加热器通电加热，化去冷藏室蒸发器上的冰霜。

防冻加热器的结构如图 2-76 所示。它的安装方法是，先将加热线粘接在与待加热部位展开形状相同的平面铝箔上，再用黏结剂将其粘牢在加热部位的外表面。

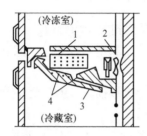

图 2-75　无霜双门双温冰箱加热防冻装置分布图
1—蒸发器化霜加热器　2—风扇扇叶孔圈加热器
3—出水管加热器　4—接水盘加热器

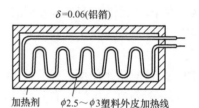

图 2-76　防冻加热器结构示意图

二、箱体门口除露装置

冰箱箱体门口部位的绝热层较薄，箱内冷空气也会从门缝泄漏出来，因此箱体门口表面的温度较低。在气候潮湿地区或梅雨季节，空气的相对湿度较高（有时达 95% 以上），只要门口处的温度低于该湿度下的露点温度，就会在其表面凝附露珠，既不美观，又会破坏漆层，严重时甚至水流满地。为防止凝露，通常在门口部位的内表面装设有除露装置。

早期生产的部分冰箱，采用由绝缘电热丝构成的电热除霜装置进行门口除露。由于该装置结构较复杂，要消耗一定的电能，且需手动操作，故已不再采用。目前，冰箱中广泛地采用利用高温高压制冷剂蒸气除露的装置。它是将压缩机排出的高温高压制冷剂蒸气引向门口除露管，通过热交换加热门口周围的空气进行除露。这种除露方法的优点是不消耗电能；可以改善制冷系统的冷凝效果；无需人工操作，自动除露。

三、风扇电动机组

风扇电动机组主要用在间冷式无霜冰箱中，其作用是强制箱内的空气流经翅片管式蒸发器，沿着风道进入冷冻室和冷藏室，形成箱内冷空气的强制对流。风扇电动机组的结构如图 2-77 所示。风扇电动机的转速一般为 2500~3000r/min，输入功率约为 8W。由于它经常处于连续运转状态，又不便于加注

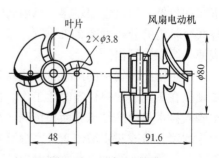

图 2-77　风扇电动机组

润滑油，故对轴承部位要求较高，通常其连续使用寿命在 3 万 h 以上，运转振动噪声在 35dB 以下。

四、箱内风扇故障的检修

在间冷式双门双温无霜冰箱中装有风扇装置，依靠风扇将翅片管式蒸发器产生的冷风经过风道和风门吹入冷冻室与冷藏室进行降温。当风扇电动机组或电路出现故障时，箱内的制冷效果将大大降低，造成冷冻室和冷藏室温度升高，压缩机长时间运转不停。

间冷式冰箱出现制冷效果不良的故障时，首先用手摸一下冷凝器是否热，如果冷凝器热，则说明制冷系统工作正常。此时可打开冷冻室箱门，按下冷冻室门开关，观察风扇电动机是否运转，有无冷风从后栅板吹出。若风扇不转或转速低，则可判断风扇电动机组或电路有故障。其故障原因大致可以分为两种类型：一类属电气故障；另一类属机械故障。

1. 电气故障原因及检修方法

1）门开关触点接触不良或门开关接线松脱。可用万用表电阻档查出故障点，并修复。

2）风扇电动机绕组烧毁或断路。检查时，可打开箱体背后的风扇电动机扣盖，先察看绕组是否有烧毁的痕迹，或闻一闻电动机绕组有无烧毁的糊味，再检查电动机的接线插口是否脱落；然后用万用表的 $R \times 10$ 档测量电动机绕组的阻值（正常值多为 $300 \sim 500\Omega$）。若查出故障为电动机绕组烧毁或断线，则应更换新的风扇电动机或重新绕制电动机绕组。

3）风扇限温熔断器熔断造成停转。这一故障一般发生在安置于冷冻箱外部的电动机上。如日立机型及万宝 BYD‑155W 型等冰箱，在风扇绕组中串接了一只 250V、142℃、10A 的限温熔断器。检查时，可剥开外绝缘层，测熔断器两端阻值，若为无穷大，则说明熔断器已烧坏，需选择近于原值的限温熔断器更换。若无合适的限温熔断管，可暂时找一只 220V、3A 的电视机熔断管代替。

2. 机械故障原因及检修方法

1）风扇的扇叶被凝霜卡住或扇叶的固定螺钉松动。如果原因为前者，则应拆开冷冻室的塑料后壁，检查风扇扇叶孔圈加热器是否烧断。若该加热器损坏，则应更换新加热器，也可用相同规格的电热丝自行绕制。若原因为后者，则只需将扇叶固定螺钉拧紧即可。

2）主轴轴承缺油或转子动平衡不良造成扇叶滞转。风扇电动机轴承以滑动铜轴承为多见，前后塑料轴承盖的油毡内注入有机硅油润滑，以黏度适中的甲基硅油为佳。正常情况下，3 年内无需补充。需注油时，若无专用润滑油，可选择凝固点低的压缩机用冷冻机油代替。这是因为置于冷冻箱内的风扇，环境温度为 −18℃左右。若转子与定子铁心摩擦造成滞转，需重新对中，并上紧固定螺钉。上菱、华凌牌冰箱的风扇机组常出现铝框架一端开裂的现象，此时需先用万能胶将铝框架重新胶合固定，并用细铁丝扎紧对中，待万能胶干固后再拆除铁丝。

任务实施

1）分成 10 个小组，拆开冰箱各电气零部件，分别对各零部件进行检测。

2）用万用表测冰箱压缩机绕组阻值并记录。

3）用万用表测起动器、保护器阻值并记录。

4）用万用表测补偿加热器、化霜加热器阻值并记录。

5）用万用表检修温控器是否正常。

6）画出直冷式单门冰箱电路接线原理图。

7）画出双门直冷式双温控冰箱电路接线原理图。

8）画出双门间冷式冰箱电路接线原理图。

9）对直冷式冰箱电气系统进行接线。

任务汇报及考核

1）小组讨论：组长召集小组成员讨论，交换意见，形成初步结论。

2）画图与记录数据：

① 画出直冷式单门冰箱电路接线原理图。

② 画出双门直冷式双温控冰箱电路接线原理图。

③ 画出双门间冷式冰箱电路接线原理图。

④ 记录各电气零部件电阻值。

3）小组陈述：

① 每组成员进行分工，一个学生陈述：检测各零部件操作方法。两个学生进行现场演示操作，一个学生在旁边辅助并记录数据。

② 其他小组不同看法：每组陈述完后，其他组对陈述组的结论进行纠正或补充。注意：不是争论，而是提出不同的看法。

4）教师点评及评优：指出各组的训练过程表现、任务完成情况，对本实训任务进行小组评价，并将分数填入表 2-24 中。

表 2-24 实训任务考核评分标准

组长：　　　　　　组员：

序号	评价项目	具体内容	分值	小组自评（30%）	小组互评（30%）	教师评价（40%）	平均分
1	职业素养	细致和耐心的工作习惯；较强的逻辑思维、分析判断能力	5				
		良好的吃苦耐劳、诚实守信的职业道德和团队合作精神	5				
		新知识、新技能的学习能力、信息获取能力和创新能力	5				
2	工具使用	正确使用工具	15				
3	检测数据	检测数据准确	10				
4	画图正确	正确画出各原理图	15				
5	接线正确	正确接线	15				
6	总结汇报	陈述清楚、流利（口述操作流程）	20				
		演示操作到位	10				
7		总计	100				

思考与练习

一、简答冰箱起动装置的工作原理及作用。

二、简答冰箱保护装置的工作原理及作用。

三、温度控制器的种类有哪些？写出温度控制器的应用场合。

四、画出直冷式冰箱电气控制电路图，并分析电路的工作原理。

五、冰箱电气控制系统的常见故障有哪些？

六、如何调节温控器？

七、写出冰箱电气控制系统维修的基本方法。

项目三

家用空调维修技术

❄ **学习目标**

　　了解家用空调的分类、规格和命名，熟悉家用空调的整体结构，熟悉制冷系统、通风系统、电气控制系统及其工作原理，并能对其常见故障进行分析和处理。通过训练掌握家用空调维修技术的基本操作，包括电气接线、回收制冷剂、排空、抽真空、系统干燥、检漏、充注制冷剂、移机以及安装等操作。

❄ **工作任务**

　　对家用空调进行拆装，熟悉空调的结构，对室内机、室外机进行接线练习，回收制冷剂到室外机，对室内机排空、抽真空，对制冷系统进行干燥、检漏，为空调充注制冷剂，进行空调移机、安装训练，并对空调进行维修保养。

任务一　家用空调的结构与拆装

任务描述

➤ 拆装分体式空调，了解其结构及主要部件。

➤ 拆装壁挂式空调室内机、室外机。

➤ 拆装柜式空调室内机、室外机。

➤ 画出室外机制冷系统示意图。

➤ 写出室内机结构及拆装步骤。

所需工具、仪器及设备

➤ 十字螺钉旋具、一字螺钉旋具、尖嘴钳、扳手、壁挂式空调、柜式空调。

知识要求

➤ 了解空调的分类，认识各类空调。

➢ 了解壁挂式空调的结构特点、工作原理。

➢ 了解柜式空调的结构特点、工作原理。

➢ 熟悉家用空调的型号标识，并从标识中了解空调的主要参数。

➢ 了解壁挂式空调与柜式空调在结构上的区别。

技能要求

➢ 学会拆装壁挂式空调室内机、室外机。

➢ 学会拆装柜式空调室内机、室外机。

➢ 能分析制冷系统制冷剂的管道走向。

知识导入

知识点一　各类家用空调的结构特点

一、制冷设备的种类

制冷设备俗称空调系统，是由被调节对象、空气处理设备、空气输送设备和空气分配设备所组成的一个系统。按照其功能结构特点，有以下两种分类方法：

1. 按空气处理设备的集中程度分类

1) 集中式空调系统：所有空气处理设备如加热、冷却、加湿、过滤等全部集中在空调机房。

2) 半集中式空调系统：除了设有集中在空调机房的空气处理设备外，还有分散的空气处理末端设备，如诱导器、风机盘管等。

3) 分散式空调系统：单独的空调机组，空气处理设备独立地分散在每一个空调房间。家用空调属于分散式空调系统。

2. 按冷却方式分类

1) 全空气系统：指房间的冷热负荷全部由经过处理的空气来承担，如集中式空调、家用空调等。

2) 全水系统：指房间的冷热负荷全部靠水作为冷热介质进行调节，早期的风机盘管属于这一类，这种系统一般不单独使用，而是需要另设换新风装置。

3) 空气—水系统：由空气和水共同承担房间的冷热负荷，如风机盘管加换新风系统。

本项目重点介绍分散式全空气系统的家用空调的结构特点和应用。

二、家用空调的定义、功能及分类

1. 家用空调的定义

家用空调是一种具有制冷能力并且对空气进行集中处理的设备。

2. 家用空调的主要功能

家用空调可以对空气进行温度调节、湿度调节、速度调节和净化等。

3. 家用空调的分类

（1）按功能分类　家用空调按功能分为单冷空调和冷暖空调。

（2）按结构形式分类　家用空调按结构形式分类如下：

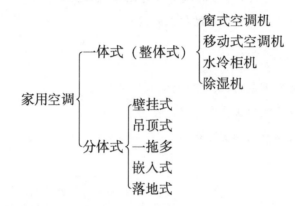

本项目主要以分体壁挂机、分体落地机（柜机）为主进行讲述。

知识点二　分体式空调的结构

一、概述

1. 定义

将空调分成室内、室外两部分，中间用制冷管道和连线连接起来的空调机称为分体式空调。分体式空调结构灵活，形式多样。常见的分体式空调有分体壁挂式、分体落地式、分体吊顶式、分体嵌入式、分体一拖多式等。

常见的分体式空调有单冷型、热泵型、电辅助加热型三种。

2. 分体式空调的优点

（1）运转安静　由于空调主要的运转部件，如压缩机、轴流风扇及电动机设置在室外机组，因而其运转引起的振动与噪声不会传入室内，故分体式空调比整体式空调（如窗式空调）的噪声低得多。一般室内机组的噪声在 40dB（A）以下，分体式空调室内侧的主要噪声来源是室内风机。

（2）外形美观　分体式空调的室内机组造型轻巧美观，无论是分体壁挂式还是分体落地式及吊顶式等均各有特色，可以成为房间内的一种装饰品，国内外空调生产厂家也都非常重视空调外观设计，多为流线型设计并且外观颜色与房屋装饰十分协调。

（3）品种繁多　为适应不同建筑物和生活条件的需要，设计出了多种不同形式的分体式空调室内机组和室外机组。如室内机组有壁挂式、落地式、细长立柜式、方柱式、吊顶式以及嵌入式等。室外机组也因机组的型号不同而有多种：扁方形（单风扇、双风扇）和正方形（上吹、侧吹）等。近年来又出现了一台室外机组带动几台室内机组的复合式空调。

（4）功能齐全　由于计算机技术已被广泛地应用于分体空调上，使其功能和操作自动化方面日益完善，除了一般空调所具备的制冷、制热、除湿功能外，目前使用的分体空调还具有空气净化、自动运转、定时控制、睡眠控制、计算机除霜、风向自动控制和保护及故障显示功能，操作上可以实现红外线遥控。

（5）自动化控制　自动化程度更高的模糊控制空调，20世纪90年代初由日本三菱重工首先推出，它可以根据温度、湿度、辐射、气流、穿衣量、代谢量6种综合因素自动调节，为室内提供舒适环境。

结合了变频技术的模糊控制空调，可以根据冷热负荷的大小改变压缩机转速。它在以较大的功率快速制冷或制热后，以较小的功率运转维持室温，节能效果更明显。

（6）能效比高　由于分体式空调机分为室内、室外两部分，因而结构空间较大，冷凝器和蒸发器设计较为方便，可以较为充分地考虑换热器的换热面积，同时送风系统的设计也较为方便，对流换热的效果也较强，这些优点都使得分体式空调的制冷效果好于窗式空调机。

（7）制冷能力大　由于分体式空调的结构空间大，因而可以将制冷量做得更大，一些分体空调已经做到了8匹（1匹=735W）以上（制冷量达20000W）。

3. 分体式空调的缺点

由于分体式空调因室内外的连接而增加了6个可能的泄漏点，因而容易造成泄漏；有室内、室外两个单元，并且室外机多为高空悬挂安装，故保养和维修较为麻烦；另外，分体式空调的价格相对较贵。

二、分体壁挂式空调

分体壁挂式空调和其他家用空调一样，同样是由制冷系统、通风系统和电气控制系统三大部分组成的，如图3-1所示。

1. 结构组成

与窗式空调相比，分体壁挂式空调室内外机的结构相对简单一些，但总体的零部件多于窗式机，并且多出了室内外机连接管、高低压截止阀。

1）制冷系统：制冷系统主要包括压缩机、冷凝器、蒸发器、节流装置、制冷管道以及辅助装置，如四通阀、（干燥）过滤器、储液器、单向阀、辅助毛细管、电辅助加热器、配管及消声器等。

2）空气循环系统：与窗式机相比，分体壁挂式空调有两套独立的空气循环系统，室外空气循环系统有单风道和双风道，风机为铁壳电动机，风扇为轴流风扇；室内空气循环系统的电动机一般为塑封电动机，风扇为贯流风扇。

3）电控系统：与窗式机相比，分体壁挂式空调的电气控制系统全部由计算机控制，控制系统比较复杂，控制功能更为齐全，使用更方便和舒适。

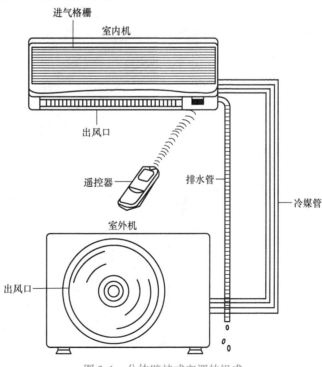

图3-1　分体壁挂式空调的组成

2. 各种类型分体壁挂式空调结构图

分体壁挂式空调结构分解图如图 3-2、图 3-3 所示，零部件明细表见表 3-1、表 3-2。

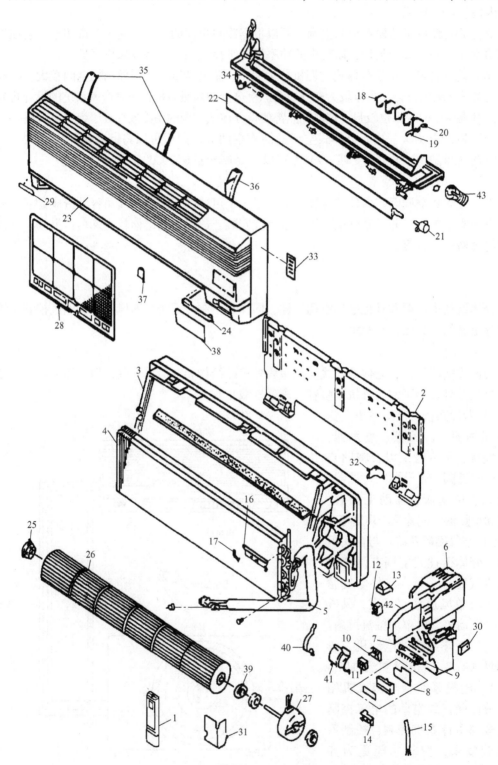

图 3-2　分体壁挂式空调室内机结构分解图

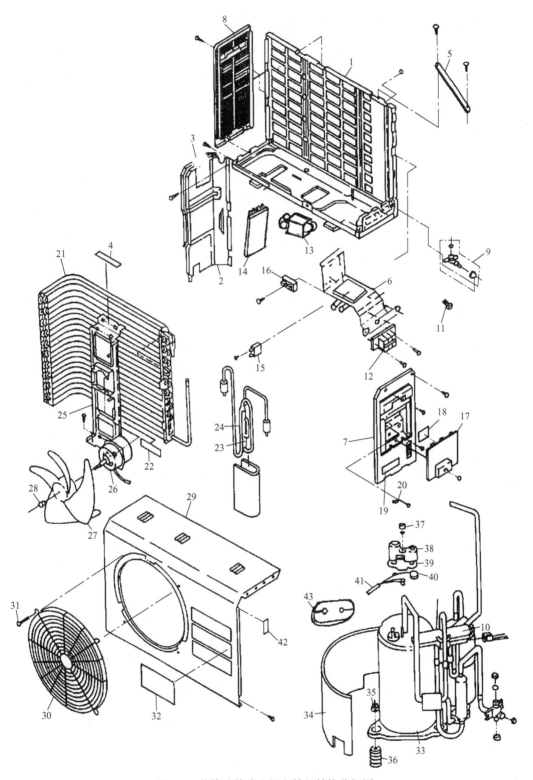

图 3-3 分体壁挂式空调室外机结构分解图

表 3-1　室内机零部件明细表

序号	产品代号	产品名称	数量	序号	产品代号	产品名称	数量
1	DG11-05	遥控器	1	23	KFR35G.01-01	外罩	1
2	KFR35GW.00.01-02	安装板	1	24	KFR35G.01-06	指示板	1
3	KFR35G.06-01	底座	1	25	KFR35G.01-06	轴承部件	1
4	KFR35G.07-00	蒸发器	1	26	KFR35G.04-00	贯流风扇	1
5	KFR35G.08-00	辅助管部件	1	27	DG13-06	风扇流机部件	1
6	KFR35G.09-12	电气盒	1	28	KFR35G.01-15	空气过滤网	2
7		控制电路	1	29	KF25G.01-03	商标铭牌	1
8	KFR35G.09.02-01	开关电路	1	30	KFR35G.09-14	电源线压块B	1
9	KFR35G.09.01-01	显示电路	1	31	KFR35G.00-04	排水盘盖	1
10	DG17-04	端子板5PU	1	32	KFR35G.00-02	管支架	1
11	DG17-01	端子板3PS	1	33		主铭牌	1
12	DG15-07	风扇电路	1	34	KFR35G.02-11	排水盘	1
13	DG14-02	变压器	1	35	KFR35G.01-09	过滤网挡板A	2
14	KFR35G.09-06	电源线压块A	1	36	KFR35G.01-12	过滤网挡板B	1
15	KFR45G.09-22	电源线	1	37	KFR35GW.FJ.02.01-01	螺钉盖	1
16	KFR35G.09-12	热敏电阻支座	1	38	KFR35G.01-05	控制盖板	1
17	KFR35G.09-16	热敏电阻	1	39	KFR35G.10-00	轴承部件2	1
18	KFR35G.02-05	纵向风板A	12	40	KFR35G.00-03	电动机支架	1
19	KFR35G.02-06	纵向风板B	3	41	KFR35G.11-00	电动机罩部件	1
20	KFR35G.02-07	联动杆	3	42		电源电路	1
21	DG13-08	风向电动机	1	43	KFR35G.02-03	排水软管	1
22	KFR35G.02-01	横向风板	1				

表 3-2　KFR-28GW/BP 室外机零部件明细表

序　号	产品代号	产品名称	数　量
1	KFR28W/BP.08-00	底板部件	1
2	KFR28W/BP.03-01	屏蔽板	1
3	KF25W.00-14	海绵胶条	1
4	KF25W.00-10	海绵胶条	1
5	KF25W.00-11	加强板	1
6	KFR28W/BP.02-00	电器部件	1
7	KF25W.05-01	右侧板	1
8	KF25W.00-21	左侧板	1
9	DG26-02	二通阀部件	1
10	KFR28W/BP.09-00	四通阀部件	1
11	GB 5786—86	螺钉 M6×16	4

序 号	产品代号	产品名称	数 量
12	DG17－02	端子板 3PU	1
13	DG20－04	电起器	1
14	DG24－01	驱动器	1
15	DG15－02	风扇电容	1
16	DG17－03	端子板 2U	1
17	KF25W.06－01	盖板	1
18	KFR28W/BP.06－02	电路图铭牌	1
19	KFR28W/BP.05－03	主铭牌	1
20	KFR25G.09－06	电源线压板 A	1
21	KFR25W.04－00	冷凝器	1
22	KFR25W.0025	海绵胶条	1
23	KFR25.W.07－06	防声胶	1
24	KFR28W/BP.07－00	毛细管部件	1
25	KFR35W.00－26	电动机支架	1
26	DG13－03	风扇电动机	1
27	DF25W.00－05	轴流风扇	1
28		带缘螺母	1
29	KF25W.00－06	外壳	1
30	KF25W.01－00	风扇罩	1
31	ST4.2X13－C－H	自攻螺钉	4
32	KFR28W/BP.00－10	商标铭牌	1
33	C－1RV73HOV	压缩机	1
34	KFR28W/BP.00－02	隔板	1
35		垫圈螺母	3
36		防振垫圈	3
37		带缘螺母	1
38		保护罩	1
39		密封垫	1
40	CS－74L115	保护器	1
41	KF25W.02－06	电源线	1
42	KF25W.00－07	海绵胶条	1
43	KFR28W/BP.00－03	隔板盖	1

三、分体落地式空调

分体落地式空调（柜式空调，也称为框机）和其他家用空调一样，同样是由制冷系统、通风系统和电气控制系统三大部分组成的。

家用空调室外机的解体检修

（一）结构特点

总体上来看，分体落地式空调与壁挂式空调在结构上基本相同，不同之处是室内机落地摆放，外形尺寸大，体积也较大，分立式和卧式两种，制冷量可以做到更大。5匹（1匹＝725W）及以上室外机采用双风道，8匹以上的柜机也有采用水作为载冷剂的，即室外冷凝器为风冷式，蒸发器为水冷式。另外，柜机的节流装置一般是靠近蒸发器安装（2匹小柜机除外），故我们所看到的柜机毛细管绝大部分都设置在室内侧。

1. 构件

柜机室外机在结构上与壁挂式空调室外机相似，但两者在室内机结构上却有很大区别，柜机室内机的结构比较复杂，送风系统使用离心风扇；柜机的零部件也比壁挂式空调要多。

2. 制冷系统

柜机的制冷系统大多增加了专门的储液器、消声器、压力保护开关，并且由于室内侧的蒸发器比较大，所以也增加了制冷剂平衡分配器和毛细管束。

3. 空气循环系统

柜机的制冷能力较大，所以室内外侧都有一台或两台风机和风扇，室内机的风道也较为特别，风向采用90℃折转，直接吹扫过蒸发器（分体式空调和窗式空调是空气吸扫过蒸发器），风压较分体式空调大。

4. 电气控制系统

根据室内机落地安装的特点，柜机的电气控制有独立键控或键控与遥控混合控制两种，而且其显示和操作部分相比之下更为美观和完善。

（二）各类型柜机结构图

图3-4所示为柜机室内机装配图，图3-5所示为柜机室内机结构分解图，零部件明细表见表3-3；图3-6所示为松下柜机室内机组结构，图3-7所示为柜机室外机结构分解图，零部件明细表见表3-4。

表3－3　KFR－100LW室内机零部件明细表

序号	名称	代号	数量	序号	名称	代号	数量
1	出风口罩	KF70L.00－02	1	13	纵框架A	KF70L.02－01	1
2	横向风板	KF70L.02－05	9	14	橡胶垫片	KF70L.02－09	1
3	纵框架B	KF70L.02－10	1	15	风向电动机线	KF70L.10－04	1
4	左连接板A	KF70L.02－12	1	16	风向电动机	DG13－05	1
5	横框架A	KF70L.02－02	1	17	纵连动杆	KF70L.02－03	1
6	连杆	KF70L.02－13	1	18	上定位板	KF70L.03－01	1
7	电动机支架	KF70L.02－08	1	19	面板	KF70L.03－04	1
8	横框架B	KF70L.02－11	1	20	控制面板	KF70L.03－03	1
9	支承杆	KF70L.02－07	1	21	指示板	KF70L.03－02	1
10	纵向风板	KF70L.02－05	8	22	商标铭牌	KF70L.03－18	1
11	横摆动杆	KF70L.02－06	1	23	下定位板	KF70L.03－09	3
12	右连接板A	KF70L.02－14	1	24	防尘片2	DG11－01－06	1

序号	名 称	代 号	数量	序号	名 称	代 号	数量
25	液晶块	DG11-01-09	1	61	接水盘部件	KFR100L.07-00	1
26	防尘片1	DG11-01-05	2	62	防漏橡胶B	KFR100L.06.02-01	1
27	导电橡胶	DG11-01-04	1	63	蒸发器左端板3	KFR70L.06-04	1
28	定位片	DG11-01-07	1	64	保护橡胶	KFR70L.06-03	1
29	液晶电路板	KF70L.03-08	1	65	热敏电阻组件	KFR70L.03.01-03	1
30	右连接板C	KF70L.05-04	1	66	蒸发器部件	KFR100L.06-00	1
31	左连接板C	KF70L.05-03	1	67	海绵A3	KFR100L.00-05	2
32	中定位	KF70L.03-13	1	68	海绵A1	KFR100L.00-03	2
33	面板电气盒	KF70L.03-11	1	69	海绵A2	KFR100L.00-04	1
34	主电路板	KFR70L.03.01-01	1	70	主铭牌	KFR100L.00-01	1
35	配线压块	KF70L.03-17	1	71	箱体	KFR100L.00-02	1
36	面板电气盒盖	KF70L.03-06	1	72	顶盖部件	KFR100L.01-00	1
37	右离心风扇	KFR100L.08.04	1	73	固定板	KF70L.00-03	1
38	风扇电动机逆	5	1	74	底板	KFR100L.00-07	1
39	平垫圈	ST2.9×6.5-C-H	8	75	下横条	KFR70L.05-01	1
40	螺栓	M5×10	8	76	过滤网导板	KFR70L.04-01	2
41	橡胶垫圈	KF70L.08-03	8	77	空气过滤网	KFR70L.04.01-00	1
42	电极支架脚	KF100L.08-03	8	78	下面板	KFR70L.04-04	1
43	特大垫圈	6	8	79	电气盒支架部件	KFR100L.10.01-00	1
44	螺母	M6	16	80	出线橡胶圈	KFR70L.10-05	1
45	螺栓组合件	M6×20	8	81	塑料铆钉	GBLS37-C	4
46	风扇电动机顺	DG13-17	1	82	驱动电路板	KFR70L.10-01	1
47	螺栓	KF70L.08.04-02	8	83	风扇电容	DG15-04	2
48	电动机支座板	KF70L.08.04-01	1	84	端子板	5P1	1
49	左离心风扇	KFR100L.08-02	1	85	橡胶圈	KF70W.00-07	1
50	轴端挡圈	KFR100L.08-01	2	86	变压器	DG14-03	1
51	垫圈	5	2	87	电源线上夹板	KT-03	1
52	螺栓组合件	M5×12	2	88	电源线下夹板	KT-04	1
53	风道支架板部件	KFR100L.08.03-00	1	89	电路图铭牌	KFR100L.09-02	1
54	小头铆螺母LGB.S	M5	8	90	电气盒盖	KFR100L.09-01	1
55	隔板	KFR100L.08.01-01	1	91			1
56	导风腔	KFR100L.00-06	1	92	导风腔	KFR100L.00-06	1
57	螺栓	M5×20	6	93	螺栓	M5×10	6
58	绝缘套A组件	KFR100L.11-00	1	94	绝缘套A组件	KFR100L.11-00	1
59	排水软管	KF70L.00-12	1	95	排水软管	KF70L.00-12	1
60	防漏橡胶A	KFR100L.06.01-03	1	96			

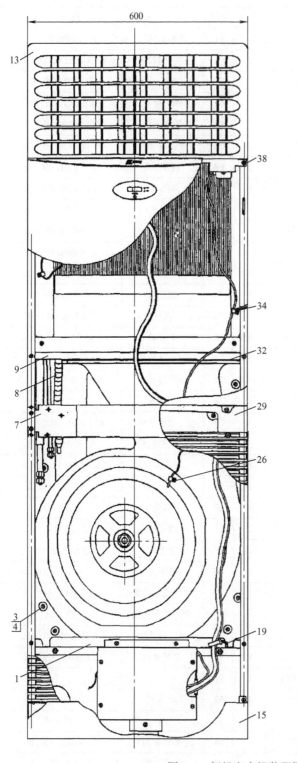
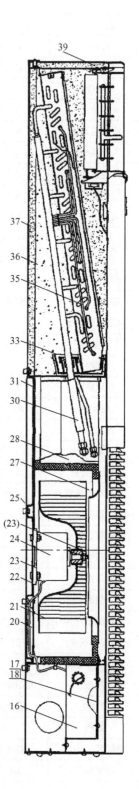

图 3-4　柜机室内机装配图

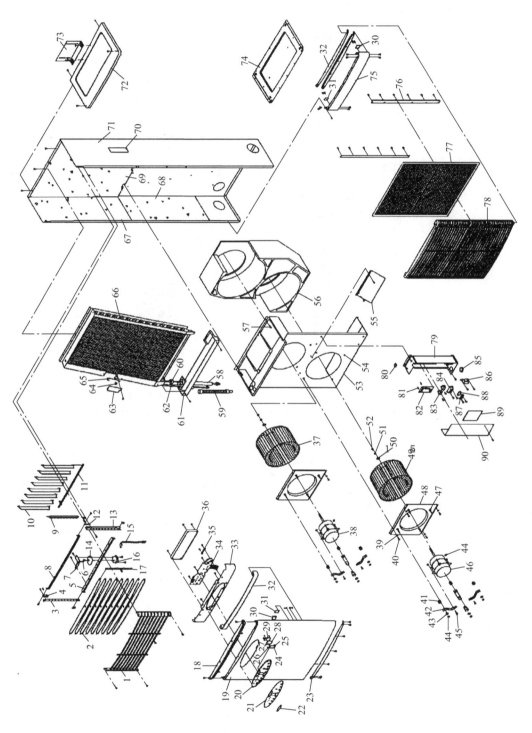

图 3-5 柜机室内机结构分解图

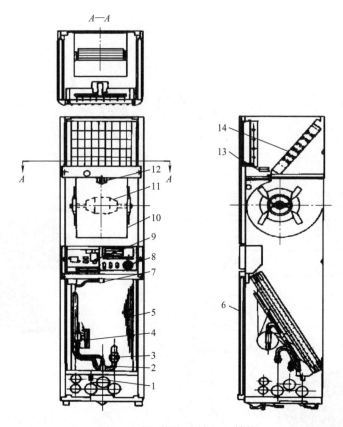

图 3-6　松下柜机室内机组结构

1—接水口　2、3—管接头　4—配电盘　5—换热器　6—空气过滤网　7—温度传感器　8—操作板
9—控制盒　10—风扇　11—风扇电动机　12—风扇电动机电容　13—摇风电动机　14—辅助加热器

表 3-4　KFR－100LW 室外机零部件明细表

序　号	名　称	代　号	数　量
1	风扇罩	KF70W.00－12	2
2	自攻螺钉	ST4.2×13－C－H	8
3	导风腔	KF70W.00－09	2
4	左前侧板	KFR100W.00－01	1
5	带缘螺母	M8	2
6	轴流风扇	KF70W.00－10	2
7	螺栓	M5×16	6
8	弹簧垫圈	5	6
9	风扇电动机	DG13－16	2
10	电动机支架	KF100W.00－03	1
11	螺母	M5	6
12	上冷凝器部件	KFR100WY.14－00	1
13	顶盖板	KF70W.00－01	1
14	后罩	KFR100W.00－07	1
15	右后板	KFR100W.00－10	1

序　号	名　　称	代　号	数　　量
16	橡胶圈	KF70W.00－07	1
17	拉手1	KT－01	3
18	主铭牌	KFR100W.00－06	1
19	小头铆螺母	M5	2
20	屏蔽板	KFR100W.00－02	1
21	气液分离器	DG31－02	1
22	螺栓组合件	M5×12	2
23	电气盒盖	KF70W.02－02	1
24	变压器	DG14－05	1
25	电气盒	KF70W.02－01	1
26	风扇电容	DG15－12	2
27	端子板5P	DG17－16	1
28	端子板4P	DG17－15	1
29	交流接触器	STB42	1
30	螺栓	M6×16	4
31	三通阀Ⅱ部件	DG26－13	1
32	三通阀Ⅰ部件	DG26－12	1
33	底板部件	KFR100WY.08－00	1
34	电源线上夹板	KT－03	1
35	电源线下夹板	KT－04	1
36	换向阀	DG26－14	1
37	压缩机	H23A503DBEA	4
38	垫圈螺母		4
39	防振垫圈		1
40	电路图铭牌	KFR100W.05－02	1
41	右前板	KFR100W.05－01	1
42	商标铭牌	KF25W.00－27	1
43	热继电器	3UA52A	1
44	压力开关	DG16－03	1
45	电磁线圈	DG20－01	1
46	间隔套		4
47	螺栓组合件	M5×6	1
48	塑料铆钉	GBLS37－C	4
49	下冷凝器部件	KFR100W.04－00	1
50	冷凝器端板	KFR100W.00－04	1

空调通风系统的工作原理
和零部件介绍

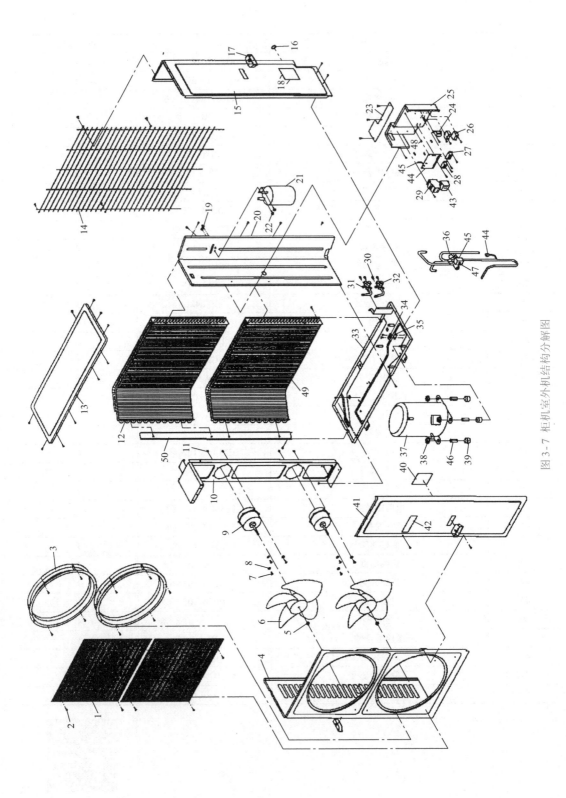

图 3 - 7 柜机室外机结构分解图

任务实施

1）分成 10 个小组，

2）拆装壁挂式空调室内机，了解其结构，画出室内机拆装步骤示意图。

3）拆装壁挂式空调室外机，了解其结构，画出制冷系统示意图。

4）拆装柜式空调室内机，了解其结构，画出室内机拆装步骤示意图。

5）拆装柜式空调室外机，了解其结构，画出制冷系统示意图。

任务汇报及考核

1）小组讨论：组长召集小组成员讨论，交换意见，形成初步结论。

2）制作图样：

① 画出壁挂式空调室内机拆装步骤示意图。

② 画出壁挂式空调制冷系统示意图。

③ 画出柜式空调室内机拆装步骤示意图。

④ 画出柜式空调制冷系统示意图。

3）小组陈述：

① 每组成员进行分工，一个学生陈述：拆装空调的操作步骤，指出制冷系统制冷剂的管道走向。两个学生进行现场演示操作，一个学生在旁边辅助并记录数据。

② 其他小组不同看法：每组陈述完后，其他组对陈述组的结论进行纠正或补充。注意：不是争论，而是提出不同的看法。

4）教师点评及评优：指出各组的训练过程表现、任务完成情况，对本实训任务进行小组评价，并将分数填入表 3-5 中。

表 3-5　实训任务考核评分标准

组长：　　　　　　组员：

序号	评价项目	具体内容	分值	小组自评（30%）	小组互评（30%）	教师评价（40%）	平均分
1	职业素养	细致和耐心的工作习惯；较强的逻辑思维、分析判断能力	5				
		良好的吃苦耐劳、诚实守信的职业道德和团队合作精神	5				
		新知识、新技能的学习能力、信息获取能力和创新能力	5				
2	工具使用	正确使用工具	15				
3	操作规范	拆装步骤正确	20				
4	制冷图样	正确画出示意图	20				
5	总结汇报	陈述清楚、流利（口述操作流程）	20				
		演示操作到位	10				
6		总计	100				

思考与练习

一、如何对空调进行分类？

二、选购空调时，应考虑哪些主要因素？

三、空调室内机、室外机的外壳上都贴有一块铭牌，试读出铭牌上的主要参数并解释其含义。

四、空调通风系统故障的主要原因有哪些、

五、拆装空调时有哪些注意事项？

任务二　家用空调室内外机接线

任务描述

➤ 用万用表测壁挂式空调室外机压缩机、风机电动机绕组阻值，判断公共端 C、起动端 S、运行端 R，并记录数据。

➤ 对壁挂式空调室外机进行接线练习（接压缩机、风机、压缩机电容、风机电容、相线、中性线）。

➤ 对壁挂式空调室内机进行接线练习（练习室内机电路板接线，注意压缩机继电器一进一出线不能接反）。

➤ 用万用表测柜式空调室外机压缩机、风机电动机绕组阻值，判断公共端 C、起动端 S、运行端 R，并记录数据。

➤ 对柜式空调室外机进行接线练习（接压缩机、风机、压缩机电容、风机电容、相线、中性线）。

➤ 对柜式空调室内机进行接线练习。

所需工具、仪器及设备

➤ 十字螺钉旋具、一字螺钉旋具、尖嘴钳、斜口钳、万用表、钳形电流表、空调。

知识要求

➤ 能看懂壁挂式空调室外机接线图。

➤ 能看懂壁挂式空调室内机电路接线图。

➤ 能看懂柜式空调室外机接线图。

➤ 能看懂柜式空调室内机电路接线图。

➤ 了解壁挂式空调室内机电路原理图的工作原理。

➤ 了解柜式空调室内机电路原理图的工作原理。

技能要求

➤ 学会判断壁挂式空调室外机压缩机、风机绕组并接线。

> 学会壁挂式空调室内机电路板的接线。
> 学会判断柜式空调室外机压缩机、风机绕组并接线。
> 学会柜式空调室内机电路板的接线。

知识导入

一、起动运行电容

家用空调的压缩机和风机电路都配有起动运行电容，其在压缩机或风机运行过程中一直工作，这种电容一般是金属膜电容器。压缩机和风扇电容的外形如图 3-8 所示。

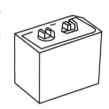

图 3-8　电容器的外形

电容起动器的作用是在不增加起动电流的情况下增加电动机的起动转矩，使电动机转子顺利转动。

二、电气控制系统故障分析与检修

空调的电气控制有强电电路控制板与弱电电子电路控制板之分，因它们的控制原理有所区别，所以故障分析分别叙述。

电气系统是控制和保护制冷系统和风机系统的装置。它除了会发生电气线路本身的故障外，有相当一部分故障发生在制冷系统和风机系统中，但故障现象却在电气控制系统中反映出来。因此，在分析电气控制系统故障时，不可避免地涉及制冷系统和风机系统的故障问题。

（一）强电控制系统故障分析

强电电路控制板就是控制电路电源为单相220V或380V的供电电压。强电控制方式主要集中在机械控制式窗式空调和水冷立柜式空调中。其特点是控制电路比较简单，查找故障也不困难。

1. 压缩机和风机不运转

当合上开关后，压缩机与风机不运转。电气线路中的故障有：

1）电源无电。
2）电源插座内断线。
3）熔断器熔断。
4）插头插座接触不良。
5）电源电压过低，电动机起动不起来，然后热保护器起跳，切断电源。
6）选择开关内部断路。
7）电气控制电路断路。其原因有些是操作不当，有些是质量问题，有些是制冷系统和风机系统引起的。例如熔断器熔断，除了电气线路有碰线、碰壳短路外，也可能是制冷系统和风机有故障而引起的。

2. 风机运转但压缩机不运转

1) 温控器旋钮调节位置不当，其原因是没有调节好。

2) 温控器感温包中的制冷剂泄漏，温控器失灵而常开不闭合，其原因可能是碰坏了感温部分零件，或制造质量有问题而泄漏了制冷剂。

3) 过载保护器触点处于断开位置，其原因是运行时制冷系统有超载现象，使过载保护器跳开，也可能是过载保护器损坏。

4) 压缩机运转电容损坏，其原因可能是平时维护不当或有潮气侵入。

5) 压缩机电动机烧坏。

3. 空调运行后，压缩机起、停频繁

1) 温控器的感温包安装位置离蒸发器太近，使它受到蒸发温度的影响。

2) 电源电压不稳定，时高时低，原因是供电电网有问题。

3) 过载保护器的双金属片接触不良，造成供电电源时通时断。

4. 压缩机长期运转不停

1) 由于室内发热体多，热量大，使空调房间热负荷大。

2) 温控器内的触点发生粘连而不能断开。

5. 电加热型空调不制热

1) 电热丝烧断，可能是质量不好，或装配不适，或使用寿命已到。

2) 加热保护器起跳或熔断器熔断。为确保安全，电加热器附近设置有两种电保护器，通常把这两种电保护器串联在加热器控制电路中。加热保护器起跳或熔断器熔断的原因是电加热器已超温制热运行。超温原因可能是：①停机时，风机无延滞运行装置；②过滤尘网有灰尘不畅通，风量明显下降，出风温度大幅度上升；③加热保护器失灵或熔断器规格不适当。

3) 控制电加热器的交流接触器触点接触不良，其原因是使用时间长或选择容量不适当，触点常拉电弧（火花）而熔断。

6. 热泵型空调不制热

在制冷运行时能制冷降温，而制热运行时不能制热，这是热泵装置的电磁换向阀或切换开关有故障。

1) 电磁阀的电磁线圈烧坏或断路，其原因是：①在恶劣环境下工作；②线圈停、开频繁；③长期在超常电压下工作，致使线圈经常处在超温升下工作，使绝缘层老化，被击穿。

2) 电磁阀内阀芯卡住或损坏，其原因是：①有污泥进入阀内硌住阀芯；②制造质量差。

3) 换向阀不能换向。其原因是多方面的，但主要是制冷剂不清洁和制造装配质量有问题，使活塞不能运动。

4) 冷热切换开关失效，其原因有机构损坏，触点表面被氧化不能导通。

7. 漏电

外壳有漏电现象，其原因是：①某些电器的绝缘性能下降或受潮；②地线接地不良或没有接地。

（二）电子电路控制系统故障分析

电子电路控制系统的控制板部分是低电压控制电路，其控制电压为 + 5V、 + 12V 或 +24V。它的特点是安全可靠，控制功能多，体积小，控制面板紧凑、美观。

1. 开机后空调不动作

当按运行键时，空调不动作，也无一点声音，这种情况是电源没有导通，要逐个检查与电源有关的电器。可按下列顺序进行检查：

1）电源线中有无电。要检查控制电源线的电器，如刀开关或断路器是否切断电源。

2）电源是否断相。供电电源为三相电源的空调，三相电网中有一相或两相断电的可能，要查电源是否有断相。

3）室内机控制板熔断器是否熔断或压敏电阻是否损坏。为预防过高电压或过大电流进入控制电路而损坏电路板，一般控制电路中都装有保护器，一旦有高电压或大电流进入控制电路就切断电源，保护电路板。

4）开关板与室内机控制板连线的接插件是否接触不良。分体式空调的电气控制系统由三部分组成，即开关板、室内机控制板和室外机控制板。开关板与室外机控制板的连接线插头是接插件，虽然它插接后能自锁，但也会松脱或接触不良，要加以检查。

5）按键开关是否损坏。检查运行键触点是否接触不良或按键零件是否损坏。

6）室内电子控制板是否损坏。电子控制板上的电路或电子元件损坏，会使控制板失控，要对电控板的有关电路进行测量。

2. 室内风机运转，但压缩机不运转，且故障灯闪烁

故障灯闪烁，说明系统有故障。

1）电源断相或电压过低，要检查电源线并测量其电压值是否低于额定值的10%。

2）压缩机电流过载，应检查压缩机泵壳上的热保护器是否起跳。通常当压缩机超载后电流过大，热保护器要起跳，三相电动机的热保护器埋在泵壳内的电动机绕组中，无论单相和三相电源的电动机，都可在其压缩机泵壳的接线盒处用万用表电阻档测量绕组是否导通，若不导通则说明其热保护器已起跳切断了电源，等5min左右，一般会复原。

3）风机（指室外机组风机）过热或热保护器损坏。风机超负荷运行时，其绕组温升过高，热保护器会起跳而切断电源，可检查风机的进线插头是否导通。若不导通，说明热保护器起跳，等冷却后会复原。若不复原，则是热保护器损坏，应更换才能排除故障。

4）插头接触不良。风机电动机的接线一般也用接插件接插，也可能产生接触不良的情况，要加以检查。另外，要检查压缩机泵壳接线盒内的接线是否有松弛而接触不良。

5）交流接触器线圈断路。线圈断路，触点不能闭合，电动机无电源接入。

6）电子电路控制板损坏。

7）高压开关损坏。高压开关失灵，触点不闭合，可用万用表测量触点接头是否导通。

8）低压开关起跳。在制冷系统正常的情况下，低压开关触点为常闭状态。当制冷系统内发生故障或制冷剂泄漏，使系统内压力下降到低压开关起跳点以下时，低压开关便起跳而切断电源通路。

3. 空调起动不久就停机，不能继续运行

1）排气压力过高引起高压开关起跳。

2）吸气压力过低引起低压开关起跳。

3）风机电动机烧坏。

4）热保护器起跳。

4. 开机后电源指示灯亮，室内风机运转，但压缩机不运转

这说明制冷系统与风机系统无故障，而是操作有误或恒温开关有故障，所以故障指示灯不闪烁。

1）选择开关按错。有时未看清楚而按在了通风档，只要改正在制冷档即可。

2）温度未到设定值。当恒温开关的温度设定值高于房间温度时，温控器的触点始终是打开的，制冷系统就不会运转，应重新设定温度值。

3）温控器的传感器（热敏电阻）损坏，使温控器控温失常，可用万用表测量其阻值与温度对应值来判断其好坏。

任务实施

1）分成10个小组，每一小组在一台空调上进行室内外机接线练习。

2）拆开壁挂式空调室外机，用万用表分别测量压缩机、风机电动机绕组电阻，找出公共端、起动端、运行端，接好压缩机电容、风机电容及电源线，开机运行并用钳形电流表分别测出压缩机、风机及总的运行电流。

3）拆开壁挂式空调室内机，对室内机电路板进行电线的拆装，了解电路板接线图，练习电路板接线，接好线后开机试运行。

4）拆开柜式空调室外机，用万用表分别测量压缩机、风机电动机绕组电阻，找出公共端、起动端、运行端，接好压缩机电容、风机电容及电源线，开机运行并用钳形电流表分别测出压缩机、风机及总的运行电流。

5）拆开柜式空调室内机，对室内机电路板进行电线的拆装，了解电路板接线图，练习电路板接线，接好线后开机试运行。

任务汇报及考核

1）小组讨论：组长召集小组成员讨论，交换意见，形成初步结论。

2）记录数据：

① 记录压缩机绕组电阻。

② 写出公共端、起动端、运行端电阻值之间的对应关系。

3）小组陈述：

① 每组成员进行分工，一个学生陈述：怎样判断压缩机、风机电动机绕组，室外机、室内机怎样接线。两个学生进行现场演示操作，一个学生在旁边辅助并记录数据。

② 其他小组不同看法：每组陈述完后，其他组对陈述组的结论进行纠正或补充。注意：不是争论，而是提出不同的看法。

4）教师点评及评优：指出各组的训练过程表现、任务完成情况，对本实训任务进行小组评价，并将分数填入表3-6中。

表 3-6 实训任务考核评分标准

组长：　　　　　　　组员：

序号	评价项目	具 体 内 容	分值	小组自评（30%）	小组互评（30%）	教师评价（40%）	平均分
1	职业素养	细致和耐心的工作习惯；较强的逻辑思维、分析判断能力	5				
		良好的吃苦耐劳、诚实守信的职业道德和团队合作精神	5				
		新知识、新技能的学习能力、信息获取能力和创新能力	5				
2	工具使用	正确使用工具	15				
3	正确判断绕组	正确测量和判断压缩机、风机绕组	20				
4	操作规范	接线正确	20				
5	总结汇报	陈述清楚、流利（口述操作流程）	20				
		演示操作到位	10				
6	总计		100				

思考与练习

一、如何判断压缩机电动机的三个绕组？

二、压缩机、室外风机接错线，空调会出现什么故障现象？

三、什么是压缩机的起动电容和运转电容？

任务三　回收制冷剂到室外机

任务描述

➤ 回收制冷剂到空调室外机。

➤ 用回收机回收制冷剂到回收瓶。

所需工具、仪器及设备

➤ 六角匙、扳手、组合压力表、遥控器、回收机、回收瓶、空调。

知识要求

➤ 熟悉回收制冷剂到室外机的操作方法。

➤ 熟悉用回收机回收制冷剂的操作方法。

➤ 熟悉回收制冷剂到室外机的注意事项。

➤ 熟悉用回收机回收制冷剂到回收瓶的注意事项。

技能要求

> 学会将室内机制冷剂回收到室外机冷凝器。
> 学会用回收机回收制冷剂到回收瓶。

知识导入

当分体机需要移装、制冷管道系统有慢漏或其中的零部件需要更换时，都需要对制冷系统中的制冷剂进行回收操作。回收制冷剂操作有两种方式：制冷剂回收至室外机和使用制冷剂回收机将制冷剂回收至容器中。

一、制冷剂回收至室外机

1. 操作步骤

回收制冷剂示意图如图3-9所示，操作步骤如下：

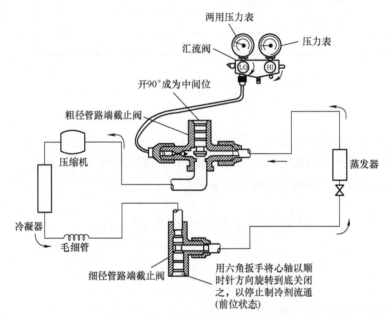

图3-9 回收制冷剂示意图

将组合压力表的低压软管与低压截止阀的维修口相连。

1）顺时针方向旋转高压截止阀的阀芯，使高压截止阀处于关闭状态。

2）逆时针方向旋转低压截止阀的阀芯90°（1/4圈），使低压截止阀处于中间打开状态（中间状态可以适应不同结构的阀体，使维修口与制冷系统内部相通）。

3）将低压软管与组合压力表连接处的螺口旋松约1s的时间，使软管中的空气排出之后再旋紧。

4）开机运转，制冷剂通过压缩机自动吸排到冷凝器中。

5）回收制冷剂40~60s，低压压力降至0.05MPa左右时，顺时针方向关闭低压截止阀阀芯。

6）关闭低压截止阀之后，系统的制冷剂压力会回弹，可以再打开低压阀进行复抽，当压力降至0.05MPa左右时，顺时针方向关闭低压截止阀阀芯。

7）停机、拆管，回收制冷剂完毕。

2. 操作要求

1）制冷系统较大时，可适当延长回收制冷剂的时间，并可采用复式回收制冷剂2～3次。

2）回收制冷剂过程中要监视制冷系统的压力值，防止出现负压，以免外界空气被吸入制冷系统中。

二、使用回收机回收制冷剂

制冷剂回收机主要由压缩机、冷凝器、风冷却系统、油气分离系统、泵出系统、制冷剂储液器以及电控系统组成。回收机由专门的生产厂制造，简易的制冷剂回收机可以由一台室外机除去毛细管改造而成。

回收机工作原理：利用压缩机将制冷剂以低压气体的形式吸入，经过压缩后变成高压高温的气体排入冷凝器中，冷却为常温的液体，再排入制冷剂储液器中来实现制冷剂的回收。

任务实施

1）分成10个小组，每个小组在一个工位上操作。

2）用遥控器按制冷模式打开空调，待压缩机起动之后把组合压力表接到低压截止阀上，观察低压压力并记录数据。

3）方法一：用六角匙先把高压截止阀关闭，然后再打开1/2圈；关闭低压截止阀，然后再打开1/2圈；将高压截止阀完全关闭，待压力表压力下降到0～0.05MPa之后将低压截止阀完全关闭。用遥控器关机，断开电源。

4）方法二：用六角匙先把低压截止阀关闭，然后再打开1/2圈；关闭高压截止阀，待压力表压力下降到0～0.05MPa之后将低压截止阀完全关闭。用遥控器关机，断开电源。

5）用回收机回收制冷剂（按照回收机操作方法进行操作，见项目一任务一）。

任务汇报及考核

1）小组讨论：组长召集小组成员讨论，交换意见，形成初步结论。

2）小组陈述：

① 每组成员进行分工，一个学生陈述：回收制冷剂到室外机的操作步骤，用回收机回收制冷剂到回收瓶的操作步骤。两个学生进行现场演示操作，一个学生在旁边辅助并记录数据。

② 其他小组不同看法：每组陈述完后，其他组对陈述组的结论进行纠正或补充。注意：不是争论，而是提出不同的看法。

3）教师点评及评优：指出各组的训练过程表现、任务完成情况，对本实训任务进行小组评价，并将分数填入表3-7中。

表 3-7　实训任务考核评分标准

组长：　　　　　组员：

序号	评价项目	具体内容	分值	小组自评（30%）	小组互评（30%）	教师评价（40%）	平均分
1	职业素养	细致和耐心的工作习惯；较强的逻辑思维、分析判断能力	5				
		良好的吃苦耐劳、诚实守信的职业道德和团队合作精神	5				
		新知识、新技能的学习能力、信息获取能力和创新能力	5				
2	工具使用	正确使用工具	15				
3	回收制冷剂到室外机	操作正确、规范	20				
4	用回收机回收	操作正确、规范	20				
5	总结汇报	陈述清楚、流利（口述操作流程）	20				
		演示操作到位	10				
6		总计	100				

思考与练习

一、回收制冷剂到室外机有哪些注意事项？
二、使用回收机时有哪些注意事项？

任务四　室内机排空

任务描述

➤ 利用真空泵抽真空（本项目任务五有介绍）。
➤ 利用室外机制冷剂对室内机进行排空。
➤ 利用制冷剂瓶对室内机进行排空。

所需工具、仪器及设备

➤ 六角匙、扳手、组合压力表、真空泵、制冷剂瓶、空调。

知识要求

➤ 了解排空的原理与作用。
➤ 了解三通截止阀的结构、作用。
➤ 了解室内机排空的几种方法以及操作步骤。

技能要求

➢ 学会利用真空泵对室内机进行抽真空（本项目任务五有介绍）。

➢ 学会利用室外机制冷剂对室内机进行排空。

➢ 学会利用制冷剂瓶对室内机进行排空。

知识导入

我们知道制冷系统中不允许存在空气，在分体式空调的安装过程中，不论室内机在生产厂家处是如何封装（充入少量的制冷剂气体或氮气）的，在安装过程中室内机都不可避免地进入空气，所以安装过程中必须进行排空操作。我们把进入室内机换热器和连接管中的气体排出去的作业称为排空。

一、抽真空排出空气

1. 配对使用三通截止阀

如图 3-10 所示，操作步骤如下：

1）将两个三通截止阀维修口的锥形螺母、阀头的盖形密封螺母卸下来。注意不要将卸下来的锥形螺母、盖形螺母弄脏或丢失。

2）抽气软管按图 3-10 所示进行连接。

3）将组合压力表的高压端旋钮及低压端旋钮按逆时针方向旋转，使其打开。

4）合上真空泵的开关，开始抽真空。抽真空的时间为 10min 左右。

5）将汇流阀的高压端旋钮及低压端旋钮按顺时针方向旋到底，使之关闭。

6）关掉真空泵的开关，停止抽真空。

7）将两个三通截止阀的阀芯按逆时针方向旋到底，再做 1～2 次拧紧、放松，使之可靠地关紧（置于后位，如图 3-11 所示）。制冷剂（R22）的通路被打开，室外单元内所注入的制冷剂（R22）流入室内单元。

8）将抽气连接软管从截止阀上拆除下来。

9）将截止阀上的盖形螺母拧紧。

2. 配对使用二通、三通截止阀

如图 3-12 所示，操作步骤如下：

1）卸下二通、三通截止阀维修口的盖形螺母。

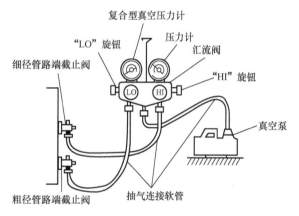

图 3-10　双抽排空

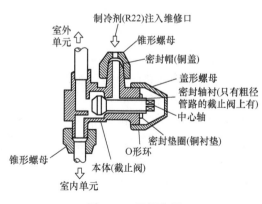

图 3-11　开阀位置

2）将充气软管分别连接到真空泵和粗径管路端截止阀维修口。

3）完全打开组合压力表的低压阀，关闭组合压力表的高压阀。

4）打开真空泵开关，使其开始运转。抽真空运转时间大约为10min。

5）关闭组合压力表的低压阀。

6）关掉真空泵开关，使其停止运转。

7）卸下二通、三通截止阀端部的盖形螺母。

8）逆时针方向旋转两个截止阀的阀芯到底（可用内六角扳手操作），制冷剂（R22）的通路被打开，室外单元内所注入的制冷剂（R22）流入室内单元

9）卸下截止阀上的充气软管。

10）将维修口的盖形螺母和截止阀端部的盖形螺母旋紧（见图3-13）。

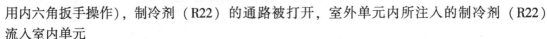

图 3-12　单抽排空

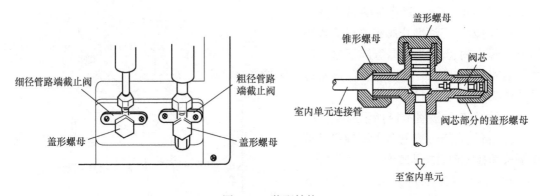

图 3-13　装配结构

二、使用制冷剂（R22）钢瓶排出空气

1. 配对使用三通截止阀

如图 3-14 所示，操作步骤如下：

1）将两个三通截止阀维修口的锥形螺母卸下，用抽气连接软管将制冷剂钢瓶与高压侧（细径管路）三通截止阀维修口连接起来。

注意：如果错将抽气连接软管接到低压侧（粗径管路）三通截止阀维修口上，对于毛细管在室内侧的柜机来讲，注入的制冷剂（R22）要有 1～2kg 的过剩，这将可能使压缩机液击而不能制冷。

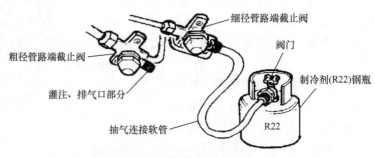

图 3-14　小氟瓶排空操作（一）

2）将制冷剂钢瓶的阀门向逆时针方向旋转打开，放松5～10s以后，按顺时针方向旋转关闭。重复1～2次，每次间隔1min。

3）在进行第2）步操作的同时，用内六角扳手顶住低压侧（粗径管路）三通截止阀维修口上的气门芯，发出"咝咝"的声音，制冷剂驱赶空气从这里跑出来。

4）当"咝咝"的连续声音变小时，拧紧锥形螺母。

注意：请不要让制冷剂（R22）直接与手和眼睛接触。如果是在"咝咝"声完全消失后才拧紧锥形螺母，就会有空气进入。

5）将两个高低压截止阀（细径管路的及粗径管路的）的阀芯按逆时针方向旋到底，并稍稍用力使其可靠地拧紧（置于后位状态），制冷剂（R22）的通路被打开，室外单元内所注入的制冷剂（R22）流入室内单元。

2. 配对使用二通、三通截止阀

如图3-15所示，操作步骤如下：

1）卸下三通阀维修口上的盖形螺母。

2）用充气软管连接制冷剂钢瓶与三通阀维修口部分。

3）旋松高压截止阀（细径管路端）的锥形螺母。

4）将制冷剂钢瓶的阀门打开5～10s，使制冷剂流进，再旋紧。重复1～2次，每次间隔1min。

5）自细径管路端截止阀释放气体，等排气发出的"咝咝"声快消失前，旋紧锥形螺母。

6）卸下粗径及细径两截止阀端部的盖形螺母。

7）用六角扳手（4mm）将两截止阀的阀芯以逆时针方向旋开到底，制冷剂通路打开，室外单元的制冷剂流入室内单元。

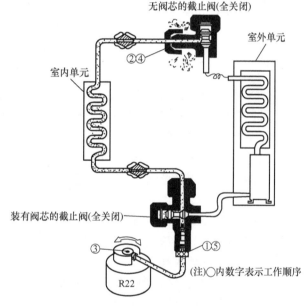

图3-15 小氟瓶排空操作（二）

8）卸下粗径管路端截止阀的充气软管。

9）将截止阀上的三个盖形螺母拧紧。

三、利用室外机本身的制冷剂排空

一些厂家明确规定可以用室外机自身的制冷剂进行室内机排空操作，并且生产中充注制冷剂时已经预留了排空所用的制冷剂。

无论配对使用三通阀还是配对使用二通、三通阀，都可按下列操作步骤进行排空操作（见图3-16）：

① 从高低压截止阀上拆下端部的盖形螺母。

② 拆下低压截止阀维修口上的盖形螺母。

③ 将高压截止阀的阀芯逆时针方向旋转90°（约1/4圈），使高压截止阀处于微开状态并保持5s，此时室外机的制冷剂将进入连接管和室内机，然后顺时针方向将阀芯关闭。

④ 检查连接管的连接部位是否漏气。

⑤ 用六角扳手压推维修口的气门嘴3~7s，使制冷剂将配管和室内机的空气通过维修口带出来。

⑥ 重复第③和⑤步1~2次，每次间隔1min。

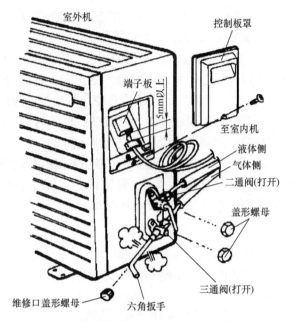

图3-16 排空操作示意图

任务实施

1）分成10个小组，每个小组在一个工位上进行操作。

2）用真空泵对室内机进行抽真空。连接压力表到低压阀，连接真空泵，开启真空泵进行抽真空，抽完真空进行保压。

① 室内机排空方法一：利用室外机制冷剂进行排空。用六角匙顶开低压截止阀阀芯，同时用六角匙打开高压截止阀1/4圈，排空5~10s，松开低压截止阀阀芯，全部打开高低压截止阀。

② 室内机排空方法二：接上组合压力表，利用室外机制冷剂进行排空。连接组合压力表到低压截止阀，打开低压表，用六角匙打开高压截止阀1/4圈，排空5~10s，关闭压力表，全部打开高低压截止阀。

③ 室内机排空方法三：用组合压力表将制冷剂瓶与空调低压截止阀连接，松开高压截止阀连接管，打开制冷剂瓶，同时打开压力表，排空5~10s，用扳手将高压截止阀连接管收紧。关闭制冷剂瓶，关闭压力表，全部打开高低压截止阀。

任务汇报及考核

1）小组讨论：组长召集小组成员讨论，交换意见，形成初步结论。

2）小组陈述：

① 每组成员进行分工，一个学生陈述：用真空泵抽真空的流程，用回收机回收制冷剂的流程。两个学生进行现场演示操作，一个学生在旁边辅助并记录数据。

② 其他小组不同看法：每组陈述完后，其他组对陈述组的结论进行纠正或补充。注意：不是争论，而是提出不同的看法。

3）教师点评及评优：指出各组的训练过程表现、任务完成情况，对本实训任务进行小组评价，并将分数填入表3-8中。

表 3-8　实训任务考核评分标准

组长：　　　　　　组员：

序号	评价项目	具 体 内 容	分值	小组自评（30%）	小组互评（30%）	教师评价（40%）	平均分
1	职业素养	细致和耐心的工作习惯；较强的逻辑思维、分析判断能力	5				
		良好的吃苦耐劳、诚实守信的职业道德和团队合作精神	5				
		新知识、新技能的学习能力、信息获取能力和创新能力	5				
2	工具使用	正确使用工具	15				
3	规范操作	规范操作	20				
4	正确抽真空、排空	正确操作	20				
5	总结汇报	陈述清楚、流利（口述操作流程）	20				
		演示操作到位	10				
6	总计		100				

思考与练习

一、简述室内机排空有几种操作方法。

二、简述室内机排空时有哪些注意事项。

任务五　制冷系统干燥、抽真空及检漏

任务描述

➤ 用高压氮气对制冷系统进行干燥。

➤ 用真空泵对制冷系统进行抽真空（室内机抽真空、整机抽真空）。

➤ 用高压氮气充入制冷系统，对制冷系统进行检漏。

➤ 用制冷剂瓶对制冷系统进行检漏。

所需工具、仪器及设备

➤ 十字螺钉旋具、扳手、六角匙、组合压力表、电子检漏仪、真空泵、制冷剂瓶、氮气瓶、空调。

知识要求

➤ 能描述用高压氮气对制冷系统进行干燥的方法及其注意事项。

➤ 能描述用真空泵对制冷系统进行室内机、整机抽真空的方法及其注意事项。

➤ 能描述对制冷系统进行检漏的方法及其注意事项。

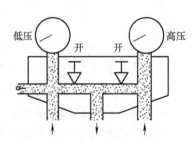

技能要求

➢ 学会用高压氮气干燥制冷系统。

➢ 学会用真空泵对制冷系统进行室内机、整机抽真空。

➢ 学会对制冷系统进行检漏。

知识导入

一、概述

空调在充注制冷剂之前，必须对整个制冷系统进行干燥、抽真空及检漏。这是因为空气和空气中含有的水分会降低空调的运转性能。另外，目前空调所用的氟利昂制冷剂含有氯原子，会破坏臭氧层；同时，泄漏会造成空调不能正常工作，因此充注制冷剂前必须进行检漏。

制冷系统中有空气，由于空气相对于制冷剂来说属于不凝性气体，不容易通过毛细管，而且空气要比制冷剂轻得多，故制冷系统中若有空气，大部分会存留在冷凝器的上部（在空调运转时）。空气占据上部的冷凝铜管，使制冷剂的冷却换热面积减小，造成冷凝温度升高、冷凝压力随即升高，进一步造成制冷量减小、功耗增加，同时随着压力、温度和功耗的增加，有可能发生压缩机过载停机。

制冷系统中有水分时，由于水与氟利昂制冷剂不相溶，故游离状态的水经过毛细管时会造成冰堵，从而影响制冷剂的正常流动，使制冷量下降。同时，水使氟利昂分解为氯化氢、氟化氢，进而与铜反应生成氯化铜，腐蚀铜管并在毛细管、压缩机吸排气阀片处产生"镀铜现象"，影响正常的节流、吸排气和密封。水分的存在同样腐蚀电动机线圈，造成压缩机绝缘强度下降，并且功耗增加。当制冷系统中混有空气时，也就意味着制冷系统中有水分。

制冷系统干燥、抽真空及检漏，是空调安装维修中的最重要的基本操作之一。

组合压力表俗称双联压力表，是空调安装维修中最常用的工具，不仅可以用来对制冷系统抽真空，还可以用于充注制冷剂和测量压力。进行抽真空操作时，组合压力表的开关状态如图3-17所示。

图 3-17　抽真空操作时组合
压力表的开关状态

二、制冷系统干燥操作

制冷系统干燥根据操作方式不同可分为：高压氮气吹、制冷剂清洗、系统加热、抽真空等。

1. 使用高压氮气或制冷剂对分体式空调室内机进行干燥操作

如图3-18、图3-19所示，用高压氮气与制冷剂对室内机系统进行干燥的操作，与项目三任务四中使用制冷剂对室内机进行排空的操作相同，这里不再叙述。要注意的是，干燥操作主要是把高压氮气或制冷剂充入系统高速排出，气体在系统内高速行进过程中，使管道内的气压降低，残余在管内的水分在这种低压下迅速蒸发，并与高压氮气或制冷剂混合排出系统外，达到干燥的目的。

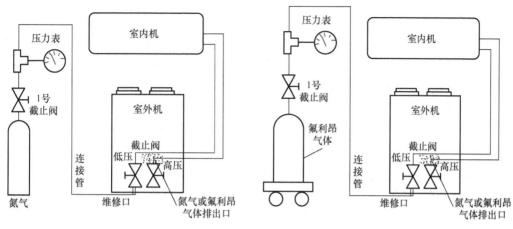

图 3-18　用氮气对室内机进行干燥　　　　图 3-19　用制冷剂对室内机进行干燥

2. 使用高压氮气或制冷剂对分体式空调室外机进行干燥操作

如图 3-20 所示，操作步骤如下：

1）高压氮气（或制冷剂）瓶与减压阀、压力表、截止阀、连接管、室外机低压维修口相连。

2）用盲堵头把低压三通阀的室内机连接口堵住，将高压二通（或三通）阀的室内机连接口打开。

3）根据二通、三通阀的结构特点，决定阀芯的打开位置：逆时针方向旋开到底（同轴三通阀）或旋至中间位置（不同轴三通阀），使维修口和室外机彻底相通。

4）开启高压氮气（或制冷剂）瓶阀门，经减压阀将压力调至 $25kgf/cm^2$（约 2.5MPa）。

5）打开截止阀，让高压氮气（或制冷剂）经室外机高压截止阀排出，出口处发出"咝咝"的气流声音，高压氮气（或制冷剂）驱赶着空气及水分从这里排出来。

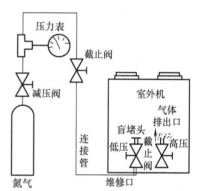

图 3-20　用氮气对室外机进行干燥

6）持续 5～10s 以后，按顺时针方向旋转关闭高压截止阀，间隔 1min 再重复进行 2～3 次即可。

3. 通过系统加热进行干燥操作

通过系统加热进行干燥操作常用烘灶来完成。此操作很简单，但完成该操作要有一定设备配套的条件。在户外维修时，该操作较难实现。

烘灶烘干操作是把整个制冷系统放入干燥箱内，箱内保持 80～100℃ 的温度，对制冷系统边加热边进行抽真空操作。如果没有干燥箱，可采用喷灯烘烤冷凝器、蒸发器，并连接上真空泵把系统中的水蒸气抽出。

4. 抽真空干燥操作

抽真空干燥是利用真空泵将管道内的水分（液体）变为蒸汽排出管外，而使管内得以干燥。在标准大气压力下，水的沸点（蒸汽温度）为100℃，而使用真空泵使管内压力接近真空时，其沸点相对下降，降至室外温度以下时，管内水分即蒸发排出。

三、制冷系统抽真空操作

在空调维修抽真空操作中，分体式空调的抽真空操作相对于整体式空调（如窗式机）要简单一些。因为分体式空调室外机上有两个高低压截止阀，在低压或高压截止阀上有一个专门用于抽真空、测量压力和充注制冷剂的维修口，可直接与组合压力表软管相连。窗式机等整体式空调由于没有专门的维修口，所以抽真空操作时需要在工艺管上焊接一个气门嘴，以便与组合压力表软管相连。这里主要介绍分体式空调的各种抽真空操作方法。

分体式空调抽真空操作有几种形式，并且随着高低压截止阀的配对使用的情况不同，其操作方法也有所不同。概括起来，分体式空调抽真空操作有以下几种情况：

1）对室内外机抽真空的全系统抽真空，分两种情况：室内外机连接配对使用三通阀和室内外机连接配对使用二通、三通阀。

2）对室外机进行单独抽真空，也分两种情况：室内外机连接配对使用三通阀和室内外机连接配对使用二通、三通阀。

3）只对室内机进行单独抽真空，也称为排空，也分两种情况：室内外机连接配对使用三通阀和室内外机连接配对使用二通、三通阀。

（一）抽真空操作要领

1. 认清三通阀的结构特点

若三通阀体上的维修口和通往室内机的锥形管接口的轴线在同一平面上，并且维修口带有气门芯，则抽真空时要将三通阀的阀芯逆时针方向打开到底；若三通阀体上的维修口和通往室内机的锥形管接口的轴线不在同一平面上，维修口靠后并且不带气门芯，则抽真空时需要将阀芯调至中间状态（在阀芯关闭点和打开点的中间位置）。

2. 抽真空时间

小型制冷装置所用真空泵的抽真空能力为 $2 \sim 4L/min$，一般抽真空时间为 30min 左右。如果分体式空调配对使用三通阀，则可在高低压两处同时抽真空，抽真空时间可以相对缩短。较大空调的抽真空时间要相应延长。

3. 真空度要求

由于空气和空气中所含的水分的危害，对系统的真空度有一定的要求：真空度≤133Pa。较大的制冷系统，真空度要求应更高一点。适当地延长抽真空时间，不仅真空度提高，系统中的水分也可以被较为彻底地抽出。

4. 防止空气渗入

当制冷系统的真空度达到要求，停止抽真空时，要立即充注一些制冷剂气体，这样可以防止大气中的空气渗入系统。

（二）各种抽真空操作

1. 全系统抽真空，室内外机连接配对使用三通阀

如图 3-21 所示，操作步骤如下：

1）组合阀的高压软管与高压三通截止阀相连，组合阀的低压软管与低压三通截止阀相连，组合阀的中间软管与真空泵相连。

2）打开组合压力表的低压侧和高压侧汇流阀。

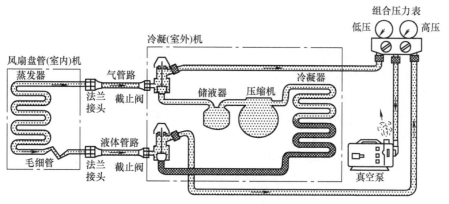

图 3-21　全系统抽真空示意图

3）根据两个三通阀的结构特点，决定阀芯的打开位置：逆时针方向旋开到底（同轴三通阀）或旋至中间位置（不同轴三通阀），使室内外机彻底相通。

4）开启真空泵，同时检查各连接点是否密封良好，运转真空泵 30min 左右且系统真空度在 133Pa 以下。

5）关闭组合压力表的高低压汇流阀，关闭真空泵。

6）将组合压力表的中间软管从真空泵上取下，并与小氟瓶紧密连接。使中间软管与组合压力表处于半连接状态，稍稍打开小氟瓶，使中间软管中的空气排出后，再把中间软管与组合压力表紧密连接。彻底打开小氟瓶的阀门，同时打开高低压侧汇流阀，让氟利昂气体自动进入制冷系统，以保持制冷系统正压，不渗入空气。

7）待小氟瓶和制冷系统的制冷剂压力平衡时，关闭小氟瓶，逆时针方向彻底打开高低压截止阀（阀芯处于后位），拆下软管，上紧高低压截止阀密封螺母和维修口螺母。

注意：通常情况下，全系统抽真空完毕时，应开启空调，继续充注制冷剂到标准值，制冷剂充注在后面章节中有介绍。

2. 全系统抽真空，室内外机连接配对使用二通、三通阀

操作步骤如下（制冷量小于 3 匹的小型空调一般只在低压处使用三通阀，故只能进行单抽。其操作步骤基本同全系统抽真空）：

1）组合阀的高压软管与真空泵相连，组合阀的低压软管与低压三通截止阀的维修口相连，组合阀的中间软管与小氟瓶相连。

2）打开组合压力表的高、低压侧汇流阀（小氟瓶阀门处于关闭状态）。

3）根据三通阀的结构特点，决定阀芯的打开位置：逆时针方向旋开到底（同轴三通阀）或旋至中间位置（不同轴三通阀），使室内外机彻底相通。

4）开启真空泵，同时检查各连接点是否足够密封，运转真空泵，因为是单管抽真空，故抽真空时间要长于双抽，使系统真空度达 133Pa 以下。

5）关闭组合压力表的高压侧汇流阀，关闭真空泵。

6）打开小氟瓶阀门，同时打开高低压侧汇流阀，让氟利昂气体自动进入制冷系统，以保持制冷系统正压，不渗入空气。

7）待小氟瓶和制冷系统的制冷剂压力平衡时，关闭小氟瓶，逆时针向彻底打开高、低压截止阀（阀芯处于后位），拆下软管，上紧高低压截止阀的密封螺母和维修口螺母。

3. 室外机抽真空，室外机配对使用三通阀

操作步骤如下：

1）组合阀的高压软管与高压三通截止阀相连，组合阀的低压软管与低压三通截止阀相连，组合阀的中间软管与真空泵相连。

2）打开组合压力表的低压侧和高压侧汇流阀。

3）用盲堵头将两个高低压三通阀的室内机连接口堵住。

4）根据两个三通阀的结构特点，决定阀芯的打开位置：逆时针方向旋开到底（同轴三通阀）或旋至中间位置（不同轴三通阀），使维修口和室外机彻底相通。

5）开启真空泵，同时检查各连接点是否密封良好，运转真空泵30min左右且系统真空度在133Pa以下。

6）关闭组合压力表的高低压汇流阀，关闭真空泵。

7）将组合压力表的中间软管从真空泵上取下，并与小氟瓶紧密连接。使中间软管与组合压力表处于半连接状态，稍稍打开小氟瓶，使中间软管中的空气排出后，再把中间软管与组合压力表紧密连接。彻底打开小氟瓶的阀门，同时打开高、低压侧汇流阀，氟利昂气体自动进入制冷系统，以保持制冷系统正压，不渗入空气。

8）待小氟瓶和制冷系统中的制冷剂压力平衡时，关闭小氟瓶，顺时针方向彻底关闭高低压截止阀（阀芯处于前位），拆下软管，上紧高低压截止阀的密封螺母和维修口螺母。

注意：通常情况下，室外机抽真空完毕时，由于没有形成制冷系统，故不能运转，充注制冷剂时，只能采取称重的方法，此时，小氟瓶要平放或倒置，并且要高于室外机放置，让制冷剂以液体的形式流入。

4. 室外机抽真空，室外机配对使用二通、三通阀

操作步骤如下：

1）组合阀的高压软管与真空泵相连，组合阀的低压软管与低压三通截止阀的维修口相连，组合阀的中间软管与小氟瓶相连。

2）打开组合压力表的高、低压侧汇流阀（小氟瓶阀门处于关闭状态）。

3）用盲堵头将二通、三通阀的室内机连接口堵住。

4）根据三通阀的结构特点，决定阀芯的打开位置：逆时针方向旋开到底（同轴三通阀）或旋至中间位置（不同轴三通阀），使维修口和室外机彻底相通。

5）开启真空泵，同时检查各连接点是否密封良好，运转真空泵30min左右且系统真空度在133Pa以下。

6）关闭组合压力表的高压侧汇流阀，关闭真空泵。

7）打开小氟瓶阀门，氟利昂气体自动进入制冷系统（低压汇流阀处于开启状态）。

8）待小氟瓶和制冷系统的制冷剂压力平衡时，关闭小氟瓶，顺时针方向彻底关闭高低压截止阀（阀芯处于前位），拆下软管，上紧高低压截止阀的密封螺母和维修口螺母。

5. 室内机抽真空，室内外机连接配对使用三通阀

此时，室内外机安装完毕，管道已经连接好，三通阀处于关闭的位置。

此时，这种操作主要用于空调安装时的室内机排除空气，操作步骤如下：

1）组合阀的高压软管与高压三通截止阀相连，组合阀的低压软管与低压三通截止阀相连，组合阀的中间软管与真空泵相连。

2）打开组合压力表的低压侧和高压侧汇流阀。

3）开启真空泵，同时检查各连接点是否密封良好，运转真空泵15min左右且系统真空度在133Pa以下。

4）关闭组合压力表的高低压汇流阀，关断真空泵。

5）逆时针方向彻底打开两个三通阀（阀芯处于后位），室内外机连通，室外机中的制冷剂自动进入室内机，并达到压力平衡。

6）拆下软管，上紧高低压截止阀密封螺母和维修口螺母，开机试运行。

6. 室内机抽真空，室内外机连接配对使用二、三通阀

此时，室内外机安装完毕，管道已经连接好，二通、三通阀处于关闭的位置。

此时，操作步骤如下：

1）组合阀的中间软管与真空泵相连，组合阀的低压软管与低压三通截止阀的维修口相连。

2）打开组合压力表的低压侧汇流阀，关闭高压侧汇流阀。

3）开启真空泵，同时检查各连接点是否密封良好，运转真空泵30min左右且系统真空度在133Pa以下。

4）关闭组合压力表的低压侧汇流阀，关闭真空泵。

5）逆时针方向彻底打开两个三通阀（阀芯处于后位），室内外机连通，室外机中的制冷剂自动进入室内机，并达到压力平衡。

6）拆下软管，上紧高低压截止阀的密封螺母和维修口螺母，开机试运行。

以上介绍的几种抽真空操作中，当空调配对使用两个三通阀时，维修人员不一定要使用双抽操作，可以只使用单抽，这样操作更加方便，只是抽真空时间相对加长。

四、制冷系统检漏

整个制冷系统是由管道构成的中压压力容器，需要承受很高的压力（高压可能超过$25kgf/cm^2$，约2.5MPa），制冷剂也具有很强的渗透能力，所以，制冷系统很容易泄漏，其气密性显得非常重要。在空调生产和维修中常用的检漏方法有以下几种。

（一）高压气密性检漏

向制冷管道系统中充入$21\sim28kgf/cm^2$（约$2.1\sim2.8MPa$）的氮气或经过处理的干燥洁净的空气。

1）水检：将冷凝器或蒸发器放入水中，观察有无气泡产生。

2）肥皂水检漏：使用中性肥皂水，用毛刷涂抹在可疑的焊点处，观察有无气泡产生。

3）超声波探测仪检漏：用超声波探测仪检查可疑的焊点，有泄漏即发出响声报警。

（二）混合气体检漏

在制冷管道系统中充入含有少量卤素的高压氮气或洁净空气，使用卤素检漏仪查找漏点。卤素检漏仪是一种对氟利昂非常敏感的仪器，其灵敏度为$10^{-5}Pa\cdot m^3/s$，即可以检测的年泄漏量为5g。为了保持卤素检漏仪的正常使用寿命和灵敏度，应尽量避免其长时间吸入卤素气体，即当检测到漏点发出响声时，应迅速移开探测管。

压力试验

1. 使用系统自身的制冷剂检漏

当制冷管道系统中有制冷剂存在时，可以使用卤素检漏仪检漏或肥皂水检漏，检漏操作要在停机状态下进行。由于制冷剂本身的压力不是很高，故肥皂水检漏不是很准确。

2. 真空检漏

将系统抽真空至133Pa以下，进行真空保压，观察系统压力的变化。这种方法只能检查整体是否有泄漏，不能具体到泄漏点。

3. 氦质谱检漏

在工厂大规模生产的过程中，一般使用氦质谱检漏仪，其灵敏度为 $10^{-7}\,Pa\cdot m^3/s$。这种方法具有其他检漏技术无法比拟的优点。

1）真空氦气检漏：如图3-22所示，将被检件内部抽真空，与氦质谱检漏仪相连接，并将被检件外部用充满氦气的罩子罩住，也可以对可疑处充氦。如果被检测处有泄漏，氦气通过泄漏处进入被检件内部，经真空管

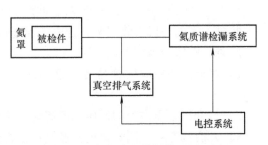

图 3-22　氦气真空检漏装置原理图

道吸入氦质谱检漏仪来测定其泄漏率。该方法能确定整体综合泄漏率，不易出现误检、漏检，但存在氦气不能回收利用、对不合格产品无法指导返修的缺点。如用喷氦法能确定泄漏点（小区域）以指导返修。

2）充氦吸枪法检漏：如图3-23所示，将被检件的内部充入一定压力的氦气，在被检件的外部用吸枪将工件内泄漏出的氦气吸入氦质谱检漏仪来测定其泄漏率。此方法适用于生产过程中确定整机或部件的泄漏孔的多少、泄漏孔的具体位置和泄漏率的大小，可指导返修。这种检漏方法的氦气可以回收。生产厂家多采用此种方法检漏。

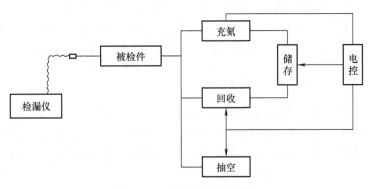

图 3-23　充氦回收检漏装置

任务实施

1）分成10个小组，每一小组在一个工位上进行操作，每位同学必须学会每种操作方法。

2）制冷系统的干燥。将氮气瓶减压阀调到使用压力，将组合压力表的中间软管接到氮气瓶软管上，高压表红色软管接到空调低压阀上，松开空调高压阀连接管，打开氮气进行吹污。

3）系统抽真空。连接真空泵、组合压力表、空调低压阀，分别进行室内机抽真空、整机抽真空，注意整机抽真空时应确保制冷系统没有制冷剂。

4）用氮气检漏。用氮气对室内机检漏，将氮气瓶减压阀调到使用压力，将组合压力表的中间软管接到氮气瓶软管上，高压表红色软管接到空调低压阀上，打开氮气瓶，用肥皂水进行检漏。

5）用电子检漏仪检漏。充入制冷剂用电子检漏仪进行检漏。

任务汇报及考核

1）小组讨论：组长召集小组成员讨论，交换意见，形成初步结论。

2）记录数据：

① 干燥制冷系统时的高压氮气的使用压力值。

② 分别记录室内机抽真空、整机抽真空的时间以及保压时间。

③ 充氮检漏的氮气压力值。

④ 用制冷剂瓶检漏的压力值。

3）小组陈述：

① 每组成员进行分工，一个学生陈述：使用高压氮气干燥制冷系统的方法；室内机、整机抽真空的方法；制冷系统检漏的方法。两个学生进行现场演示操作，一个学生在旁边辅助并记录数据。

② 其他小组不同看法：每组陈述完后，其他组对陈述组的结论进行纠正或补充。注意：不是争论，而是提出不同的看法。

③ 教师点评及评优：指出各组的训练过程表现、任务完成情况，对本实训任务进行小组评价，并将分数填入表3-9中。

表3-9 实训任务考核评分标准

组长：　　　　　　组员：

序号	评价项目	具体内容	分值	小组自评（30%）	小组互评（30%）	教师评价（40%）	平均分
1	职业素养	细致和耐心的工作习惯；较强的逻辑思维、分析判断能力	5				
		良好的吃苦耐劳、诚实守信的职业道德和团队合作精神	5				
		新知识、新技能的学习能力、信息获取能力和创新能力	5				
2	工具使用	正确使用工具	15				
3	抽真空	正确操作	20				
4	系统干燥、检漏	系统干燥、检漏方法正确	20				
5	总结汇报	陈述清楚、流利（口述操作流程）	20				
		演示操作到位	10				
6		总计	100				

思考与练习

一、如何判断空调制冷系统中存有较多的空气？

二、空气进入空调制冷系统有什么危害？

三、空调制冷系统中有水分有什么危害？

任务六　充注制冷剂

任务描述

➤ 对家用定频空调补充充注 R22 制冷剂。

➤ 对家用定频空调整机进行重新充注 R22 制冷剂（用电子秤定量充注）。

➤ 对空调的运行数据进行测量并记录数据。

➤ 对家用变频空调充注 R410a 制冷剂。

所需工具、仪器及设备

➤ 扳手、组合压力表、真空泵、电子温度计、钳形电流表、制冷剂瓶、定频空调、变频空调。

知识要求

➤ 能描述制冷剂的种类及其特点。

➤ 能描述家用定频空调的工作原理。

➤ 能描述家用变频空调的工作原理。

➤ 熟悉空调正常运行的各类参数。

➤ 会判断制冷系统缺少制冷剂时空调出现的故障现象。

技能要求

➤ 学会对家用定频空调补充充注 R22 制冷剂。

➤ 学会对家用定频空调整机充注 R22 制冷剂（用电子秤定量充注）。

➤ 学会 R410a 制冷剂的充注方法。

➤ 学会对家用变频空调充注制冷剂。

知识导入

　　充注制冷剂是空调最常见的维修步骤，随着空调长年运转，慢漏会造成制冷剂不足，焊点泄漏或铜管破损，会使制冷剂全部泄漏掉。本任务讨论分体式空调补充制冷剂的问题：如何充注制冷剂和如何确定制冷量达到空调的设计标准。

　　不同的空调，其设计的制冷剂充注量是不同的，制冷剂充注得过多或过少，都会引起空调的运行效果下降，功耗增加并伴随着空调寿命的缩短。

下列情况需要重新充注或补充制冷剂：

1）焊点泄漏、铜管破损或需更换制冷系统零部件，需要放出制冷剂进行焊接和修复，并经检漏和抽真空后，重新充注制冷剂。

2）空调长时间运转，因渗漏造成系统制冷剂不足，需要补充制冷剂。

3）安装分体式空调时加长连接管，需要按照标准补充适量的制冷剂。

一、充注制冷剂操作

空调的种类和制冷量不同，制冷剂需用量不同，充注的方法也不同。

1. 由低压阀充注制冷剂

空调制冷量较小、制冷剂需用量较少时，一般采用由低压侧充注制冷剂气体的方法。这种方法充注速度慢，但易于控制而且安全，家用空调的制冷剂充注多采用低压侧充注，如图3-24所示。

1）将组合压力表的低压软管与低压截止阀的维修孔相连，中间软管与小氟瓶相连，如需抽真空则将高压软管与真空泵相连，先进行抽真空操作，抽真空方法如前所述。

2）旋紧顶针接头，用系统内的制冷剂蒸气（或小氟瓶的制冷剂）把软管内的空气排干净。若之前有连接小氟瓶的抽真空操作，则无须进行排空气操作。

3）开启空调，运行稳定后，观察低压压力值，判断系统内制冷剂的存量。打开容器阀门，制冷剂气体将流入制冷系统，同时观测和控制低压压力，最终调整到空调的标准蒸发压力。

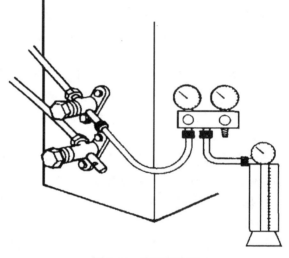

图3-24 充注制冷剂

4）从低压阀充注制冷剂，制冷剂以气体形式进入系统。当容器内的气体压力与系统内的压力平衡时，可用温水对容器加温，提高容器内的气体压力，使制冷剂从容器中继续流入系统。操作过程中不得将制冷剂容器倒立，以防止液击事故的发生。

2. 由高压阀充注制冷剂

在高压截止阀的维修口接带顶针的专用充氟软管，旋紧顶针接头，排除软管内的空气后，把制冷剂容器倒立（要求制冷剂洁净，不含水分和杂质），打开制冷剂容器阀门，液体制冷剂将流入空调的高压侧。当系统和容器中的压力平衡后，制冷剂停止流入系统，这时可用温水提高容器的温度，即提高容器内的压力，使制冷剂液体继续流入制冷系统。整个操作过程是在压缩机不工作的状态下进行的。

由高压侧充注制冷剂适用于充注量较大的设备或设有储液器的设备，一般采用称重的方法控制充入量。不具备称重条件时，则靠经验估计充入量。对于没有储液器或充注量要求准确的设备，可把充注工具再转接至低压阀，按照从低压阀充注制冷剂的方法，补充或排放部分制冷剂。

二、制冷剂充注量的确定

目前，家用空调大都使用 R22 制冷剂，根据 R22 的热力特性，在保证空调正常工作条件下，制冷剂的充注量由以下参数确定：

(1) 低压压力　蒸发压力近似于压缩机回气管处的压力，该处的压力值应为 0.5MPa（绝对压力值为 0.6MPa），其对应的蒸发温度为 5℃。

(2) 吸气温度　压缩机吸气管处的温度应为 7～15℃，吸气管出现凝露，而不应结霜。

(3) 运行电流　压缩机运行电流一般不应超过其铭牌上标称的电流额定值。

(4) 室内机进出风温差　制冷时室内机的回风和送风温差在 12℃以上；制热时室内机的进出风温差应在 15℃以上。

(5) 高压压力　制冷系统高压压力为 1.5～1.9MPa。

(6) 称质量　当重新灌注制冷剂时，如果有条件，可使用电子秤按照铭牌上标称的额定值进行称量充注，这是最准确的一种方法。

(7) 手感高低压截止阀的温度　正常情况下，分体式空调的低压截止阀处的温度比高压截止阀处的温度稍低，凝露更多。

压力验算：验算高压压力时，在测得环境温度的基础上加 15℃，例如，测得环境温度为 35℃，则制冷剂在冷凝器中的实际温度约为 45℃，经过查表，可知高压压力为 16.6MPa（绝对压力）；验算低压压力时，蒸发温度设定为 5℃，过热度为 5～7℃，查得低压压力为 0.59MPa（绝对压力）。

如果测出制冷系统的高压压力及低压压力，即可由制冷剂饱和蒸气表查出对应的冷凝温度与蒸发温度，反之也可由蒸发温度和冷凝温度查出与之对应的低压压力和高压压力的表压力值。

操作中要综合以上条件确定制冷剂充注量。不同类型和牌号的空调，上述条件不完全一致，很难全部满足。尤其是使用多年的空调，差异更大，需综合各种条件具体分析。例如当某空调的蒸发压力小于 0.5MPa 时，压缩机的运行电流已达到额定值，为了压缩机的安全使用，蒸发压力只能调整在小于 0.5MPa 的状态，这时空调的制冷量将有所降低，这种牺牲制冷量的选择是合理的。

三、制冷剂的补充

在分体式空调的安装过程中，经常会遇到由于受安装位置的限制而需要加长连接管的情况，各生产厂家对加长管补充制冷剂都有规定。也可以计算加长管的体积，根据制冷剂的密度，自行计算制冷剂的补充量。

任务实施

1）分成 10 个小组，每一小组分别在家用定频空调和家用变频空调上练习 R22、R410a 制冷剂的充注。

2）首先开启空调，待空调运行稳定之后测量压力、温度、电流，判断制冷剂够不够，如果制冷剂不够，可以补加制冷剂。加完制冷剂后再测量压力、温度、电流等参数。

3）对制冷系统完全没有制冷剂的空调，要对制冷系统进行充氮检漏，重新抽真空，根据空调铭牌上的制冷剂量用电子秤称量，定量充注制冷剂。

4）对于采用 R410a 制冷剂的空调，充注制冷剂时要将制冷剂瓶倒置。

任务汇报及考核

1）小组讨论：组长召集小组成员讨论，交换意见，形成初步结论。

2）记录数据：记录制冷系统缺少制冷剂时测的各种参数值。

① 记录充完制冷剂之后空调正常运行时的各种参数值。

② 记录定量充注制冷剂量。

3）小组陈述：

① 每组成员进行分工，一个学生陈述：充注 R22、R410a 制冷剂的步骤。两个学生进行现场演示操作，一个学生在旁边辅助并记录数据。

② 其他小组的不同看法：每组陈述完后，其他组对陈述组的结论进行纠正或补充。注意：不是争论，而是提出不同的看法。

4）教师点评及评优：指出各组的训练过程表现、任务完成情况，对本实训任务进行小组评价，并将分数填入表 3-10 中。

表 3-10　实训任务考核评分标准

组长：　　　　　组员：

序号	评价项目	具体内容	分值	小组自评（30%）	小组互评（30%）	教师评价（40%）	平均分
1	职业素养	细致和耐心的工作习惯；较强的逻辑思维、分析判断能力	5				
		良好的吃苦耐劳、诚实守信的职业道德和团队合作精神	5				
		新知识、新技能的学习能力、信息获取能力和创新能力	5				
2	工具使用	正确使用工具	15				
3	充注 R22 制冷剂	正确充注、操作规范	20				
4	充注 R410a 制冷剂	正确充注、操作规范	20				
5	总结汇报	陈述清楚、流利（口述操作流程）	20				
		演示操作到位	10				
6	总计		100				

思考与练习

一、制冷剂加注不足或过多，均会造成制冷效果差的故障吗？

二、若蒸发器局部结露且回气管变得干燥，则加注的制冷剂是过量还是不足？

三、若回气管结霜或压缩机半边很凉，则加注的制冷剂是过量还是不足？

四、下列哪些现象会导致制冷系统低压压力值偏低？哪些现象会导致系统高压压力值偏高？

室外风扇转速慢或不转；制冷剂严重不足；毛细管堵塞；膨胀阀开度过小；冷凝器表面太脏或肋片倒塌；制冷系统内进入空气。

五、如何处理压缩机的液击现象？

六、家用空调在使用过程中，影响制冷量的因素有哪些？

任务七　家用分体式空调的安装

任务描述

> 到室外试验墙上安装一台家用空调。
> 安装好之后开机运行，观察设备运行是否正常。
> 拆下安装好的空调。

所需工具、仪器及设备

> 十字螺钉旋具、扳手、铁锤、冲击钻、安全带、梯子、六角匙、扩管器、水平仪、万用表、组合压力表、温度计、检漏仪、真空泵、制冷剂瓶、便携式焊炬。

知识要求

> 熟悉安装空调所用的工具、仪器、配件、材料。
> 熟悉空调的安装步骤。
> 了解空调安装的注意事项。

技能要求

> 学会安装家用分体式空调。
> 学会拆下旧的空调。
> 学会使用冲击钻。

知识导入

空调的安装是整个空调从生产制造到用户使用过程中的非常重要的一环，装配质量的好坏直接影响空调能否正常使用及其性能、质量、使用寿命等方面。

一、安装位置的选择

1) 选择室内机的安装位置应遵守以下原则：
① 选择坚固、不易受到振动，足以承受机组重量的位置。
② 选择不近热源、蒸汽源，不会对机组进、出风产生阻碍的地方。
③ 选择排水容易，可进行室外机管路连接的地方。

④ 选择可将冷风、热风送至室内各个角落的地方。

⑤ 选择靠近空调电源插座的地方，且给机器留出足够的空间。

⑥ 选择远离电视机、收音机、无线电装置和荧光灯 1m 以上的地方。

2) 选择室外机的安装位置应遵守以下原则：

① 选择足以承受机器重量，不会产生很大振动和噪声的地方。切不可安装在阳台的薄壁上。

② 选择通风良好的地方，排出的风及发出的噪声不应影响左邻右舍。

③ 尽量选择不易受雨淋或阳光直接照射及被海风吹到的地方。

④ 避开可能有腐蚀性气体、可燃性气体、油雾、较多蒸汽的场所。

⑤ 应留出足够的空间，以利于机组进出风。

⑥ 安装时应预留足够的脚手空间，以便日后的维修。

二、安装工具、配件及材料的准备

1. 安装工具

根据空调的结构特点及用户安装要求等实际情况，应配备不同的安装工具。常用的安装工具有冲击钻（普通冲击钻、高速水磨钻）、真空泵、钳工工具、管加工工具、梯子、安全带、水平仪或锤线、钳形电流表、万用表、温度仪、组合压力表、检漏仪、六角扳手、便携式焊炬等。

2. 安装配件

查看随机装箱的配件零部件。一般情况下随机附件应包括室内机挂板、室内外机连接管、排水管、电源线、信号连线、过墙套筒、保温袋、包扎带、膨胀螺钉，有的还配有安装架等。

3. 安装用材料

安装材料主要有铜管、小氟瓶、钎料、氧气、乙炔气、保温（套）材料等。

在空调安装线路超长时，需要加长铜管，根据安装路线走向测量出所需连接管的总体长度，决定增加铜管的长度。

三、室内机挂墙板的定位及室外机支承架的固定

1. 室内机挂墙板的定位

（1）选择安装墙面　挂墙板的安装墙面应平整、结实；不引起共振、应尽量避开水泥梁；一般要求安装高度在 1.8m 以上。

（2）找水平　用水平仪或锤线确定挂墙板的正确位置，以防止室内机安装歪斜或漏水。

（3）固定挂墙板　用制造商提供的膨胀螺钉或水泥钉固定挂墙板，如图 3-25 所示。

（4）确定过墙孔的位置　根据安装说明书要求的管路走向，用尺子辅助画出穿墙孔的中心位置和钻孔直径。

连接管出管走向有左出（4）、右出（1）、后直入（3）、下出（2）四个位置，如图 3-26 所示，无论是哪一种走向，其过墙孔的位置都应严格按照厂家的说明书确定，可以将过墙孔稍微放低（在不影响美观的情况下），但不能走高，否则可能会造成排水管的水位被抬高。当排水管高过室内机接水盘时，冷凝水将无法排出室外，而从室内机漏入房间。

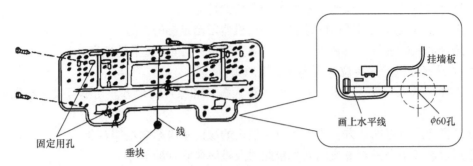

图 3-25 挂墙板定位图

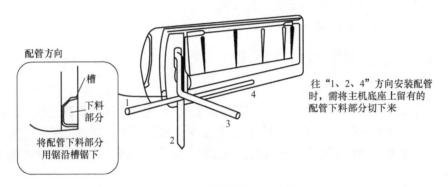

图 3-26 连接管的走向示意

2. 室外机安装支承架的固定

由于建筑物的结构、用户的具体要求以及环境的条件限制,室外机的安装形式有四种:专用放置窗式、直接落地式、吊顶式、挂墙式,分别如图 3-27 ~ 图 3-30 所示。

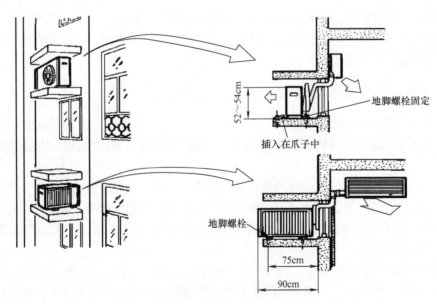

图 3-27 专用放置窗式安装

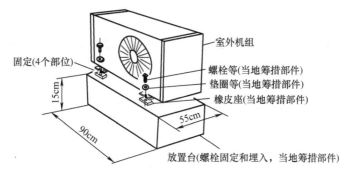

图 3-28　直接落地式安装

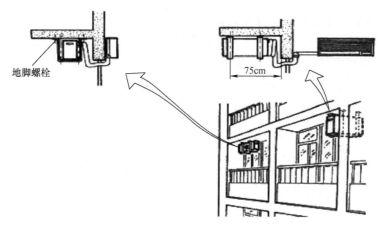

图 3-29　吊顶式安装

根据安装形式的不同，其安装支承架也有多种结构形式，如图 3-31 ~ 图 3-35 所示。

图 3-30　挂墙式安装

图 3-31　吊顶式安装支承架（一）

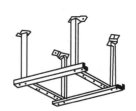

图 3-32　吊顶式安装支承架（二）

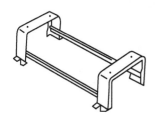

图 3-33　落地式安装支承架

图 3-34　挂墙式安装支承架（一）

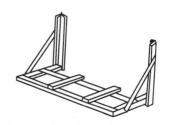

图 3-35　挂墙式安装支承架（二）

（1）挂墙式支承架的安装（见图3-36）

1）选择固定墙面：墙面应平整、结实，没有风化现象，并且不易引起共振，同时要尽量避开污染源。

2）找水平：用水平仪在墙上画出水平线。

3）标定膨胀螺钉孔的钻孔位置：将支承架按水平线位置贴在墙上，按其上的螺钉孔在墙上标出钻孔位。若支承架是分开式的，则应注意两支承架的放置距离应等于室外机底盘上两托架的安装孔距离。

4）钻膨胀螺钉孔：用冲击钻分别钻出膨胀螺钉的插入孔（一般推荐使用M10的膨胀螺钉）。

5）固定支承架：用膨胀螺钉将支承架牢固地固定在墙面上。

（2）落地式底盘的固定　当室外机需要落地平装时，其离地面高度应不低于150mm，以免雨水侵蚀；有些室外机放置在楼顶上，有时会遇到大风，故底座一定要牢固（不因落地安装而忽视牢固性）。图3-37所示为落地安装示意图。

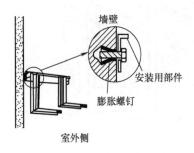

图3-36　挂墙式支承架固定

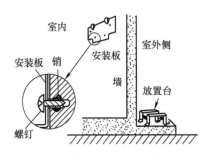

图3-37　落地式支承架固定

（3）室外机安装操作要求　任何形式的室外机固定支承架的安装都应遵守以下原则：

1）保证室外机水平放置，不可倾斜。

2）保证有足够的空间，安放在易维修的地方。

3）保证有足够的墙体强度，保证不安装在外伸阳台的薄墙壁上，防止高空坠落。

4）保证室外机不受风吹、雨淋、阳光照射，避免接触油烟等腐蚀性气体等。

5）最后应做到与环境相协调，不破坏周围景观。

四、钻内外机穿墙孔

1. 冲击钻的使用

冲击钻是在安装分体式空调时，用于钻建筑物墙孔的工具。为了能使空调安装后及精加工后的外观美观，同时能迅速地进行作业，安装分体式空调普遍使用冲击钻。

2. 钻过墙孔

1）按说明书上中要求选择钻头直径，一般为两种规格：ϕ65mm、ϕ80mm。

2）从室内侧向下倾斜10°～20°钻孔（见图3-38）。

3）测量墙壁的厚度，截切穿墙套管（见图3-39）。

4）套入穿墙套管，并用过墙帽封住管口四周，有些厂家还随机配有密封胶泥，以进一步粘封穿墙套管的四周（见图3-40）。

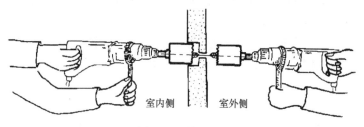

①中心钻从室内侧开至室外侧突出为止　②将中心钻对准孔，掘除剩余的墙

室内侧　室外侧

图 3-38　钻过墙孔

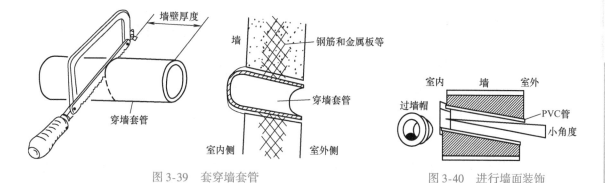

墙壁厚度

穿墙套管

墙

钢筋和金属板等

穿墙套管

室内侧　室外侧

图 3-39　套穿墙套管

室内　墙　室外

过墙帽

PVC管

小角度

图 3-40　进行墙面装饰

五、室内机接管连线

1. 管路走向布置

（1）弯管　室内机本身连带有长 1m 左右的连接管路引管和 1m 长的排水管。根据图 3-26 所示的管路走向，首先弯曲好室内机引管的方向。在布置室内机管路时，排水管要放在下面，联机电源线要放在上面，并用扎带包扎好，如图 3-41 所示。

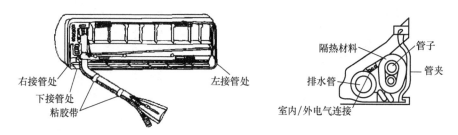

右接管处

下接管处

粘胶带

左接管处

隔热材料　管子

排水管　管夹

室内/外电气连接

图 3-41　连机管束布置

（2）配管出口　当配管左出、右出或下出时，应用锯锯开室内机底座右侧、左侧或下侧的预留口塑料片，参见图 3-26。

2. 配管展开

将随机配管展开，展开方法是与盘曲方向相反，压住配管端部，滚动向后展开，如图 3-42 所示。

3. 室内机连管

在室内机引管接头的锥面和配管的喇叭口上涂上少

图 3-42　配管展开

许冷冻油，对正中心后用手将螺母拧到位，再使用扳手拧紧。使用扳手时，室内机引管一侧的扳手应固定不动，而转动另一面的扳手，如图3-43所示。以防止室内机引管变形。注意：操作过程中勿使灰尘、脏物、水汽等进入管内。

一般在空调出厂时，室内机蒸发器中充有少许制冷剂或氮气，连管时打开引管的封头，应有气体冲出，若无气体冲出，则蒸发器可能有泄漏。

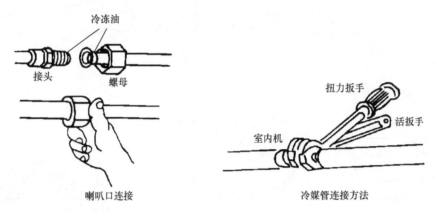

图3-43 室内机连管

配管的两端出厂时也有塑料封头，用来防止灰尘、水分进入，在空调安装连管时，应该在进行连管操作的时候取下封头，不要提前取下。

4. 室内机连线（见图3-44）

1）打开室内机进气格栅，再打开配线罩。

2）将连接线从室内机后侧插入，从前面拉出，并预留50～100mm的长度，以便电器维修时方便拆、接线。

3）按照接线图接线，固定配线之后再装回配线罩，盖好进气格栅。

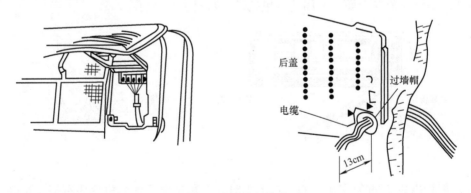

图3-44 室内机连线

5. 整形管道束

将铜管、电源连线、排水管按图3-45所示放置，并包扎胶带缠绕。

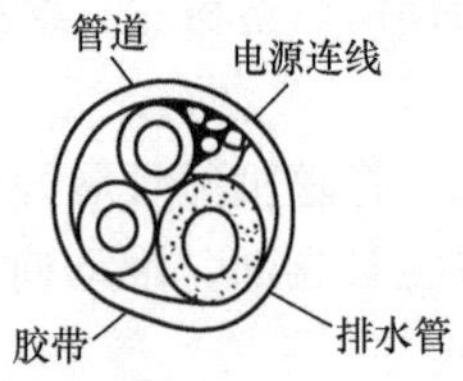

配管束连接操作要求如下：

1）引管接头与配管的连接段用一段特制的保温套包裹扎实，

图3-45 连机管束包扎

两段不得暴露或与空气接触，以免有凝露而漏水，如图 3-46 所示。

2）水管应走直，不能有弯曲，如图 3-47 所示。

3）在安放位置上，电源连线在上，铜管平放，水管应在下面。

4）胶带应部分重叠均匀向前缠绕，用力扎紧，防止空气窜入或雨水渗入。

5）排水管包裹到一定长度后，应将出口留出，如图 3-48 所示。

6）在包扎到配管末端 500mm 左右，连接线也应甩出不再包扎，以方便接线。

7）配管末端应留出 150mm 左右不用包扎，以方便连接管和室外机高低压阀体的连接。

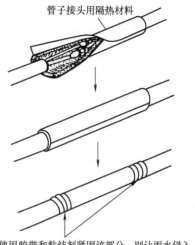

图 3-46　接管处的包裹

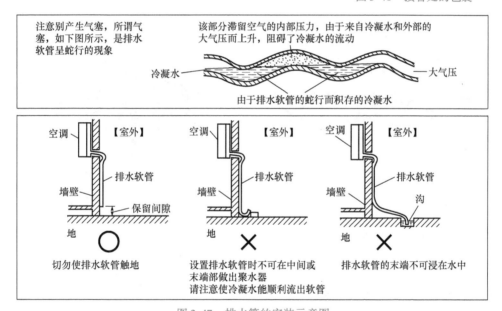

图 3-47　排水管的安装示意图

六、室内机安装

1. 送管束到室外

将室内机连同已包裹好的管束抬起，插入过墙孔，逐渐送出墙外，在送出的过程中，应避免擦伤包扎带、排水管及电源连线，同时注意不要折弯管束。

2. 弯曲管束

在挂靠室内机前，根据管束的走向和穿墙孔的位置弯曲管束，以保证室内机能顺利挂贴在挂墙板上。

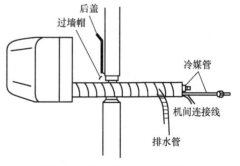

图 3-48　排水管出口示意图

3. 挂贴室内机

双手抓住室内机的两侧，把室内机轻微向上提起，压住挂墙板后向下拉，当听到"咔哒"声响时，表明室内机已经挂入挂墙板的钩中，左右移动和向下扯拉一下室内机，检查其安装是否牢靠，如图 3-49 所示。

七、室外机安装

1. 室外机落架的固定

将室外机放置在支承架上，对齐螺钉孔。用螺栓将室外机紧固在支承架上（小型机推荐 M8 螺栓，较大型机推荐 M10 螺栓），安装室外机之前务必在支承架和固定脚之间使用减振橡胶垫。

2. 排水管弯头安装

热泵型空调需要安装排水管弯头及排水管，以便在冬季制热时可以将化霜水排到指定的地方，如图 3-50 所示。

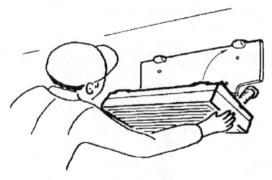

图 3-49　挂贴室内机

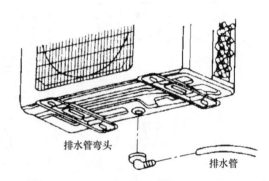

图 3-50　冷暖机排水管弯头的安装

八、室外机连管、连线

1. 整理管束

在连接室外机与粗、细连接管之前，应根据实际情况，将配管走向布置好，配管太长时还应盘管。

2. 室外机连管

室外机连管的操作与室内机连管的操作方法基本相同，如图 3-51 所示。

注意：进行连接管操作时，可参照表 3-11 中公、英制连接管规格尺寸及旋紧锥形螺母所用的扳手力矩值进行操作。

表 3-11　扳手力矩参考值

公制连接管规格/mm	英制连接管规格/in	扳手力矩值/(N·m)
6	1/4	18
10	3/8	42
12	1/2	55
16	5/8	70
19	3/4	100

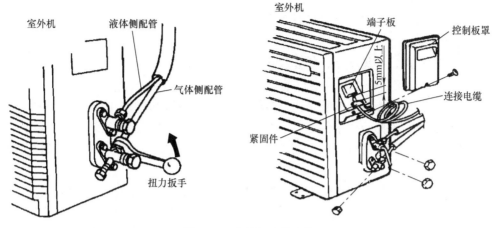

图 3-51　室外机连管连线

3. 室外机连线

按照室外机接线图,把电源连线和信号线牢固地接在接线端子上,并用线卡将线束固定好。

4. 固定连接管

用扎箍将连接管固定在外墙面上。

九、排空与检漏

可以用抽真空、小氟瓶、室外机本身三种方法进行排空,具体方法可参考本项目的有关内容。

检漏的方法有很多种,根据安装时的具体条件来决定较为适用和方便的检漏方法,详见项目四的检漏操作。

十、试机

在试机前应确认一下联机线接线是否有错误,截止阀是否完全打开,冷暖空调制冷、制热功能都要试验,一拖二空调要两台室内机分别试机。试机项目如下:

1. 制冷运行时

1)室内、外机运转部件是否正常运转,如压缩机、内外风扇电动机等。

2)室内、外机运转有无异常噪声、振动。

3)遥控器上各按键所指示功能是否正常,比如室内风机是否调速,出风栅摆动是否正常等。

4)通过测量室内机进出风温差,判断制冷效果是否良好。制冷运行时,进出风温差应大于12℃。

5)观察冷凝水是否能正常排到室外。有时为了缩短时间,可以往室内机接水盘中倒适量的水,直接进行观察。

6)测量稳态运行时的电流是否与铭牌上标定的额定电流值相近。

2. 制热运行时

正常制热运行时，室内机进出风温差应大于15℃。

3. 加长连接管

需要补充制冷剂，详见本项目任务六。

4. 室外机高于室内机安装

一般情况下，要求室外机安装得比室内机低，以便使制冷管道中的冷冻油顺利地被带回压缩机。同时，也可以防止雨水倒流入室内。但根据实际安装情况，室外机可以高于室内机安装，如安装在屋顶上。此种情况，其高度差应在说明书规定的范围内，且连接管应制作成弯曲状。

安装试机结束后，应向用户讲解空调的使用方法以及维护保养的有关知识。

另外应该注意的是，分体式家用空调使用的电源有220V或380V（柜机用）两种，使用专线和专用三孔插座，应有可靠接地，电线与熔断器规格应与空调的额定电流相符。机体与四周物体的安装距离要求如图3-52所示。

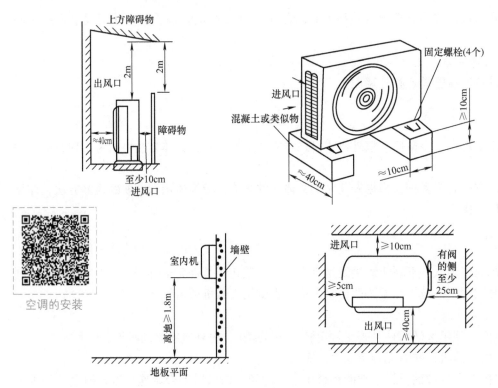

图3-52　空调安装距离要求

任务实施

1）分成10个小组，每一小组负责安装一台家用分体空调。5个小组先进行安装，5个小组在现场观摩，安装完后对调。

2）先从实训室拆下一台空调，移到室外试验墙上进行安装。

3）准备安装工具（十字螺钉旋具、扳手、铁锤、冲击钻、安全带、梯子、六角匙、水平仪、万用表、组合压力表、扩管器、真空泵、制冷剂瓶)。

4)准备配件(室内机挂墙板、室内外机连接管、排水管、电源线、信号连线、过墙套筒、保温袋、包扎带、膨胀螺钉、安装支承架)。

5)准备材料(铜管、小氟瓶、钎料、氧气、石油气、保温棉(套))。

6)组员进行分工,分别安装室内机、室外机。

7)安装好之后进行调试,测试参数。

任务汇报及考核

1)小组讨论:组长召集小组成员讨论,交换意见,形成初步结论。

2)工具、配件、材料的准备情况。

3)小组陈述:

① 每组成员进行分工,一个学生陈述:空调的安装操作步骤,两个学生进行现场演示操作,一个学生在旁边辅助并记录数据。

② 其他小组不同看法:每组陈述完后,其他组对陈述组的结论进行纠正或补充。注意:不是争论,而是提出不同的看法。

4)教师点评及评优:指出各组的训练过程表现、任务完成情况,对本实训任务进行小组评价,并将分数填入表3-12中。

表3-12 实训任务考核评分标准

组长: 组员:

序号	评价项目	具体内容	分值	小组自评(30%)	小组互评(30%)	教师评价(40%)	平均分
1	职业素养	细致和耐心的工作习惯;较强的逻辑思维、分析判断能力	5				
		良好的吃苦耐劳、诚实守信的职业道德和团队合作精神	5				
		新知识、新技能的学习能力、信息获取能力和创新能力	5				
2	工具使用	正确使用工具	15				
3	安装步骤	安装步骤正确	20				
4	测试数据	测试参数准确	20				
5	总结汇报	陈述清楚、流利(口述操作流程)	20				
		演示操作到位	10				
6	总计		100				

思考与练习

一、简述家用空调的安装步骤。

二、简述家用空调的安装注意事项。

三、说明空调安装完毕后进行试运转的工作流程。

四、空调停机后，为何需 3～5min 后才能再起动？

任务八　家用空调的保养

任务描述

➤ 对教室、办公室壁挂式空调、柜式空调的室内机过滤网、室外机冷凝器进行清洗。

➤ 对多联机室内机过滤网、室外机冷凝器进行清洗。

➤ 对所有清洗的空调进行检测维修。

所需工具、仪器及设备

➤ 一字螺钉旋具、十字螺钉旋具、扳手、尖嘴钳、试电笔、万用表、钳形电流表、组合压力表、制冷剂瓶、高压清洗泵。

知识要求

➤ 了解家用空调的结构、工作原理。

➤ 了解多联机的室内机结构、多联机的工作原理。

技能要求

➤ 学会清洗家用空调的室内机、室外机。

➤ 学会清洗多联机的室内机、室外机。

➤ 学会使用高压清洗泵。

知识导入

知识点一　家用空调的保养与维护

一、保养与维护常识

1）实施维护之前要关闭空调，切断电源，拔下电源插头。

2）清洗滤尘网（器）的方法：将滤尘网从机上取下，先用软毛刷清扫积尘，再用清水冲洗，晾干后装回原处；清洁空气过滤器时，用大约 40℃ 的温水清洗，然后将其吹干，切忌用力拧干水分。滤尘网（器）未装入空调之前，严禁开机运行，以免过量的尘埃被带入机内，影响空调的制冷（热）效率。滤尘网（器）的清洁应两周一次，空气质量较差时应每周一次。

3）在使用季节结束后，应清洗空调室内面板、室外机的外壳、冷凝器和蒸发器，然后让空调在送风的运转模式下运转 4～5h，使其内部干透，再拔掉电源插头，关掉保护断路器，最后用防尘罩罩好。

清洗外壳：须卸下空调的面板和外壳，用软毛刷或吸尘器清除机内积尘。若积尘很厚，可用棉布蘸中性洗涤剂擦洗，然后用清水擦洗，最后擦干。揩擦过程中，动作应平稳，勿碰坏电气元器件，也不能使胀接在盘管上的肋片移位、变形。除尘清污后，按照使用说明书指明的润滑加油孔加适量的机油，以保证风扇电动机运转正常；然后仔细检查电器接线是否松动，导线芯线是否碰壳，绝缘是否良好，开关操作是否灵活，接地是否牢靠通畅。只有一切正常后，才能装上外壳和面板，通电试机。

冷凝器、蒸发器的清洗：见后文的"冷凝器和蒸发器的清洗方法"。

忌用酸、碱等强化学制剂清洗空调，也不能用挥发油、汽油、煤油及酒精等有机溶剂清洗空调。

4）在冬季通常用空调罩将空调裹个严实，以防止风、雪、雨、尘的侵蚀。在使用空调罩之前，要把空调选择在送风档开启半天，吹干空调中的冷凝水，以免长时间将冷凝水留在机内滋生细菌。

5）窗式机在冬季使用时一定要将出水孔塞子取出，以防止底盘结冰，损坏机器；

二、冷凝器和蒸发器（简称两器）的清洗方法

两器的清洗是家用空调维护保养的重点。空调之所以可以实现制冷（制热）功能，就是靠两器与环境介质（空气或水）的热量交换。制冷时，空调将室内的热量传递到室外机的冷凝器中，借助室外的送风系统，与室外空气发生热量交换，把热量传给外界环境，同时将外界的冷量传递至室内机蒸发器中，室内机蒸发器借助送风系统，与室内空气发生热交换，把冷量传给室内空气，使室内的温度降低，同时将室内的热量再传递至室外，如此循环。制热与制冷有着相同的工作原理，只是制冷剂的流动方向发生了改变，从而使热量反向传递。由此可见，热交换效率的高低直接决定空调的制冷（制热）性能。

决定两器热交换效率的因素主要有：

（1）设计和制造因素 主要包括铜管的结构（有光管和内螺纹两种）和质量（壁厚和材质）、铝箔质量（厚度和表面处理）、铝箔的冲片结构形式、翅片的片距等。一般情况下，正规的制造厂家在设计空调的时候已经充分考虑了制冷（制热）量与两器换热能力的匹配关系，热交换效率可以满足正常的运行需要。

（2）使用因素 在空调运转过程中，空气不断地扫过两器的翅片，将冷量和热量带出。在风循环的过程中，空气中的灰尘、油烟和毛絮有一部分会附着在翅片上，随着运行时间的增加，两器的积尘会越来越多。附着在两器上的灰尘导致换热器的热阻增加，使热交换效率严重下降。其结果是制冷（制热）量下降，耗电增加，严重时还会造成压缩机过载保护并降低使用寿命。

1. 蒸发器的清洗方法

1）拆下室内机塑料外壳。

2）用塑料纸遮盖住右侧的电气控制盒，防止清洗过程中水的侵入。

3）调制中性洗涤水（用洗洁精），如果蒸发器污染比较严重，可使用专用的翅片换热器清洗剂清洗。

4）用软质毛刷浸蘸洗涤水涂抹蒸发器表面，使翅片完全浸透洗涤水。

5）保持 10min 的浸泡时间，并用毛刷反复刷洗。

6）待翅片光亮后，用清水冲刷蒸发器翅片。

7）冲刷时最好用专用的花洒配合一定的水压，有条件时可用专用的清洗泵（见图3-53），以便将翅片中的洗涤水彻底清除干净。

8）冲刷过程中要适当控制水流，防止水量过多不能及时排出室外而从室内溢出。

9）清洗过程中要避免电控部分沾水。

10）重新装配好外壳。

11）清洗完毕风干后方可开机。

图 3-53　清洗泵

2．冷凝器的清洗方法

1）拆下室内机上盖和前罩。

2）用塑料纸遮盖住右上侧的电气控制部件，防止清洗过程中水的侵入。

3）因为室外机冷凝器的污染一般比室内机蒸发器严重，故需使用专用的翅片换热器清洗剂。

4）用喷枪将清洗剂喷涂到冷凝器表面，最好是在冷凝器的两面喷涂，使翅片完全浸透清洗剂。

5）保持10min 的浸泡时间，并用毛刷反复刷洗。

6）待翅片光亮后，用清水冲刷蒸发器翅片。

7）冲刷时同样用专用的花洒配合一定的水压，建议使用专用的清洗泵（见图3-53），以便将翅片中的清洗剂彻底清除干净。

8）清洗过程中要避免电控部分沾水。

9）清洗完毕风干后方可开机。

重新装配好上盖和前罩。

知识点二　常见故障的自行排除

以下列出的空调故障与使用状况和环境因素有关，并非空调本身固有，用户可以自己动手排除。如果按照常规的方法不能排除，则需要请专业的制冷维修人员上门维修。

一、空调开停频繁故障的排除

1）温度设置偏高，设定温度与环境温度接近，导致开停机频繁。处理方法是将温度适当调低。

2）室内机（侧）蒸发器上放置的感温探头（窗式机）或热敏电阻探头（分体式空调）贴住翅片，造成感应温度太灵敏，导致开停机频繁。处理方法是将感温探头稍稍移离蒸发器翅片。

3）电源电压过低，或电线容量不足，或同一电源线上用电器太多，导致输入空调的电压过低，热保护器反复动作。处理方法是按说明书规定使用专用电源线，并且电线的容量足够（指电源线的截面积符合要求），若电网电压低于198V，还应使用稳压装置。

4）冷凝器的进、出风口有障碍物，致使空气流动不畅，引起冷凝器的散热效率急剧下降，造成制冷剂的冷凝温度和压力上升，甚至超过压缩机的实际负荷。这种情况下，会出现压缩机的断续开机现象。处理方法是移开障碍物。

5）阳光直射，使冷凝器的温度升高，造成制冷剂的冷凝温度和压力上升，甚至超过压缩机的实际负荷，导致压缩机过热或过载保护，开停机频繁。处理方法是给室外机搭建遮阳棚。

6）冷凝器太脏，热阻增加，热交换效率下降，造成制冷剂的冷凝温度和压力上升，甚至超过压缩机的实际负荷，导致压缩机过热或过载保护，开停机频繁。处理方法是清洗两器的污物。

7）室内机过滤网太脏，风阻增大，换热效果下降，出现过冷保护或压缩机液击，导致压缩机开停机频繁。处理方法是清洗过滤网。

二、空调房间内温度已很低，但空调仍运转不停

1）室内机（侧）蒸发器上放置的感温探头（窗式机）或热敏电阻探头（分体式空调）安装位置不对，偏离进风位置过远，感受到的温度偏高，因而空调长时间运转。处理方法是调整探头的位置。

2）温度设定过低或控制开关打在强冷档。处理方法是调高温度或重新设置控制键。

三、空调能工作，但制冷、制热量不足

1）制冷剂泄漏，观察室外机的两个截止阀有很少或没有凝露，手感阀体不凉。此时应通知制冷维修工对空调制冷系统进行检漏和加制冷剂。

2）制冷运转时制冷量不足，原因可能是空气过滤网沾满灰尘污物，或环境温度太高（高于43℃），或两器太脏等影响换热，致使制冷量下降。处理方法：给室外机搭建遮阳棚、清洗两器的污物和清洗过滤网。

3）制热运转时制热量不足，原因可能是空气过滤网沾满灰尘污物，或环境温度太低，或两器太脏等影响换热，致使制热量下降。处理方法：清洗两器的污物和清洗过滤网，当室外环境温度低于–5℃时，停止制热运行，改用其他的方式取暖。

4）新风门关闭不严或排气扇工作，导致冷量或热量外泄。处理方法是关严新风门，关闭排气扇。

5）空调安装不当造成箱体四周有跑冷现象，或受阳光照射，或热源太近，或房间太大超过空调冷热负荷，或房门频繁开关，或门、窗有缝隙，冷量外泄多等。处理方法是加强隔热、除去热源等。

四、空调出现室内侧漏水

1）空调室内机没有水平安装，向左倾斜，使蒸发器产生的露水流入接水盘后积聚在左侧，超过接水盘边缘出现室内漏水。处理方法：将室内机水平安装。

2）排水管被脏物阻塞、排水管有折弯、排水口被浸入水中、排水管被抬高等均可造成凝结水不能排出而从室内机溢出。处理方法：放低排水管、顺直排水管、使排水管口与大气相通。

五、空调不运转

检查以下各项：

1）是否停电、电源熔断器有无断开、电源开/关是否在"关"的位置、电源插头是否未插牢。

2）温度是否设定过高。

3）电网电压是否太低。

六、运转噪声大

检查风道系统是否有杂物、电动机是否需要加润滑油、机器是否放置不稳。

七、运转过程中有异味

蒸发器可能有霉变（换季不用所致），排水管可能放入了下水道。处理方法是清洗蒸发器，拉出排水管。

更换毛细管和过滤器

更换压缩机

任务实施

1）分成10个小组，每组领取一套工具。

2）5个小组的同学到教学楼以及教学楼的办公室对壁挂式、柜式空调进行清洗、维护保养。

3）5个小组的同学对多联机的室内机、室外机进行清洗、维护保养。

4）完成教师指定的工作之后对调。

任务汇报及考核

1）小组讨论：组长召集小组成员讨论，交换意见，形成初步结论。

2）记录完成情况：

① 记录空调运行情况。

② 记录在工作中遇到的问题。

③ 记录遇到问题时解决问题的方法。

3）小组陈述：

① 每组成员进行分工，一个学生陈述：清洗空调的步骤，两个学生进行现场演示操作，一个学生在旁边辅助并记录数据。

② 其他小组的不同看法：每组陈述完后，其他组对陈述组的结论进行纠正或补充。注意：不是争论，而是提出不同的看法。

4）教师点评及评优：指出各组的训练过程表现、任务完成情况，对本实训任务进行小组评价，并将分数填入表3-13中。

表3-13 实训任务考核评分标准

组长：　　　　　　组员：

序号	评价项目	具 体 内 容	分值	小组自评（30%）	小组互评（30%）	教师评价（40%）	平均分
1	职业素养	细致和耐心的工作习惯；较强的逻辑思维、分析判断能力	5				
		良好的吃苦耐劳、诚实守信的职业道德和团队合作精神	5				
		新知识、新技能的学习能力、信息获取能力和创新能力	5				
2	工具使用	正确使用工具	15				
3	操作规范	清洗过后空调结构没有损坏	20				
4	清洗过后空调正常运行	空调开机运行效果良好	20				
5	总结汇报	陈述清楚、流利（口述操作流程）	20				
		演示操作到位	10				
6	总计		100				

思考与练习

一、在维修保养空调时要注意哪些问题？

二、空调的常见故障有哪些？

项目四

汽车空调的维修

❄ **学习目标**

　　熟悉汽车空调的工作原理、系统结构和通风、取暖与配气系统，并能对其常见故障进行分析和处理，通过训练能掌握汽车空调维修技术的基本操作，包括充注制冷剂、排空、抽真空、系统干燥、检漏、添加冷冻机油、检查保养等。

❄ **工作任务**

　　对汽车空调进行拆装，熟悉汽车空调的结构和工作原理，对汽车空调进行排空、抽真空，对制冷系统进行干燥、检漏、充注制冷剂和添加冷冻机油，对汽车空调进行调试、维修保养。

任务一　汽车空调制冷系统构造

任务描述

➤ 拆装汽车空调，了解其结构及主要部件。

➤ 拆装汽车空调的压缩机，熟悉汽车空调压缩机的类型和工作原理。

➤ 拆装汽车空调的换热器，熟悉汽车空调换热器的类型和工作原理。

➤ 画出汽车制冷系统示意图。

➤ 写出汽车空调的拆装步骤。

所需工具、仪器及设备

➤ 十字螺钉旋具、一字螺钉旋具、尖嘴钳、扳手、实验用轿车、汽车空调系统示教台、空调压力表。

知识要求

➤ 熟悉汽车空调压缩机的要求、分类和特点。

➤ 熟悉汽车空调换热器的要求、分类和特点。

➤ 熟悉汽车空调电磁离合器的结构与工作原理。

➤ 熟悉汽车空调制冷系统其他部件的结构与工作原理。

技能要求

➤ 能分析汽车空调制冷系统制冷剂的管道走向。

➤ 掌握汽车空调的拆装步骤。

➤ 掌握汽车空调维修技术的基本操作。

知识导入

汽车空调制冷系统包括制冷压缩机、换热器、储液干燥器（或集液器）、膨胀阀、温度和压力控制、压缩机保护系统等，下面分别介绍各部件的结构与原理。

一、汽车空调压缩机

空调压缩机是空调系统的核心部件。随着人们对汽车舒适性的要求越来越高，各种新式汽车空调系统不断出现，这也推动了空调压缩机制造技术的不断进步。从目前空调压缩机的发展趋势来看，结构紧凑、高效节能以及微振低噪等特点是空调压缩机制造技术不断追求的目标。

（一）对汽车空调压缩机的要求

夏季汽车空调的冷源一般是由机械制冷装置提供的。目前汽车上的制冷方式一般是蒸气压缩式。除大型客车外，制冷系统都是非独立型的，即制冷的动力直接来源于汽车发动机，而不再另加一套动力源。空调压缩机是制冷系统的核心部件，它能不断地使制冷剂循环流动，制取冷量。压缩机的性能好坏将直接影响夏季的空调效果。

由于汽车空调压缩机是在汽车上运行的，故在性能方面与一般用途的压缩机不同，主要有以下特殊要求：

1）要有良好的低速性能，即在低速行驶或怠速时也有较大的制冷能力和较高的效率。

2）高速运行时功耗小，以节省油耗，并保证发动机的动力性。

3）体积小，重量轻，满足汽车对零部件小型化的要求。

4）可靠性高，耐高温性和抗振性好，能经受恶劣的运行条件。

5）运转平稳、噪声小、振动小、起动转矩小，可减少压缩机对汽车的不利影响。

（二）汽车空调压缩机的作用与分类

1. 汽车空调压缩机的作用

汽车空调压缩机的功能是借助外力（例如发动机动力）维持制冷剂在制冷系统内的循环，吸入来自蒸发器的低温、低压的制冷剂蒸气，压缩制冷剂蒸气，使其温度和压力升高，并将制冷剂蒸气送往冷凝器，在吸收和释放热量的过程中，实现热交换。

1）压缩机是一个动力源，促使制冷剂在系统内循环流动。若没有它，制冷剂则无法流动，更不能转移热量。

2）提高制冷剂的压力，促使其在冷凝器中液化放热。

3）提高制冷剂压力后，伴随着温度的提高（超过环境温度），这样有利于向外散热。

2. 汽车空调压缩机的分类

根据工作原理的不同，汽车空调压缩机可以分为定排量压缩机和变排量压缩机。

（1）定排量压缩机　定排量压缩机的排气量随着发动机转速的提高而成比例地提高，它不能根据制冷的需求而自动改变功率输出，而且对发动机油耗的影响比较大。它的控制一般通过采集蒸发器出风口的温度信号，当温度达到设定的温度时，压缩机电磁离合器松开，压缩机停止工作。当温度升高后，电磁离合器接合，压缩机开始工作。定排量压缩机也受空调系统压力的控制，当管路内压力过高时，压缩机停止工作。

（2）变排量压缩机　变排量压缩机可以根据设定的温度自动调节功率输出。空调控制系统不采集蒸发器出风口的温度信号，而是根据空调管路内压力的变化信号控制压缩机的压缩比来自动调节出风口温度。在制冷的全过程中，压缩机始终是工作的，制冷强度的调节完全依赖于装在压缩机内部的压力调节阀。当空调管路内高压端的压力过高时，压力调节阀缩短压缩机内活塞行程以减小压缩比，这样就会降低制冷强度。当高压端压力下降到一定程度，低压端压力上升到一定程度时，压力调节阀则增大活塞行程，以提高制冷强度。

根据工作方式的不同，压缩机一般可以分为往复式和旋转式，常见的往复式压缩机有曲轴连杆式和轴向活塞式，常见的旋转式压缩机有旋叶式和涡旋式。

汽车空调压缩机的分类如图 4-1 所示。

（三）曲轴连杆式压缩机

曲轴连杆式压缩机是一种早期应用较为广泛的制冷压缩机，现在大、中型客车中仍然在使用。此类压缩机的活塞在气缸内不断地运动，改变了气缸的容积，从而在制冷系统中起到了压缩和输送制冷剂的作用。曲轴连杆式压缩机的工作可分为压缩、排气、膨胀、吸气四个过程，如图 4-2 所示。

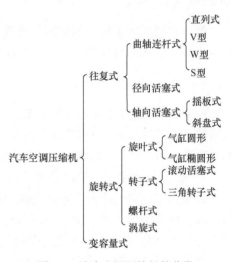

图 4-1　汽车空调压缩机的分类

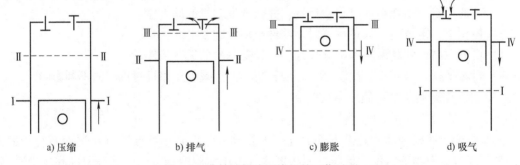

a) 压缩　　　　b) 排气　　　　c) 膨胀　　　　d) 吸气

图 4-2　曲轴连杆式压缩机的工作过程

1. 压缩过程

当活塞处于最下端位置 I—I（称为下止点）时，气缸内充满了从蒸发器吸入的低压制冷剂蒸气，吸气过程结束。活塞在曲柄连杆机构的带动下开始向上移动时，吸气阀关闭，气缸上部容积逐渐减小。密闭在气缸内的蒸气的压力和温度因容积的减小而逐步升高。当活塞向上移动到位置 II—II 时，气缸内的蒸气压力升高到略高于排气管路中的压力，排气阀门便自动打开，开始排气。制冷剂蒸气在气缸内从进气时的低压升高到排气时的高压的过程称为压缩过程。

2. 排气过程

活塞继续向上运动，气缸内的蒸气压力不再升高，而是不断地经过排气阀向排气管输出，直到活塞运动到最高位置Ⅲ—Ⅲ（称为上止点）时，排气过程结束。蒸气从气缸向排气管输出的过程称为排气过程。

3. 膨胀过程

当活塞运动到上止点位置时，由于压缩机的结构及制造工艺等原因，活塞顶部与气阀座之间存在一定的间隙。该间隙所形成的容积称为余隙容积。排气过程结束时，由于余隙的存在，在气缸余隙容积内有一定数量的高压蒸气。当活塞开始向下移动时，排气阀关闭，但吸气管道内的低压蒸气不能立即进入气缸，而残留在气缸内的高压蒸气因容积的增大而膨胀，使其压力下降，直至气缸内的压力下降到稍低于吸气管道中的压力时为止。活塞由Ⅲ—Ⅲ向下运动到Ⅳ—Ⅳ的过程称为膨胀过程。

4. 吸气过程

当活塞运动到Ⅳ—Ⅳ位置时，进气阀自动打开。活塞继续向下运动时，低压蒸气便不断地由蒸发器经吸气管和吸气阀进入气缸，直到活塞到达下止点Ⅰ—Ⅰ时为止。这一过程称为吸气过程。

完成吸气过程后，活塞又从下止点向上止点运动，重新开始压缩过程，如此周而复始，循环不已。压缩机经过压缩、排气、膨胀和吸气四个过程，将蒸发器内的低压蒸气吸入使其压力升高后排入冷凝器，完成抽吸、压缩和输送制冷剂的作用。

曲轴连杆式压缩机转速较高（可达2000r/min以上），重量相应地轻些，寿命一般较短。图4-3所示为日本丰田H型压缩机结构图。它采用滚动轴承，阻力小，箱体、连杆、活塞均为铝制，镶有气缸套，整台压缩机的质量（不带电磁离合器）为5.4kg，各部件靠飞溅润滑。图4-4所示为曲轴连杆式压缩机实物图。

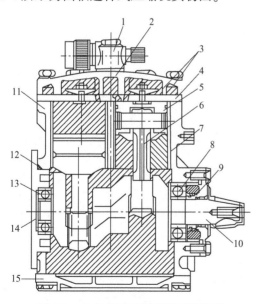

图4-3　日本丰田H型压缩机结构图

图4-4　曲轴连杆式压缩机实物图

1—吸、排气口　2—气缸盖　3—吸、排气阀片　4—阀板　5—活塞　6—连杆
7—气缸套　8—前轴承　9—轴封　10—曲轴　11—曲轴箱　12—O形圈
13—后轴承　14—后盖　15—底板

（四）摇板式压缩机

1. 工作原理

摇板式压缩机的工作原理如图4-5所示。

气缸以压缩机的轴线为中心，均匀分布，连杆连接活塞1和摆盘，两端采用球形万向联轴器，使摆盘的摆动和活塞1的移动相协调而不发生干涉。摆盘中心用钢球3作支承中心，并用一对固定的锥齿轮限制摆盘只能摇动而不能转动。主轴和楔形传动板6连接在一起。

压缩机工作时，主轴带动楔形传动板6一起旋转。由于楔形传动板6的转动，迫使摆盘以钢球3为中心，进行左右摇摆移动。摆盘和楔形传动板6之间的摩擦力使摆盘具有转动的趋势，但是这种趋势被一对锥齿轮所限制，使得摆盘只能左右移动，并带动活塞在气缸内做往复运动。

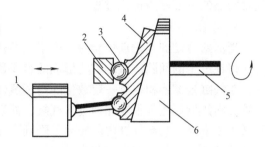

图4-5　摇板式压缩机的工作原理
1—活塞　2—压块　3—钢球
4—摆盘　5—主轴　6—楔形传动板

该类压缩机与曲轴连杆式压缩机一样，均有吸气和排气阀片，工作循环也包括压缩、排气、膨胀、吸气四个过程。当活塞向右运动时，该气缸处于膨胀、吸气两个过程，而摆盘另一端的活塞做反向的向左移动，使该气缸处于压缩、排气两个过程。主轴每转动一周，一个气缸便要完成上述的压缩、排气、膨胀、吸气的一个循环。一般一个摆盘配有五个活塞，这样相应的五个气缸在主轴转动一周时，就有五次排气过程。

2. 主要结构

图4-6所示为SD-5型摆盘式压缩机的剖视图。

该压缩机的特点是将摆盘17和楔形传动板12的滑动配合面改为滚子轴承，楔形传动板12与前缸盖接触面也改为滚子轴承，并将楔形传动板12掏空，大部分零件也改用铝合金材料。这样改进后压缩机结构更紧凑，重量更轻，寿命更长，而且价格低廉。SD-5型压缩机的主要构造为主轴和五个气缸轴线平行，缸体14上均匀分布着五个轴向气缸，气缸内的活塞20和摆盘17通过连杆用球形万向联轴器连接，通过滚子轴承10和16，使楔形传动板12与前缸盖和摆盘之间的滑动摩擦变为滚动摩擦，减少了摩擦阻力和零件的磨损，延长了零件寿命。轴承9是一对滑动轴承，它和钢球15一起支承主轴和楔形传动板12的运动，钢球15还作为摆盘的支点。

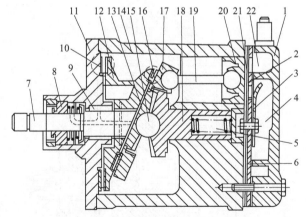

图4-6　摆盘式压缩机的剖视图
1—后缸盖　2—阀板　3—排气阀片　4—排气腔　5—弹簧
6—后盖缸垫　7—主轴　8—轴封总成　9—滑动轴承
10—端面滚子轴承　11—前缸盖　12—楔形传动板
13、18—锥齿轮　14—缸体　15—钢球　16—摆盘圆柱滚子轴承
17—摆盘　19—连杆　20—活塞　21—阀板垫　22—吸气腔

吸气腔和楔形传动板腔有通气孔,使夹带润滑油的制冷剂蒸气先润滑所有的运动部件和油封后,再进入气缸中被压缩。

目前,摆盘式压缩机已得到广泛的应用,如许多汽车修理厂都采用上海三电贝洱公司生产的压缩机来替换原有的汽车空调压缩机。

3. 变容量摆盘式压缩机

与普通摆盘式压缩机相比,变容量摆盘式压缩机最大的改进是在后端盖上装了一个波纹管控制器和导向器。波纹管放在吸气腔内,受蒸气气压控制,通过波纹管的动作来控制排气腔和摆盘室、吸气腔和摆盘室之间的阀门通道。导向器根据摆盘室内压力的大小,自动调节摆盘倾角的大小。摆盘倾角越大,活塞行程越长,排出的气体也越多;反之,摆盘倾角越小,活塞行程越短,排气量也越小。摆盘倾角小时制冷量少,耗能也少。

当发动机转速降低时,由蒸发器出来的蒸气气压升高,使波纹管压缩。当蒸气压力大于0.35MPa时,控制阀开启低压通道,关闭高压通道,这时摆盘室的蒸气进入低压腔,使摆盘室内气压降低。活塞压缩时,两端的压差变大,导向器自动调节,以增大摆盘倾角来平衡活塞上增大的力矩。这样活塞行程变长,排气量增多,蒸发器压力也增高。最终,活塞两端的压差使压缩机满负荷输出压缩蒸气,制冷量最大。

当发动机高转速运行时,吸气腔的压力降低,当下降至0.3MPa时,控制阀打开高压通道,关闭低压通道,高压蒸气进入摆盘室,使活塞压缩时两端的压差变小,导向器自动减小摆盘倾角。这样可使活塞行程缩短,排气量减小,能耗降低。

由于变容量摆盘式压缩机可以在0.30~0.35MPa的吸气压力范围内连续无级调节其输气量,从而实现空调在不同工况下压缩机的制冷量和功耗的合理匹配,极大限度地改善了汽车空调的舒适性,并降低了能耗。

(五) 斜盘式压缩机

斜盘式压缩机是一种轴向往复活塞式压缩机。目前,它是汽车空调压缩机中使用最为广泛的。国内常见的轿车,如奥迪、捷达以及富康等皆采用斜盘式压缩机作为汽车空调的制冷压缩机。

1. 工作原理

斜盘式压缩机和摆盘式压缩机同属于轴向往复活塞式压缩机,其结构如图4-7所示。它们之间的不同是摆盘式压缩机的活塞运动属单向作用式,而斜盘式压缩机的活塞运动属双向作用式,所以有时又把它们分别称作单向斜盘式压缩机和双向斜盘式压缩机。

图4-8所示为一种斜盘式压缩机的剖视图。斜盘式压缩机

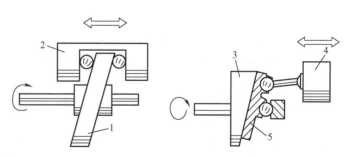

a) 斜盘式压缩机的活塞双向作用   b) 摆盘式压缩机的活塞单向作用

图4-7 斜盘式压缩机与摆盘式压缩机原理和结构比较

1—回转斜盘 2、4—活塞 3—楔形传动板 5—摆盘

的工作原理:当主轴1带动斜盘转动时,斜盘便驱动活塞13做轴向移动,由于活塞在前后布置的气缸中同时做轴向运动,这相当于两个活塞在做双向运动。即当前气缸活塞向左移动

时，排气阀片关闭，余隙容积的气体首先膨胀，在缸内压力略小于吸气腔压力时，吸气阀片打开，低压蒸气进入气缸，开始吸气过程，一直到活塞向左移动到终点为止；当后气缸活塞向左移动时，开始压缩过程，蒸气不断压缩，压力和温度不断上升，当压缩蒸气的压力略大于排气腔压力时，排气阀片打开，转到排气过程，一直到活塞移动到左边为止。这样斜盘每转动一周，前后两个活塞各自完成吸气、压缩、排气、膨胀过程，完成一个循环，相当于两个工作循环。如果缸体截面均布五个气缸和五个双向活塞，则主轴旋转一周，相当于十个气缸工作。所以称这种五缸、五个双向活塞布置的压缩机为斜盘式十缸压缩机。图4-9所示为斜盘式压缩机实物图。

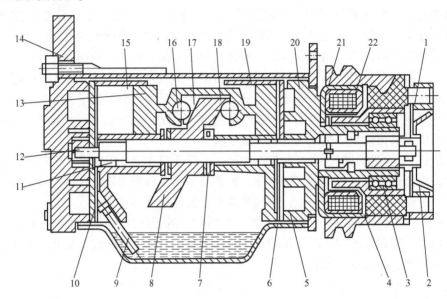

图4-8　斜盘式压缩机剖视图

1—主轴　2—压板　3—带轮轴承　4—轴封　5—密封圈　6—前阀板　7—回油孔　8—斜盘　9—吸油管
10—后阀板　11—轴承　12—机油泵　13—活塞　14—后气缸盖　15—后气缸　16—钢球　17—钢球滑靴
18—前后活塞球套　19—前气缸　20—前气缸盖　21—带轮　22—电磁线圈

2. 主要结构

斜盘式压缩机的主要零件有缸体，前、后气缸盖，前、后阀板，活塞等。它的斜盘固定在主轴上，钢球用滑靴和活塞的连接架固定。钢球的作用是在使斜盘的旋转运动转换为活塞的直线运动时，由滑动变为滚动。这样可减少摩擦阻力和磨损，延长滑靴的使用寿命。现在斜盘和滑靴都以耐磨、质轻的高硅铝合金材料替换了铸铁材料，活塞也采用硅铝合金材料，这样既减轻了压缩机运动机件的重量，又可提高压缩机的转速。

由于斜盘式压缩机的活塞双向作用，因此在它的两边都装有前、后阀总成，各总成上都装有吸气阀片和排气阀片，且前、后气缸盖上都有各自相通的吸气腔和排气腔，吸、排气缸用阀垫隔开。

图4-9　斜盘式压缩机实物图

其润滑方式有两种：一种是采用油泵强制润滑，用于豪华型轿车和豪华小型巴士车，这种压缩机具有较大的制冷量；另一种设有油池，没有油泵，依靠润滑油和制冷剂一起循环时在吸气腔内因压力和温度下降而分离出的润滑油来润滑压缩机各组件，很显然这与摆盘式压缩机类似。

3. 变容量斜盘式压缩机

斜盘式压缩机实现容量变化的形式很多，但原理均相差不大，归根结底都是采用电磁三通阀来调节气缸内的余隙容积大小，使排气量发生变化，从而达到调节制冷量的目的。如图4-10所示，六缸斜盘式压缩机每缸均配置一个余隙容积调节阀1，由一个三通电磁阀5控制。有的压缩机用多个电磁阀控制六个缸的排气量。

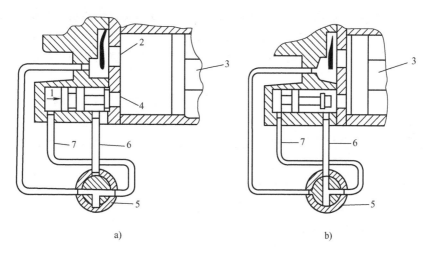

图4-10 斜盘式压缩机变容量工作原理

1—余隙容积调节阀 2—排气腔 3—活塞 4—阀口 5—三通电磁阀 6—回气管 7—工作管

正常工作时，电磁阀与排气腔工作管接通，高压气体将余隙容积调节阀1向右推，直至将阀口堵住，此时压缩机为100%的负载，即以正常排气量工作。

斜盘式压缩机工作过程

当需要降低压缩机的排气量时，电磁阀5与回气管6和工作管7相通。当吸气时，原来左端的高压气体通过工作管7、回气管6被送到吸气气缸。在活塞压缩时，气体推动余隙容积调节阀1左移，留下一个空间，如图4-10所示。当压缩完毕时，余隙容积调节阀1内的气体保留下来。当活塞3右移时，余隙容积调节阀内的高压气体首先膨胀，这样就减少了气缸的吸气量和排气量，相应功耗也减小。至于每缸排气量的减少量，一般按设计余隙容积减小75%来设计，相应功耗可减小50%。

由以上所述可以看出，斜盘式压缩机的容量是有级变化的，这就远不及摆盘式压缩机输气的质量好。与此同时，采用单电磁阀控制多个气缸的方式也不合理，会使排气的波动太大，相应地引起制冷量的急剧变化。所以，最好采用多电磁阀来控制多个气缸，根据车内或车外温度来决定变容的缸数。但这样一来控制结构就变得复杂起来。因而，从变容的结构、能耗、空调舒适性来说，摆盘式压缩机的整体性能比其他往复式压缩机要好得多。

（六）旋叶式压缩机

1. 工作原理

旋转式压缩机和往复式压缩机都是依靠气缸容积的变化来达到制冷目的的，但是旋转式压缩机工作容积的变化不同于往复式压缩机，它的工作容积变化除了周期性扩大和缩小外，其空间位置也随主轴的转动不断发生变化。这类压缩机只要进气口的位置设置合理，完全可以不用进气阀片，排气阀片则可根据需要来设置。旋转式压缩机基本上无余隙容积，其工作过程一般只包括进气、压缩、排气三个过程，所以它的容积效率比往复式压缩机高得多，可高达80%～95%。

旋转式压缩机的转子不存在往复运动带来的惯性，所以平衡问题容易解决。这使旋转式压缩机可达到较高转速，增加了制冷能力，减小了体积和重量，这一点对汽车空调显得特别重要。

但是，由于旋转式压缩机工作容积不断地变化，使得工作容积的密封面积较大，加上密封的地方大都是曲线，因此密封结构复杂，密封性差。为此，必须借助润滑油来密封，而这又势必造成润滑机构复杂，而且由于润滑油的导热性差，造成空调的换热性能不良，又降低了制冷能力。

由于旋转式压缩机的特点，近十年来，它已被广泛地应用在汽车空调上，正在逐步取代往复式压缩机。下面对旋转式压缩机中的旋叶式压缩机的工作原理进行介绍。

旋叶式压缩机又称刮片式压缩机，是旋转式压缩机的一种。它由旋叶式真空泵演变而来。它是旋转式压缩机中最早应用在汽车空调上的。

旋叶式压缩机的气缸有圆形和椭圆形两类。叶片有两片、三片、四片、五片等几种。其中圆形气缸配置的叶片为两片、三片、四片三种，如图4-11、图4-12所示；椭圆形气缸配置的叶片为四片、五片两种，如图4-13所示。

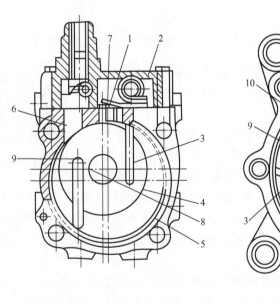

a) 日本松下SO形两叶压缩机　　　　b) 美国纽克VR形四叶压缩机

图4-11　圆形气缸的旋叶式压缩机剖视图

1—排气孔　2—缸盖　3—叶片　4—转子　5—缸体　6—进气孔　7—排气簧片
8—主轴　9—进油孔　10—单向阀

图4-12　圆形气缸的旋叶式压缩机实物图

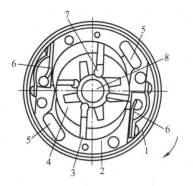

图4-13　椭圆形气缸的旋叶式压缩机

1—机壳　2—缸体　3—叶片（共四片）　4—转子　5—吸气腔
6—排气簧片　7—进油口　8—主轴

　　在圆形气缸的旋叶式压缩机中，转子的主轴相对气缸的圆心有一偏心距，这使转子紧贴在气缸内表面的进气孔和排气孔之间。而在椭圆形气缸中，转子的主轴和椭圆的几何中心重合，转子紧贴椭圆两短轴上的内表面。这样转子的叶片和它们之间的接触将气缸分成几个空间，当主轴带动转子旋转一周时，这些空间的容积发生扩大→缩小→归零的循环变化。相应地制冷剂蒸气在这些空间内发生吸气→排气的循环。对于圆形气缸而言，双叶片式将空间分成两个空间，主轴每旋转一周，即有两次排气过程；三叶片式则有三次排气过程。叶片越多，压缩机的排气脉冲越小，椭圆气缸压缩机也是如此。由于排气阀设计在接近接触线的位置，因此旋叶式压缩机几乎不存在余隙容积。

　　由此可见，旋叶式压缩机由于不设吸气阀，容积效率特别高，转子可以高速运转，因此制冷能力强。

　　2. 主要结构

　　图4-14所示为旋叶式压缩机的轴向剖视图。

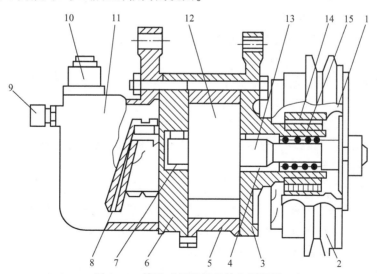

图4-14　旋叶式压缩机的轴向剖视图

1—前板　2—带轮　3—前端盖　4、7—轴承　5—缸体　6—后盖板　8—吸油管　9—排气口
10—进气口　11—后端盖　12—转子　13—主轴　14—带轮轴承　15—轴衬

旋叶式压缩机的主要零部件有缸体、转子、主轴、叶片、排气阀、后端盖、带有离合器的前端盖和主轴的油衬。后盖板6和前端盖3上有两个滚动轴承（4、7）支撑主轴转动，后端还有一个油气分离器。转子上开槽的中心不通过转子中心，而是斜置一个角度，以使叶片在转子的斜置槽中自由滑动。叶片之所以在斜置槽中，目的是尽量减小叶片沿转子槽运动时的阻力，以改善叶片在槽中自由滑动的状况。高压润滑油从槽的底面进入槽中，使叶片以浮动的形式接触缸体曲面而实现密封，这样既减小了密封弹簧的弹力，又提高了叶片的耐磨性。与此同时，离心力对无约束的叶片的作用也能加强接触面密封的可靠性。

旋叶式压缩机后端的排气室内设有一个较大的空间，用来分离油气，使制冷剂蒸气经分离后排出。油池里的润滑油在压差作用下，通过输油管压入转子的槽底，通过叶片和槽的间隙进入气缸。润滑油同时还流到转子与前、后缸盖板的间隙中，对端面的轴承和油封进行润滑，另外还对主轴承进行润滑。润滑后的油随着制冷剂蒸气经压缩后，再返回油气分离器。

3. 变容量旋叶式压缩机

图4-15所示为一种双叶片变容量旋叶式压缩机。它可根据发动机转速的高低，自动调节制冷量。

这种压缩机的工作原理如下：在气缸的吸气孔4处，有一个变容量槽3，当叶片刮过吸气孔4时，进气过程本来应该结束，但由于气缸开有变容量槽3，因此在气流惯性的作用下，继续通过变容量槽3进行充气，这样可以提高充气效率，又不影响下一气缸的进气过程。变容量槽3和叶片8构成一个缺口，通过该缺口进入气缸的气体流量正比于缺口截面积和流入时间的乘积，即流量 = K × 面积 × 时间 × 叶片厚度，式中K为比例系数。低转速时，叶片刮过变容量槽3的时间长，充气量增大，制冷量大；高转速时，叶片刮过变容量槽3的时间短，气缸充气量相对减少，制冷量减少，能耗降低。在相同制冷量条件下，气缸容积可以减小30%，而重量减轻20%。从整体来看，不但能进行制

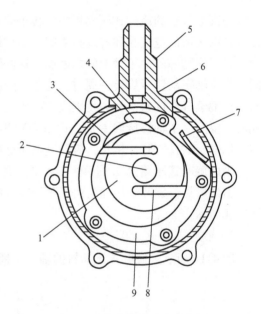

图4-15　变容量旋叶式压缩机
1—转子　2—主轴　3—变容量槽
4—吸气孔　5—进气管　6—O形圈
7—排气阀　8—叶片　9—缸体

冷量自动调节，还可减少功耗，这也是旋叶式压缩机得到广泛应用的原因。

（七）滚动活塞式压缩机

1. 工作原理

旋叶式压缩机工作过程

滚动活塞式压缩机是一种新型的旋转式压缩机，有单缸、双缸和变容量三种。该种压缩机由于体积小、工作可靠，被广泛应用于汽车空调及其他空调和冰箱上。

滚动活塞式压缩机的工作原理如图4-16所示。

滚动活塞4内部是中空的，并且和曲柄的配合有很大的间隙，在

间隙里充满着润滑油。当曲轴 2 旋转时，依靠摩擦力引起滚动活塞 4 的转动，并在离心力作用下，使滚动活塞 4 的内表面和曲柄外表面紧紧接触，造成滚动活塞 4 的几何中心与曲轴中心不重合，即与气缸中心不重合。接触位置处在活塞中心和气缸 3 中心连线的延长线与气缸交点上，且该接触线与固定在气缸上的刮片将气缸空间分成两部分。当曲柄旋转时，活塞不但做滚动，而且在以气缸中心为圆心、偏心距为半径的圆周上做回旋运动（不是旋转运动）。这两种运动的合成，引起气缸两部分空间容积扩大—缩小的周期性变化。当进气腔的空间容积不断扩大时，制冷剂蒸气不断地从外面进入，压缩机处于进气过程；而另一腔容积则不断缩小，蒸气不断被压缩，处于压缩过程。当压力腔的蒸气压力略大于排气腔时，则排气阀打开，将压缩蒸气排出气

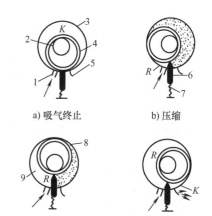

a) 吸气终止　　　　b) 压缩

c) 左室吸入，右室压缩　　d) 左室吸入，右室排空

图 4-16　滚动活塞式压缩机的工作原理
1—吸气口　2—曲轴　3—气缸　4—滚动活塞
5—排气阀　6—滑片　7—弹簧
8—压缩腔　9—吸气腔

缸外，处于排气过程。曲轴旋转一周，活塞与气缸的接触线也移动一周，这样压缩机的两个空间各自完成了进气—压缩—排气三个过程的工作循环，两个缸便完成了两个工作循环。由于滚动活塞式压缩机的吸气过程是连续的，因此不用设置进气阀，容积效率比较高。

滚动活塞是在曲轴做旋转运动时，在活塞与曲轴的接触表面间产生的摩擦力驱动下带动活塞转动的。由于摩擦面上形成了一层支承油膜，因此曲轴和转子内表面间的摩擦力不大，活塞的转动速度比曲轴小得多。这样，活塞在气缸面上的运动呈一种滚动方式。它的刮片和滚动活塞的接触部分也是滚动的。所以滚动活塞式压缩机的摩擦功耗很小，可以延长其使用寿命。而旋叶式压缩机的旋叶与气缸的接触是滑动接触，所以滚动活塞式压缩机得到了广泛的应用。

2. 主要结构

图 4-17 所示为一种滚动活塞式压缩机的剖视图。

滚动活塞式压缩机的主要零件有曲轴，转子，缸体，前、后端盖和刮片。曲轴 11 由两端面上的滚动轴承 9 和 14 支承，平衡块 8 在曲轴尾端。叶片弹簧 12 压迫刮片 24 紧贴旋转活塞 28 在缸体内滚动。不设吸气阀，排气阀采用圆柱形。由于圆柱形阀工艺性好，因此在气缸上安装和布置较方便。润滑采用压差输油的方式，即冷凝的润滑油在气缸内润滑旋转活塞与缸壁接触部位及刮片后，和制冷剂一起排到机体底部，底部装有不锈钢筛网，用来分离油气。分离后的油气，其中蒸气从排气口排出，润滑油留在机体底部。在排气高压作用下，通过吸油孔 29，油被送到滚动轴承、活塞内孔以及油封等处，而在底部的刮片和弹簧都浸在油中。

3. 变容量滚动活塞式压缩机

图 4-18 所示为双缸变容量滚动活塞式压缩机。在该压缩机上，一根曲轴配有两个串联的滚动活塞和中间隔板，其他部分与单缸压缩机相同。为方便平衡曲轴，两个曲柄位置错开 180°，这样两个活塞也相互错开 180°，使排气连续进行，排气量提高一倍，压缩机的体积也更紧凑。滚动活塞式压缩机的变容量是停止其中一缸工作，让其制冷量减少一半。其原理是，从排气口 9 引一条管道到后缸的卸载阀，当电磁阀 4S 关闭时，卸载阀 16 在右边，打开后缸的吸气口 5，让其双缸全负荷工作。在车速很快时，蒸发器出口空气温度下降，接通电

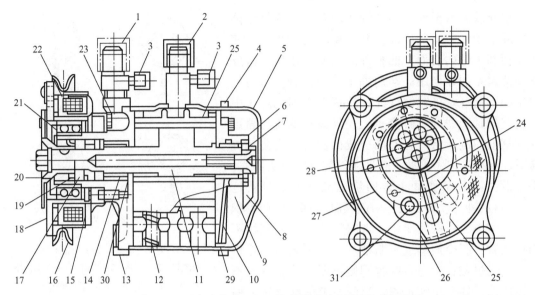

图 4-17 日本三菱 SA – 430 滚动活塞式压缩机剖视图

1—进气口 2—排气口 3—检修备用阀 4—安装架 5—后盖套 6—滚动推力轴承 7—轴向止动螺栓
8—平衡块 9、14—滚动轴承 10—后端盖 11—曲轴 12—叶片弹簧 13—前盖套
15—轴封总成 16—离合器带轮 17—O 形圈 18—离合器压板 19、21—卡环 20—油封
22—离合器线圈 23—止推密封 24—刮片 25—缸体 26—阀限位器 27—油分离阀
28—旋转活塞 29—吸油孔 30—前端盖 31—排气阀

磁阀 4S，让排气高压引入卸载阀 16，阀门移到左边，关闭后缸的吸气入口，让后缸处于空转状态，没有制冷剂输出。很显然，这是一种突变的方式，所以输出的冷空气量和温度波动很大。

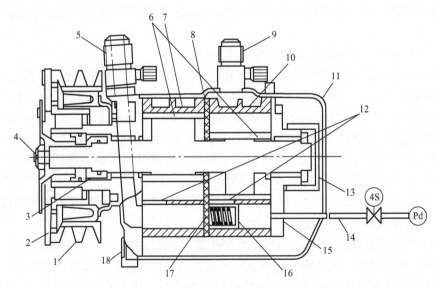

图 4-18 双缸变容量滚动活塞式压缩机

1—带轮 2—离合器板 3—油封 4—曲轴 5—吸气口 6—滚动活塞 7—前缸体 8—隔板
9—排气口 10—后缸体 11—外壳套 12—吸气腔 13—挡油板 14—连接管 15—后缸盖
16—卸载阀 17—卸载弹簧 18—前缸盖

（八）涡旋式压缩机

涡旋式压缩机是一种新型压缩机，主要适用于汽车空调。它与往复式压缩机相比，具有效率高、噪声低、振动小、质量小、结构简单等优点，是一种先进的压缩机。

1. 工作原理

涡旋式压缩机主要由具有涡旋叶片圈的动、定两涡旋盘组成，相互错开 180°，在两个点处相互接触，相当于啮合。涡旋式压缩机的工作原理如图 4-19 所示。

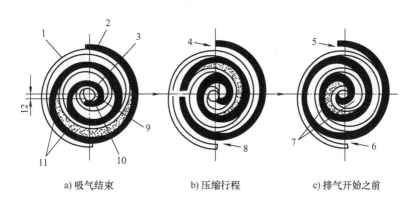

a) 吸气结束　　　　b) 压缩行程　　　　c) 排气开始之前

图 4-19　涡旋式压缩机的工作原理

1—定圈　2—动圈　3—定圈涡旋中心　4、5、6、8—制冷剂蒸气　7—最小压缩容积
9—排气口　10—动圈涡旋中心　11—开始压缩容积（最大容积）　12—回旋半径

图 4-19a 所示吸气结束时，一对涡旋圈形成了两对月牙形容积，最大的月牙形容积 11 将开始压缩，动圈涡旋中心绕定圈涡旋中心继续回旋公转，原来最大的月牙形容积被压缩，如图 4-19b 所示。动圈被曲轴带动而再做回旋运动，被压缩的容积缩小到图 4-19c 所示最小压缩容积 7（此容积根据内容积比值确定）。这一月牙形容积中的制冷剂蒸气即与设在涡旋圈中心的排气口相通。在压缩的同时，动圈与定圈的外周又形成吸气容积（4、8），再回旋，再压缩，如此周而复始完成吸气、压缩、排气的工作过程。

2. 主要结构

涡旋式压缩机主要由固定涡旋盘、动涡旋盘、机架和曲轴等组成，如图 4-20、图 4-21 所示。动涡旋盘 3 上的叶片采用渐开线，与其啮合的固定涡旋盘 2 上应是包络线，因此动、固定两个涡旋盘为一对渐开线曲线。

理论上，涡旋式压缩机涡旋圈的圈数越多，动作越平稳，效率越高。实际应用中，为了防止过压缩和受直径限制，一般汽车空调涡旋式压缩机的涡旋圈选 2.5～3 圈。

涡旋式压缩机的回旋机构如图 4-22 所示，通过回旋机构产生回旋运动（而不是旋转运动）。当电磁离合器接通时，曲轴 1 转动，曲柄销驱动偏心套 3 做回旋运动，传动轴承 4 也做回旋运动，传动

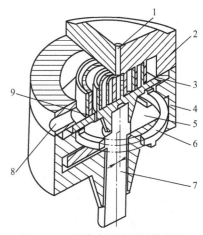

图 4-20　涡旋式压缩机结构简图

1—排出口　2—固定涡旋盘　3—动涡旋盘
4—机架　5—背压腔　6—十字环　7—曲轴
8—吸入口　9—背压孔

轴承上的动涡旋盘 5 也做回旋运动，即动涡旋盘绕固定涡旋盘做公转回旋运动。设置在偏心套上的平衡块 6 可以平衡动涡旋盘的回旋离心力。因此在运行期间，涡旋盘压缩室的径向密封不取决于离心力，而主要取决于偏心套的回旋力矩。该力矩是由作用于偏心套上的气体压力的切向分力和作用在曲柄销上的动盘回旋驱动力所构成的力偶产生的。两偏心力的轴向位置是错开的，为了保持压缩机的动平衡，曲轴和离合器设置了平衡块。

图 4-21　涡旋式压缩机实物结构图

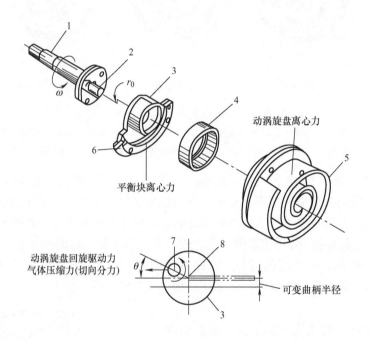

图 4-22　回旋机构

1—曲轴　2—曲柄销　3—偏心套　4—传动轴承　5—动涡旋盘　6—平衡块　7—曲柄销中心　8—驱动点

　　动圈背面与前盖之间装有球形连接机构。球形连接机构有两个作用：一个是起回转止推轴承的作用，承受气体的轴向压力；另一个是防止动圈自转并能消除轴向偏移。

　　动涡旋盘和固定涡旋盘在安装时存在着 180° 的相位角，从而使两涡旋盘相互啮合形成一系列的月牙形容积。动涡旋盘由一个偏心距很小的曲轴带动，使之绕固定涡旋盘的轴线运动。此外，在动涡旋盘背后利用一连接机构，用来保证动涡旋盘和固定涡旋盘之间的相对运动。在此运动过程中，制冷剂蒸气由涡旋盘的外边缘被吸入到月牙形工作容积中，工作容积逐渐向中心移动并减小，使制冷剂蒸气被压缩，最后经中心部位的排气口轴向排出，从而完成吸气、压缩和排气的整个周期。

涡旋式压缩机工作过程

二、换热器

汽车空调中的冷凝器和蒸发器统称换热器。换热器的性能直接影响汽车空调的制冷性能，而且金属材料消耗大、体积大。它的重量占整个汽车空调装置重量的50%～70%，它所占据的空间直接影响汽车的有效容积，布置起来又很困难，所以，使用高效换热器是极为重要的。

汽车空调换热器主要使用风冷管翅类型，一般分为制冷剂侧换热和空气侧换热。

（一）冷凝器

汽车空调冷凝器的作用是把压缩机排出的高温、高压制冷剂气体的热量散发到车外空气中，从而使高温、高压的制冷剂气体冷凝成较高温度的高压液体。在汽车上布置冷凝器较困难，散热条件差，故要求传热面积大，传热效率高。冷凝器大多布置在车前部、侧面或车底部。

汽车空调冷凝器有管片式、管带式及平行流式三种结构形式。

1. 管片式冷凝器

图4-23所示为管片式冷凝器。它是汽车空调中早期采用的一种冷凝器，制造工艺简单。即用胀管法将铝翅片胀紧在纯铜管上，管的端部用U形弯头焊接起来。这种冷凝器清理焊接氧化皮较麻烦，而且散热效率较低。

2. 管带式冷凝器

管带式冷凝器结构如图4-24所示。它一般是将宽度为22mm、32mm、44mm、48mm的扁平管弯成蛇形管，在其中安置散热带（即三角形翅板或其他类型板带），然后进入真空加热炉，将管带间焊好。翅片是复合片，共三片，上下片材料为铝，并含有硅等，中间一片也是铝片，并含有锰。将复合片叠合，并与扁管一起预热保温在570℃，在650℃的真空条件下进行焊接，焊接后用铬酸做防氧化处理，并进行试漏。这种冷凝器的传热效率比管片式可提高15%～20%。

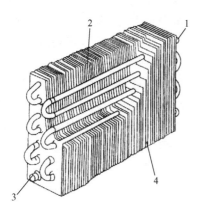

图4-23 管片式冷凝器
1—进口 2—圆管 3—出口 4—翅片

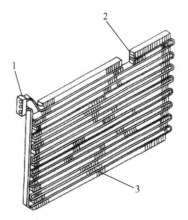

图4-24 管带式冷凝器结构
1—接头 2—铝质内肋扁管 3—波形翅片

3. 平行流式冷凝器

图4-25所示为平行流式冷凝器结构，它由圆筒集管、铝制内肋扁管、波形散热翅片及

连接管组成。它是专为 R134a 研制的新结构冷凝器。平行流式冷凝器与管带式冷凝器的最大区别是，管带式冷凝器只有一条扁管自始至终地呈蛇形弯曲，制冷剂只是在这一条通道中流动而进行热交换；而平行流式冷凝器则是在两条集流管间用多条扁管相连，制冷剂在同一时间经多条扁管流通而进行热交换。

根据汽车空调冷凝器的换热特点和制冷剂特性，要提高性能不外乎从以下三个方面考虑：

1）增加换热面积，提高空气侧和制冷剂侧的换热量。由于发动机室的空间有限，不可能任意加大冷凝器体积，只能在有限的空间内进行改进，尽量向小型轻量化发展。

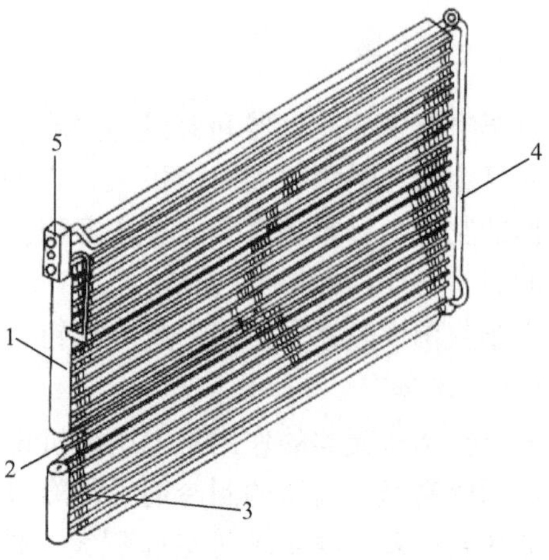

图 4-25   平行流式冷凝器结构
1—圆筒集管   2—铝质内肋扁管   3—波形散热翅片
4—连接管   5—接头

2）提高冷凝器内工质流体温度和流量分配的均匀度。温度的高低差异会导致工质的密度和黏性不同，从而造成流速不相同，影响换热效率；扁管截面的各个通道孔流量分配不均，同样也会降低换热效率。

3）降低制冷剂在冷凝器中的压力损失，这样可以减小压缩机功耗。要做到这一点，便要求降低冷凝器的通道阻力，所以在结构上必须设法增加通道截面积，以提高单位时间内的制冷剂流量和流速。

平行流式冷凝器正是因为管片式、管带式冷凝器无法解决上述难题而发展起来的结构。它的扁管是薄壁的型材，只有 2～3mm 的厚度，宽度为 16～25mm，壁厚只有 0.5mm 左右，与普通管带式冷凝器的扁管一样为带内齿（翅）的多孔断面。扁管间的距离只有 8mm 左右，扁管间所夹的翅片只有 0.145mm 厚，同样也开有百叶窗。这些改进极大地提高了空气侧和制冷剂侧的换热面积。平行流式冷凝器利用两侧的圆筒形管进行制冷剂进与出的汇集，并用隔板按最合理的编排，将几条扁管隔为一组，形成由多至少的回路，以便制冷剂在几条扁管组成的回路中流入集流管时，能够在 φ20mm 左右的管内再次混合，使高温与低温的工质，密度低的与密度高的工质一次又一次地混合，产生出温度和密度较均匀的工质，并使其在流向下一回路时能均匀地分流，这样可保持制冷剂匀速地通过有内齿的扁管和有百叶窗的翅片导热，与空气更好地进行换热。特别是合理安排的隔板所构成的通路数在工质是气体状态时增加，而在液体状态时通路数减少，形成了制冷剂冷凝的最佳通路，从而减少了内容积和制冷剂充注量，也加快了流速，因而能实现冷凝器通道阻力的降低。这种新结构与管带式相比较，其放热性能提高 30%～40%，通路阻力降低 25%～33%，内容积减少 20%，大幅度地提高了换热性能。

在安装冷凝器时，需注意以下两点：

1）连接冷凝器的管接头时，要注意哪里是进口、哪里是出口，顺序绝对不能接反。否则会引起制冷系统压力升高、冷凝器胀裂的严重事故。

2）未装连接管接头之前，不要长时间打开管口的保护盖，以免潮气进入。

（二）蒸发器

蒸发器的作用是使经过节流降压后的液态制冷剂在蒸发器内沸腾汽化，吸收蒸发器表面周围空气的热量而降温，风机再将冷风吹到车室内，达到降温的目的。

汽车车厢内的空间小，对空调尺寸有很大的限制，为此要求空调（主要是蒸发器）具有制冷效率高、尺寸小、重量轻等特点。

汽车空调蒸发器有管片式、管带式、层叠式三种结构。

1. 管片式蒸发器

如图 4-26 所示，管片式蒸发器由铜质或铝质圆管套上铝翅片组成，经胀管工艺使铝翅片与圆管紧密接触。其结构较简单，加工方便，但换热效率较低。翅片安装环翻片破裂是生产厂家遇到的大难题。翅片安装贴合不紧或破裂，都会使换热性能变差。目前可采用共熔合金固化工艺制出新型铝合金高强度翅片，这种材料内含有直径为 $2\mu m$ 的颗粒合金，因颗粒间距很小，阻碍了颗粒的错位流动和塑性流动，所以材料强度得以提高，获得了优良的成形性，解决了翻片破裂问题。

2. 管带式蒸发器

如图 4-27 所示，管带式蒸发器由多孔扁管与蛇形散热铝带焊接而成，工艺比管片式蒸发器复杂，需采用双面复合铝材（表面覆一层 $0.02 \sim 0.09mm$ 厚的焊剂）及多孔扁管材料。该种蒸发器换热效率可比管片式蒸发器提高 10% 左右。

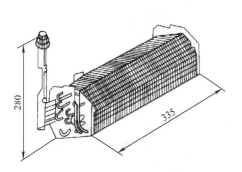

图 4-26 管片式蒸发器

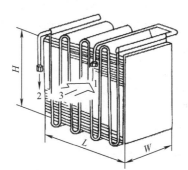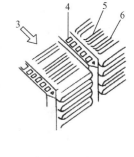

图 4-27 管带式蒸发器

1—进口 2—出口 3—空气 4—管子 5—翅片 6—散热器

3. 层叠式蒸发器

如图 4-28 所示，层叠式蒸发器由两片冲成复杂形状的铝板叠在一起组成制冷剂通道，每两片通道之间夹有蛇形散热铝带。这种蒸发器也需要双面复合铝材，且焊接要求高，因此加工难度最大，但其换热效率高，结构也最紧凑。采用 R134a 的汽车空调采用的就是这种层叠式蒸发器。

层叠式蒸发器的结构曾经历过由双水室向单水室，又由单水室向双水室的几次变化。日本昭和公司

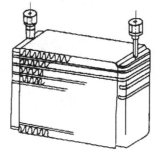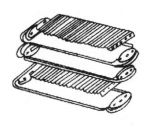

图 4-28 层叠式蒸发器

为了减轻层叠式蒸发器的重量、提高其性能、降低其阻力，首先将单水室改为双水室，其次是将通道板的形状由交叉和点状纹的焊接通道改为平行流向的直线沟状焊接通道，再将进出口位置从上侧挪至下侧。这些改进减少了偏流现象和通道的阻力，加快了外部凝结水的流动，从而使制冷性能大大提高。这种新结构的蒸发器比管带式蒸发器性能提高了30%左右。

三、汽车空调节流装置

汽车空调节流装置是汽车空调制冷装置的主要部件，安装在蒸发器入口处，是汽车空调制冷系统的高压与低压的分界点。其功用是对来自储液干燥器的高压液态制冷剂进行节流减压，调节和控制进入蒸发器中的液态制冷剂量，使之适应制冷负荷的变化，同时可防止压缩机发生液击现象（即未蒸发的液态制冷剂进入压缩机后被压缩，极易引起压缩机阀片的损坏）和蒸发器出口蒸气异常过热现象。

（一）节流膨胀阀

汽车空调的节流膨胀机构主要是热力膨胀阀，还有H型膨胀阀、膨胀节流管以及组合阀等。下面分别介绍其作用、构造及原理。

1. 热力膨胀阀

（1）热力膨胀阀的作用　热力膨胀阀是一种节流装置，是制冷系统中自动调节制冷剂流量的元件，广泛应用于各种空调制冷系统中。热力膨胀阀的工作特性好坏直接影响整个制冷系统能否正常工作。热力膨胀阀一般有三个作用：

1）节流降压。它使从冷凝器来的高温高压液态制冷剂节流降压为容易蒸发的低温低压雾状制冷剂进入蒸发器，即分开了制冷剂的高压侧和低压侧。

2）自动调节制冷剂流量。由于制冷负荷的改变以及压缩机转速的改变，要求流量做相应调节，以保持车室内温度稳定。膨胀阀能自动调节进入蒸发器的制冷剂流量，以满足制冷循环要求。

3）控制制冷剂流量、防止液击和异常过热发生。膨胀时以感温包作为感温元件控制流量大小，保证蒸发器尾部有一定量的过热度，从而保证蒸发器容积的有效作用，避免液态制冷剂进入压缩机而造成液击现象，同时又能控制过热度在一定范围内。

大多数汽车空调制冷系统在运行过程中，其冷负荷是变化的。如系统刚开始降温时，车内的温度较高，这时就要求将蒸发温度升高，使进入蒸发器的制冷剂流量增大。而当车内温度较低时，冷负荷需要量减少了，蒸发温度就应相应地降低，使进入蒸发器的制冷剂流量减小。因此，热力膨胀阀可根据系统冷负荷需要量的变化而自动地调制冷剂其流量，使制冷系统能正常地工作。

（2）热力膨胀阀的结构及工作原理　热力膨胀阀有外平衡和内平衡两种形式。外平衡热力膨胀阀（见图4-29a）的膜片下面的平衡力（制冷剂压力）是通过外接管从蒸发器

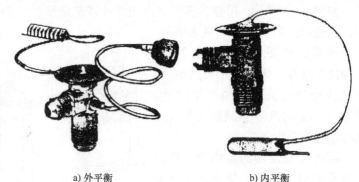

a) 外平衡　　　　　b) 内平衡

图4-29　热力膨胀阀

出口处引来的压力，而内平衡热力膨胀阀（见图4-29b）的膜片下面的制冷剂压力是从阀体内部通道传递来的膨胀阀孔的出口压力。由于两者的平衡压力不同，所以它们的使用场合也有区别。

1）外平衡热力膨胀阀。图4-30所示为外平衡热力膨胀阀，其主要由热敏管、压力弹簧、膜片、均衡管、膜片室、阀门、毛细管等组成，其安装位置与内平衡热力膨胀阀相同。

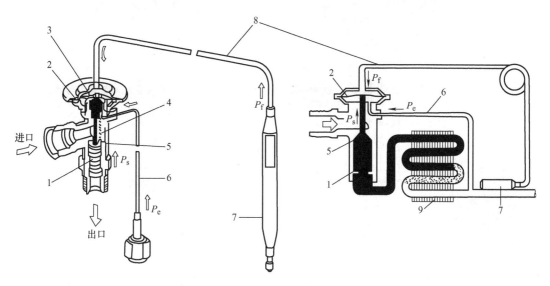

图4-30　外平衡热力膨胀阀的工作原理

1—压力弹簧　2—膜片　3—膜片室　4—均衡管　5—阀门　6—外平衡管　7—热敏管
8—毛细管　9—蒸发器

图4-30中 P_f 为与感温包感受到的蒸发器出口温度相对应的饱和压力，P_e 为蒸发器出口蒸发压力，P_s 为过热调整弹簧的压力。当车室内温度处在某一工况时，膨胀阀处在一定开度，P_f、P_e 和 P_s 应处于平衡状态，即 $P_f = P_e + P_s$；如果车室内温度升高，蒸发器出口过热度增大，则感温包感受到的温度上升，相应的感应压力 P_f 也增大，这时 $P_f > P_e + P_s$，因此，波纹膜片向下移，推动传动杆使膨胀阀孔开度增大，制冷剂流量增加，制冷量也增大，蒸发器出口过热度相应下降。相反，如果蒸发器出口处过热度降低，则感温包感受到的温度下降，相应的饱和压力也减小，这时 $P_f < P_e + P_s$，使波纹膜片上移，传动杆也随之上移，膨胀阀的阀孔开度减小，制冷剂流量减小，制冷量也减小，蒸发器出口处的过热度也相应上升，满足了蒸发器热负荷变化的需要。由于在蒸发器出口处和膨胀阀波纹膜片下方引有一个外部均压管，所以称此膨胀阀为外平衡热力膨胀阀。

2）内平衡热力膨胀阀。图4-31所示为内平衡热力膨胀阀，其主要由阀门、膜盒、膜片、调节弹簧、毛细管（连感温包）等器件组成，有的在进口处还加设了过滤网。膨胀阀安装在蒸发器的进口管上，它的感温包安装在蒸发器的出口管上，感受蒸发器的温度变化而产生热胀冷缩的作用，从而对膜片施加不同的压力，此压力传到压在阀门的弹簧上，使阀门控制通过阀孔道进入蒸发器内的制冷剂量。汽车空调制冷系统处于工作状态，当制冷剂蒸发压力稳定时，感温包内的气体压力 P_f、弹簧压力 P_s 与蒸发器内制冷剂蒸发压力 P_e 平衡，即

$P_f = P_e + P_s$，这时阀门处于静止状态，制冷剂的流量保持稳定，使内平衡热力膨胀阀的蒸发器在出口的某一长度部分中的制冷剂是过热蒸气。存在于蒸发器内的制冷剂的量减少时，制冷剂便提前蒸发，过热部分变长，过热度加大，从而使感温包内的压力上升，使阀门的开度加大，增加流入蒸发器的制冷剂的量。反之，当蒸发器内制冷剂量增加时，过热部分的长度缩短，感温包内的压力降低，阀门的开度变小，制冷剂的流量随之减少。

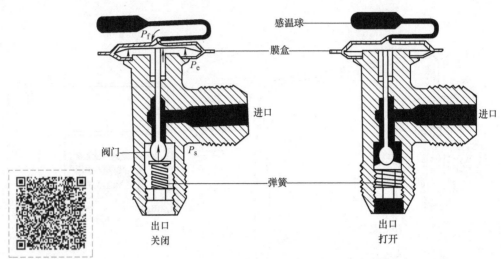

热力膨胀阀的分类与作用　　　　　　　　　　图 4-31　内平衡热力膨胀阀的工作原理

（3）**热力膨胀阀的安装**　安装热力膨胀阀时应将冷凝器或储液器出口管的螺纹接头与膨胀阀进口端对正，然后拧上螺母（不要拧得过紧），再将其出口端与蒸发器进口管的螺纹接头对正，拧上几圈，最后用两把扳手分别夹住膨胀阀的进、出口端螺母，均匀用力将其拧紧。安装热力膨胀阀时应注意以下几点：

1）膨胀阀应安装在蒸发器的入口管上，阀体垂直放置，不宜倾斜安装，更不要颠倒安装。

2）感温包应安装在蒸发器出口的一段水平吸气管上，并应远离压缩机吸气口 1.5m 以上，其位置应低于膨胀阀，且感温包要水平放置，以保证感温工质液体始终在感温包中。

3）应除尽感温包与蒸发器接触面间的锈迹，阀体应垂直放置，不宜倾斜安装，更不要颠倒安装。

4）感温包不应安装在吸气管的积液处，否则，感温包就不能感测到真正的过热度。

5）当吸气管径小于 25mm 时，感温包贴在吸气管的顶部；当吸气管径大于 25mm 时，感温包包扎在水平管的下侧 45°处或者侧面中点处，如图 4-32 所示。感温包无论如何不能贴附在水平吸气管的底部，以防管子底部积油等因素影响感温包的正确感温。

6）外平衡管应接在感温包安装部位后面 10mm 处，如图 4-33 所示，以免制冷剂在蒸发管内的流动阻力使

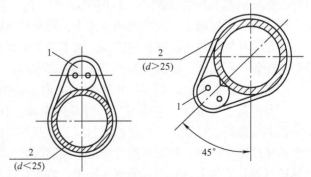

图 4-32　感温包安装图
1—感温包　2—吸气管

膨胀阀产生误动作。一般外平衡管的连接端口的位置是由厂家直接设计好的，不能任意调整。

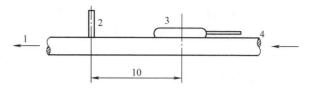

图4-33 外平衡管安装图
1—吸气管 2—外平衡管 3—感温包 4—蒸发器出口

2. H型膨胀阀

H型膨胀阀是一种整体式膨胀阀，它取消了外平衡膨胀阀的外平衡管和感温包，直接与蒸发器进出口相连。

H型膨胀阀因其内部通路形同H而得名，其安装位置及工作原理如图4-34所示。它有4个接口通往空调系统，其中两个接口和普通膨胀阀一样，一个接储液器/干燥器出口，另一个接蒸发器进口。但另外两个接口，一个接蒸发器出口，另一个接压缩机进口。感温包和毛细管均由膜片下面的感温元件所取代，感温元件处在进入压缩机的制冷剂气流中。H型膨胀阀结构紧凑、性能可靠，符合汽车空调的要求。

这种膨胀阀安装在蒸发器的进出管之间，阀上端直接暴露在蒸发器出口工质中，感应温度不受环境影响，也不需要通过毛细管而造成时间滞后，提高了调节灵敏度。由于该膨胀阀无感温包、毛细管和外平衡管，可避免因汽车颠簸、振动而使充注系统断裂外漏以及感温包包扎松动，影响膨胀阀的正常工作，从而提高了膨胀阀的抗振性能。

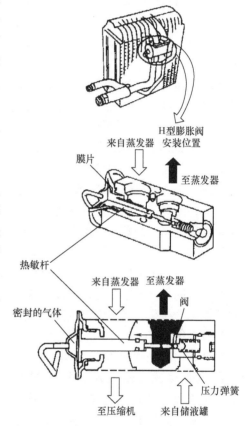

图4-34 H型膨胀阀的工作原理

3. 膨胀节流管

膨胀节流管是一种固定孔口的节流装置，其两端都装有过滤网，以防堵塞。膨胀节流管直接安装在冷凝器出口和蒸发器进口之间。

由于其不能调节流量，液体制冷剂很可能流出蒸发器而进入压缩机，造成压缩机液击。为此，装有膨胀节流管的系统，必须同时在蒸发器出口和压缩机进口之间安装一个气液分离器，实现液、气分离，避免压缩机发生液击。

膨胀节流管的结构如图4-35所示。它是一根细铜管，装在一根塑料套管内；塑料套管外环形槽内装有密封圈。因塑料套管连同膨胀节流管都插入了蒸发器进口管中，密封圈就是用来密封塑料套管外径和蒸发器进口管内径间的配合间隙的。膨胀节流管不能维修，坏了只能更换。

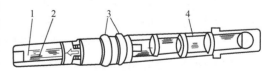

图4-35 膨胀节流管的结构
1—出口滤网 2—孔口 3—密封圈 4—进口滤网

由于膨胀节流管没有运动部件，结构简单、成本低、可靠性高，同时节省能耗，美国和日本很多高级轿车都采用这种节流方式。

4. 组合阀

所谓组合阀（VIR），即在原有储液器/干燥器的内部再增加一个膨胀阀和一个蒸发压力控制阀，其结构如图4-36所示。组合阀体上有四个接头，第一个接头装在组合阀的中部同时从冷凝器来的制冷剂入口处。经过过滤后的制冷剂沿吸液管进入膨胀阀，经膨胀阀降压后，从第二接头进入蒸发器。蒸发后的制冷剂蒸气再从第三个接头进入组合阀的上部，经过蒸发压力控制阀从第四个接头流向压缩机。

在组合阀中，膨胀阀的作用是供给蒸发器适当的液态制冷剂，满足蒸发器热负荷的要求；蒸发压力控制阀的作用是控制蒸发压力高于0.208MPa，保证蒸发温度高于0℃，不会结霜。

压缩机起动前，空调管路内的压力处于平衡状态，使压缩机易于起动；反之，若冷凝器和蒸发器压差过大，会使压缩机起动困难。

压缩机刚运行时，膨胀阀是关闭的。原因是当蒸发器未运行时，蒸发压力可能高达0.482MPa，此压力由蒸发压力控制阀的均衡管引到膜片下方的均压管入口处，再加上调节弹簧的压力一起作用，将膨胀阀关闭。压缩机继续运转，不断把蒸发器内的制冷剂蒸气吸入，加压后送至冷凝器，使冷凝压力增加，开始有液态制冷剂流向储液器，与此同时，在吸气作用下，流向压缩机的蒸气压力下降，在均压管作用下，膜片下方的压力下降。但作用在膜片室上方钢球上的蒸气温度并未改变（还没有液态制冷剂流入蒸发器吸热），仍然较高，

故膜片与钢球之间的制冷剂压力仍然较高，使膜片的上压力大于下压力，从而克服回位弹簧力顶开膨胀阀，使液态制冷剂经膨胀阀流向蒸发器的第二个接头，在蒸发器内蒸发吸热，这时，空调系统才真正起作用，开始制冷。

组合阀内膨胀阀的调节过程：蒸发器的制冷剂蒸气直接流到蒸发压力控制阀的上方（见图4-36中溢流口3），若流到蒸发器的制冷剂量不足，蒸发器温度就较高，膜片上方密封腔内的压力也较高，较高的压力经顶销把膨胀阀的球阀顶得更开，让更多制冷剂流到蒸发器，使蒸发器降温；若蒸发器中的液态制冷剂量过多，则流到蒸发压力控制阀的蒸气过冷，使膜片上方密封腔内的制冷剂降压。由于膜片下均压管和回位弹簧力的共同作用，球阀被向上推，使流向蒸发器的制冷剂减少。这样，就实现了膨胀阀对制冷剂流量的调节。

（二）吸气节流阀

在潮湿的天气情况下，汽车空调制冷系统会工作不良。制冷系统经一段时间运行后，降

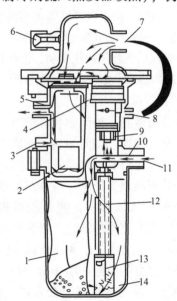

图4-36 组合阀的结构

1—干燥剂袋 2—蒸发压力控制阀 3—冷冻机油溢流口
4—均压管 5—到压缩机出口 6—蒸发压力表备用接头
7—从蒸发器来的制冷剂入口 8—膨胀阀制冷剂出口
9—膨胀阀 10—观察孔 11—从冷凝器来的制冷剂入口
12—吸液管 13—滤网 14—底壳

低了配气室气温，而膨胀阀总是按最大制冷需要来计量制冷剂的流量，继续供给制冷剂。因此，空调系统工作不久，蒸发器周围的气温就要降到0℃或更低。遇此情况，空气中的水蒸气不但会冷凝，而且会使蒸发器结冰。所以，为防止潮气冻结，膨胀阀温控系统中采用吸气节流阀。

传统的汽车空调制冷系统也叫作膨胀阀温控系统，是一种以装上储液干燥器、膨胀阀和吸气节流阀为特点的空调制冷系统，大多装在中、高档轿车上。传统温控系统工作可靠，具有运行精确、温度稳定等优点。

传统温控系统中的吸气节流阀有三种形式：吸气节流阀（STV），如图4-37所示；先导阀控制的绝对压力阀（POA），如图4-38所示；蒸发器压力调节阀（EPR），如图4-39所示。

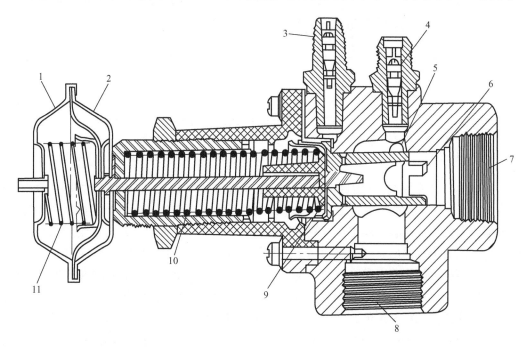

图4-37　吸气节流阀

1—真空元件　2—通气口　3—压力表接口　4—回油管接口　5—外平衡接口　6—活塞

7—蒸发器接口　8—压缩机接口　9—主膜片　10—主簧　11—助簧

1. 吸气节流阀

如图4-37所示，STV阀的主要功能在于保持蒸发器压力为一定的值，如当蒸发器压力为0.21MPa时，其所对应的温度是0℃。活塞6关闭蒸发器通往压缩机的主通道，可以避免蒸发器表面结霜，此时应根据制冷剂在饱和状态下温度和压力的对应关系，通过吸气节流阀对压力进行控制，以达到控制温度的目的。与此同时，还要达到最大的制冷效果。吸气节流阀是靠弹簧压力为蒸发器保持足够的背压的，使制冷剂R12的温度不致降得很低，这样蒸发器上的结露就不会变成冰。当然，吸气节流阀的安装位置、蒸发器结构、海拔等对这个控制压力有所影响。

2. 先导阀控制的绝对压力阀

如图4-38所示，它是利用真空波纹管对制冷剂压力的变化，用以控制一个小小的伺服

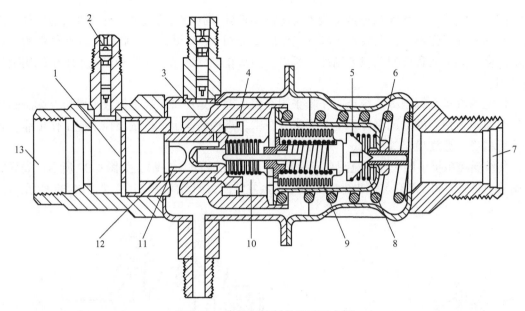

图 4-38　先导阀控制的绝对压力阀

1—减振板　2—压力表接口　3—小孔　4—活塞环　5—针阀　6—针阀座　7—压缩机接口
8—针阀弹簧　9—波纹管　10—活塞环　11—滤网　12—活塞　13—蒸发器接口活塞（滑阀）

阀，即导向针阀（先导阀），然后再由伺服阀控制活塞（滑阀），即以活塞位置去调整、控制制冷剂的流量的。该阀的开启是依靠活塞两端的压力差得以实现的。当空调制冷系统工作时，压缩机运转，并从蒸发器出口管路中抽吸制冷剂气体，从而也就降低了绝对压力阀出口处的压力。只要蒸发器出口处的压力高于控制压力（以 0.21MPa 为例），波纹管就收缩，导向针阀在弹簧推力的作用下就会开启。高于控制压力的制冷剂气体，其压力高得足以推动活塞离开阀座，使得最大量的制冷剂气体流至压缩机。活塞上有一些小孔，因此，制冷剂气体也通过小孔流进波纹管周围的密封空间，即波纹管室，然后再流出导向针阀。

绝对压力阀处于开启状态时，如果制冷系统开始过冷，则压缩机从蒸发器快速吸入制冷剂，以致压力降低到控制压力（0.21MPa），使波纹管膨胀，并关闭导向针阀，而继续流经活塞中小孔的制冷剂，此时却不能经过已关闭的导向针阀流出，于是在活塞上产生了背压。当背压等于从蒸发器流出的制冷剂的压力时，活塞弹簧的弹力就变成了决定性的因素。活塞弹簧位于活塞靠压缩机的一侧，于是它就推动活塞向蒸发器方向移动而返回原位，从而关闭阀口而使制冷剂停止流动。制冷剂停止流动后，蒸发器的压力再次升高而超过控制压力（0.21MPa）。在此压力下，不存在蒸发器周围空气中的潮气冷凝后结冰的危险。与此同时，作用在波纹管周围的压力也升高，迫使波纹管再次收缩，于是弹簧再次推动导向针阀开启，运转中的压缩机就抽吸阀中的制冷剂，压力很快就降到低于蒸发器出口处的制冷剂压力，因而蒸发器出口处的压力就克服弹簧压力而将活塞推开，使制冷剂重新开始流动。如此往复，使蒸发器的温度保持在一定的范围内。

3. 蒸发器压力调节阀

如图 4-39 所示，它装在压缩机的入口处，而不是在蒸发器的出口处。它只有一个铜质波纹管作为制冷剂的通道，进气口设锥头阀。当蒸发压力高于 0.308MPa 时，波纹管伸长，锥头阀打开；反之，锥头阀关闭。它主要用在克莱斯勒公司和丰田公司的中高级汽车上。EPR-Ⅲ型蒸发器压力调节阀结构简单，但控制精度差。

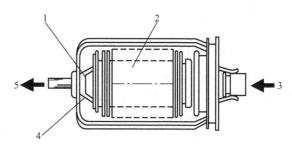

图4-39　蒸发器压力调节阀（EPR-Ⅲ型）
1—锥头阀　2—波纹管　3—进气口
4—锥头阀座　5—出气口

采用传统温控系统的不足之处是，消耗能源较多，这是由于压缩机不停地运转，即使制冷剂采用吸气节流阀进行节流，压缩机也要消耗能源，只不过比满负荷运转时少消耗些而已。在中、低档轿车上，蒸发器温度控制也可以不用吸气节流阀，而用恒温开关替代，通过恒温控制器使温度在预定的温度区间内，切断或接通电磁离合器，使压缩机处于工作—停止的循环状态。

四、汽车空调其他辅助设备

（一）电磁离合器

在非独立式汽车空调制冷系统中，压缩机是由汽车主发动机驱动的。为了使空调系统的开停不影响发动机的工作，压缩机的主轴不是与发动机曲轴直接相连，而是通过电磁离合器把动力传递给压缩机的。

电磁离合器是发动机和压缩机之间的一个动力传递机构，受空调（A/C）开关、温控器、空调放大器、压力开关等控制，其作用是通电或断电时，可以控制压缩机接通与断开。它是压缩机与带轮之间的连接件，只要发动机在运转，离合器的带轮总是在旋转。只有当电磁线圈通电时，离合器才被吸合而使压缩机工作。而电磁离合器的电源通断由一个温度控制器来控制。

电磁离合器由带轮、电磁线圈、压力板和轴承等组成，如图4-40所示。电磁线圈固定在压缩机壳体上，压力板则被安装在压缩机主轴上，轴承设置在带轮与压缩机的前端壳之间，其装配关系如图4-41所示。

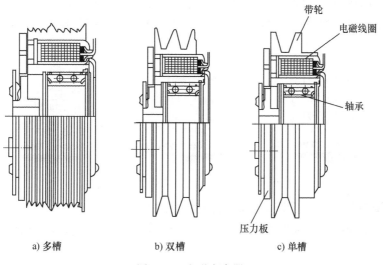

a) 多槽　　　　　b) 双槽　　　　　c) 单槽

图4-40　电磁离合器

（二）电磁阀

1. 电磁阀的作用与结构

电磁阀是一种开关式的自动阀门，它的作用是切断或接通制冷剂输液管。电磁阀的线圈通常与压缩机的电磁离合器线圈接在同一开关上，压缩机起动时，电磁阀通电打开阀孔；压缩机停止时，电磁阀立即关闭，避免大量的液态制冷剂进入蒸发器，防止再起动时压缩机冲缸，从而起到了安全保护作用。

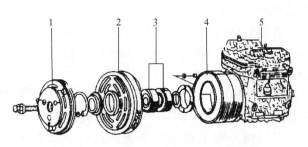

图 4-41 电磁离合器与压缩机的装配关系
1—压力板 2—带轮 3—带轮轴承 4—电磁线圈 5—压缩机

电磁阀由电磁外壳、弹簧、线圈、铁心、阀杆、阀体等组成。电磁阀种类很多，而在汽车空调设备中使用的主要是直接启闭式电磁阀，如图 4-42 所示。图 4-43 所示为电磁阀关闭、正在开启、全开的工作状况。

电磁阀的工作原理是当接通电源时，线圈与铁心产生感应磁场，铁心受吸力上移，阀孔被打开。电源被切断后磁场消失，铁心因弹簧力和自身重量而下落，阀孔又被关闭。所谓直接启闭式，即为一次开启式的电磁阀，具有结构简单、操作方便、不易发生故障等优点，在制冷系统中被广泛采用。

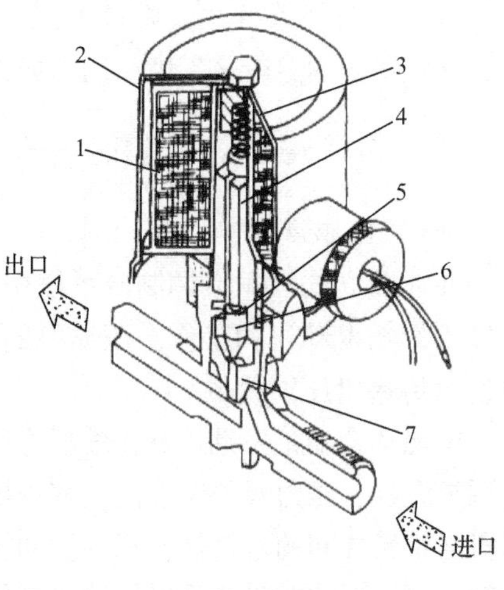

2. 电磁阀的安装与使用

安装与使用电磁阀时有以下要求：

1）必须垂直安装在水平管上，不能倾斜，以免铁心被卡住。

图 4-42 电磁阀
1—线圈 2—线圈套 3—回位弹簧 4—铁心
5—阀杆 6—阀芯 7—主阀

2）流体方向应与阀体标注箭头一致，反向会引起阀门关闭不严。

3）使用场合的环境温度不宜超过 55℃，也不应安装在潮湿的地方，以防线圈烧毁。

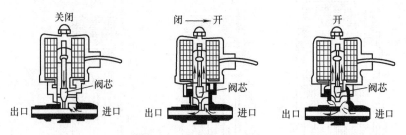

图 4-43 电磁阀工作状况

4）电磁阀必须安装在干燥过滤器与膨胀阀之前的液管中。

5）电磁阀的规格主要根据管路直径大小、介质材料要求、使用工作电压来选用。

3. 电磁阀的常见故障与维护

电磁阀的常见故障是铁心吸不起来和阀孔关闭不严。如果通电后听不到吸引铁心时的冲击声，断电时又听不到铁心下落声，则有以下几种原因：

1）通电电压低于85%，使电磁力不足，铁心吸不上来。经测量确定后，调整电压。

2）电源或线圈断路。可用万用表测量确定。

3）铁心被油污粘住。可以拆下来清洗。

4）电磁阀进出口压力差超过开阀能力，使铁心吸不上来。检查原因，并予以排除。

5）通电后有异味，可能是电磁线圈短路、烧毁所引起的。可用万用表检查电压和电阻值。

6）电磁阀关闭不严，可能是安装不垂直或装反所引起的。检查后应重新调整、安装。

（三）储液干燥器

在中小型汽车空调系统中，一般将具备储液、干燥、过滤三种功能的装置组成一体，这个容器称为储液干燥器。储液干燥器串联在冷凝器与膨胀阀之间的管路上，使从冷凝器中来的高压制冷剂液体经过滤、干燥后流向膨胀阀。在制冷系统中，它起到储液、干燥和过滤液态制冷剂的作用。

储液干燥器的功能是储存液化后的高压液态制冷剂，并根据制冷负荷的大小，随时供给蒸发器，同时还可补充制冷系统因微量渗漏而造成的制冷剂损失量。

干燥的目的是防止水分在制冷系统中造成冰堵。水分主要来自新添加的润滑油和制冷剂中所含的微量水分。当这些水分、制冷剂混合物通过节流装置时，由于压力和温度下降，水分便容易析出，凝结成冰，出现系统堵塞的"冰堵"故障。

在制造维修时，制冷系统中会由于没有处理干净而带入一些杂物。另外，制冷剂和水混合后，对金属的强烈腐蚀作用也会产生一些杂质。上述杂质与制冷系统中的制冷剂混合在一起，在系统中循环便很容易造成堵塞，影响正常工作，同时也会增加压缩机的磨损，缩短其使用寿命，所以制冷系统中一定要设置过滤器。

图4-44所示为储液干燥器的结构原理示意图，其组成部分主要有引出管1、干燥剂2、过滤器3、进口4、易熔塞5、视液镜6和出口7等。从冷凝器来的液态制冷剂，从进口4进入，经过滤器3和干燥剂2除去水分和杂质后进入引出管1，从出口7流向膨胀阀。

干燥剂是一种能从气体、液体或固体中除掉潮气的固体物质，一般常用的有硅胶及分子筛。分子筛是一种白色球状或条状吸附剂，对含水量低、流速大的液体或气体有极强的干燥能力。它不但使用寿命长，还可经再生处理后重新使用，缺点是价格较贵。

滤清材料可防止干燥剂被污染，也可避免其他固态物质随制冷剂在空调系统内循环。有些干燥剂前后各有一层滤清材料，制冷剂必须通过两层滤清材料和一层干燥剂，才能离开储液罐。

易熔塞是一种保护装置，一般装在储液干燥器头部，用螺塞拧入。螺塞中间是一种低熔点的铅锡合金，当制冷剂温度达到95～105℃时，易熔合金熔

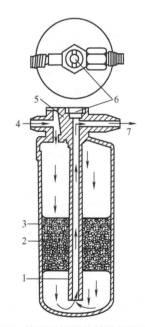

图4-44 储液干燥器的结构原理示意图

1—引出管 2—干燥剂 3—过滤器 4—进口
5—易熔塞 6—视液镜 7—出口

化，制冷剂逸出，以避免系统中其他零件的损坏。图 4-45 所示为一种易熔塞的结构示意图。

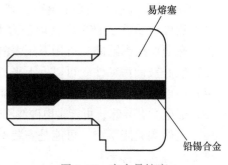

图 4-45　安全易熔塞

视液镜使人们可以看到制冷剂的流动状态。当系统正常运行时，从视液镜中可以看到制冷剂无气泡的稳定流动。若出现气泡和泡沫，则说明系统工作不正常或制冷剂不足。

为了保证系统安全工作，目前使用的储液干燥器上都安装了高、低压保护开关。

如果是立式储液干燥器，其直立面的倾斜角不得大于 15°，它的进口应和冷凝器的出口相连。储液干燥器进口处通常打有英文标记 IN，或用箭头指示制冷剂的流动方向。维修人员应当记住，制冷剂是从干燥器下部流入膨胀阀进口的。接反了储液干燥器，会导致制冷量不足，安装时，干燥器是接入系统的最后一个部件。

（四）集液器

集液器和储液干燥器类似，但它装在系统的低压侧压缩机入口处。装有集液器的空调系统通常使用孔管，因而它是循环离合器空调系统的特征之一。

集液器的主要功能是防止液态制冷剂液击压缩机。因为压缩机是容积式泵，设计上不允许压缩液体。集液器也用于储存过多的液态制冷剂，内含干燥剂，起储液干燥器的作用。集液器的结构简图如图 4-46 所示。

集液器的另一名称是回气积累器，因为它装在系统低压侧，使制冷剂气液分离。换句话说，它积累的是液态制冷剂。

制冷剂从集液器上部进入，液态制冷剂落入容器底部，气态制冷剂积存在上部，并经上部出气管进入压缩机。在容器底部，出气管回弯处装有带小孔的过滤器，允许少量积存在管弯处的冷冻机油返回压缩机，但液体制冷剂不能通过，因而要用特殊过滤材料。

低压侧的压力控制器，如循环离合器系统控制蒸发器温度的压力开关，常装在集液器上。集液器中干燥剂的组成和特性，和储液干燥器内的干燥剂完全一样。

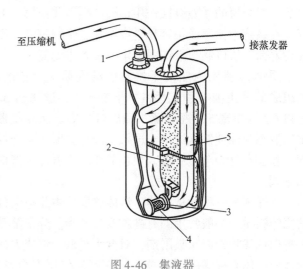

图 4-46　集液器
1—测试孔口　2—干燥剂　3—滤网　4—泄油孔　5—出气管

任务实施

1）以 4 人一小组进行分组，并确定组长。

2）拆装汽车空调，了解其结构，画出汽车空调的构造，写出汽车空调的拆装步骤。

3）拆装汽车空调压缩机，画出汽车空调压缩机的构造，写出汽车空调压缩机的拆装步骤。

4）拆装汽车空调换热器，画出汽车空调换热器构造，写出汽车空调换热器的拆装步骤。

任务汇报及考核

1）小组讨论：组长召集小组成员讨论，交换意见，形成初步结论。

2）制作图样：

① 画出汽车空调的构造，写出汽车空调的拆装步骤。

② 画出汽车空调压缩机的构造，写出汽车空调压缩机的拆装步骤。

③ 画出汽车空调换热器的构造，写出汽车空调换热器的拆装步骤。

3）小组陈述：

① 每组成员进行分工，一个学生陈述：拆装汽车空调的操作步骤，指出制冷系统各个部件和制冷剂的管道走向。两个学生进行现场演示操作，一个学生在旁边辅助并记录数据。

② 其他小组的不同看法：每组陈述完后，其他组对陈述组的结论进行纠正或补充。注意：不是争论，而是提出不同的看法。

4）教师点评及评优：指出各组的训练过程表现、任务完成情况，对本实训任务进行小组评价，并将分数填入表4-1中。

表4-1　实训任务考核评分标准

组长：　　　　　　组员：

序号	评价项目	具体内容	分值	小组自评（30%）	小组互评（30%）	教师评价（40%）	平均分
1	职业素养	细致和耐心的工作习惯；较强的逻辑思维、分析判断能力	5				
		良好的吃苦耐劳、诚实守信的职业道德和团队合作精神	5				
		新知识、新技能的学习能力、信息获取能力和创新能力	5				
2	工具使用	正确使用工具	15				
3	操作规范	拆装步骤正确	20				
4	制冷图样	正确画出示意图	20				
5	总结汇报	陈述清楚、流利（口述操作流程）	20				
		演示操作到位	10				
6		总计	100				

思考与练习

一、定排量压缩机与变排量压缩机有何区别？

二、比较斜盘式压缩机与摆盘式压缩机的工作特点。

三、试叙述汽车空调活塞式压缩机的工作过程。

四、比较旋转式压缩机与往复式压缩机的工作特点。

五、冷凝器与蒸发器有何异同？

六、汽车空调冷凝器有哪几种形式？如何提高其换热特性？

七、集液器的作用有哪些？

八、压缩机电磁离合器是如何工作的？

九、热力膨胀阀的作用是什么？主要有哪两种形式？简述内平衡热力膨胀阀的工作原理、调整膨胀阀的方法。

十、储液干燥器的作用是什么？安装时应注意什么？

十一、膨胀阀温控系统中的吸气节流阀是如何保证蒸发器不会结冰的？

十二、如何安装并使用电磁阀？

任务二　汽车空调的通风、取暖与配气系统

任务描述

> 拆装汽车空调通风与空气净化系统，画出其结构及工作原理图，并写出其拆装步骤。

> 拆装汽车空调取暖系统，画出其结构及工作原理图，并写出其拆装步骤。

> 拆装汽车空调配气系统，画出其结构及工作原理图，并写出其拆装步骤。

知识要求

> 了解汽车空调的通风与空气净化装置的基本结构与工作原理。

> 理解汽车空调取暖系统的组成、结构与工作特点。

> 掌握汽车空调的配气方式、组成与工作方式。

技能要求

> 会正确使用、操作汽车空调通风、取暖与配气装置。

> 会正确拆装汽车空调的通风与空气净化装置。

> 会检修汽车空调的通风、取暖与配气装置。

知识导入

在相对封闭的汽车车厢内，为了满足舒适性的要求，除了要对温度进行调节和对大量新鲜空气进行及时补充外，还要对狭小的车厢内部空间的气流进行调配，汽车空调通风、取暖与配气系统正是完成上述任务的重要组成部分。

一、汽车空调通风与空气净化装置

（一）通风装置

为了健康和舒适，汽车车厢内的空气要符合一定的卫生标准，这就需要输入一定量的新鲜空气。新鲜空气的配送量除了考虑人们因呼吸排出的二氧化碳、蒸发的汗液、吸烟以及从车外进入的灰尘、花粉等污染物外，还必须考虑造成车内正压和局部排气量所需的风量。将新鲜空气送进车内，取代污浊空气的过程，称为通风。

新鲜空气进入量必须大于排出和泄漏的空气量，才能保持车内气体压力略大于车外的大气压力。保持车内空气正压的目的是防止外面空气不经空调装置直接进入车内，而且能防止热空气排出，以及避免发动机废气通过回风道进入车内，污染空气。

因此，对车厢内进行通风换气以及对车内空气进行过滤、净化是十分必要的，汽车通风和空气净化装置也是汽车空调系统的重要组成部分。

根据我国对轿车、客车空调的新鲜空气要求，换气量按人体卫生标准最低不少于20m³/（h·人），且车内的CO_2的体积分数一般应控制在0.03%以下，风速在0.2 m/s左右。

汽车空调的通风方式一般有动压通风、强制通风和综合通风三种。

1. 动压通风

动压通风也称自然通风，它以汽车行驶时对车身外部所产生的风压为动力，在适当的地方开设进风口和排风口，以实现车内的通风换气。

进、排风口的位置决定于汽车行驶时车身外表面的风压分布状况和车身结构形式。进风口应设置在正风压区，并且离地面尽可能地高，以免汽车行驶时所扬起的带有尘土的空气进入。排风口则设置在汽车车厢后部的负压区，并且应尽量加大排气口的有效通流面积，提高排气效果，还必须注意灰尘、噪声以及雨水的侵入。

图4-47所示是用普通轿车车身的模型进行风洞试验的表面压力分布图。由图可见，车身外部大多受到负压，只有在车前及风窗玻璃周围为正压区。因此，轿车的进风口设在风窗玻璃下部的正风压区，而且都设有进气阀门和内循环空气阀门，用来控制新鲜空气的流量。一般在空调系统刚启动，而且车内、外温差较大时，关闭外循环气道，采用内循环方式工作，这样可以尽快降低车内温度。排风口设置在轿车尾部负压区，动压通风时，车内空气的流动如图4-48所示。

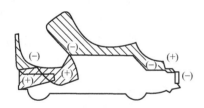

图4-47 轿车车身表面压力分布

图4-48 轿车空调风的循环

由于动压通风不消耗动力，且结构简单，通风效果也较好，因此，轿车大都设有动压通风口。

2. 强制通风

强制通风是利用鼓风机强制将车外空气送入车厢内进行通风换气的通风方式。这种方式需要能源和通风设备。在冷暖一体化的汽车空调上，大多采用通风、取暖和制冷联合装置，将外部空气与空调冷暖空气混合后送入车内，此种通风装置常见于高级轿车和豪华旅行车上。

3. 综合通风

综合通风是指一辆汽车上同时采用动压通风和强制通风两种通风方式。采用综合通风系统的汽车比单独采用强制通风或动压通风的汽车结构要复杂得多。最简单的综合通风系统是在动压通风的车身基础上，安装强制通风扇，根据需要可分别使用和同时使用。这样，基本上能满足各种气候条件下的通风换气要求。

综合通风系统虽然结构复杂，但省电，经济性好，运行成本低。特别是在春秋季节，用动压通风导入凉爽的室外空气，以取代制冷系统工作，同样可以保证舒适性要求。这种通风方式近年来在汽车上的应用逐渐增多。

（二）空气净化装置

汽车空调系统采用的空气净化装置通常有空气过滤式和静电集尘式两种。前者是在空调系统的送风和回风口处设置空气滤清装置，它仅能滤除空气中的灰尘和杂物，其结构简单，只需定期清理过滤网上的灰尘和杂物即可，故广泛用于各种汽车空调系统中。后者则是在空气进口的过滤器后再设置一套静电集尘装置或单独安装一套用于净化车内空气的静电除尘装置。它除具有过滤和吸附烟尘等微小颗粒杂质的作用外，还具有除臭、杀菌、产生负氧离子以使车内空气更为新鲜洁净的作用，由于其结构复杂，成本高，因此只用于高级轿车和旅行车上。

图 4-49 所示为静电集尘式空气净化装置原理图。

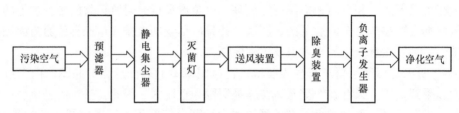

图 4-49　静电集尘式空气净化装置原理图

预滤器用于过滤大颗粒的杂质；静电集尘器则以静电集尘方式把微小的颗粒尘埃、烟灰及汽车排出的气体中含有的微粒吸附在集尘板上。其工作原理是这样的：通过高压放电时产生的加速离子通过热扩散或相互碰撞而使浮游尘埃颗粒带电，然后在高压电场中库仑力的作用下，克服空气的阻力而被吸附在集尘电极板上。图 4-50 所示为静电集尘原理图，其中图 4-50 所示为放电电极流出的辉光电流使尘埃颗粒带电的状况，图 4-50b 所示为带电的尘埃颗粒向集尘电极板运动的状况。

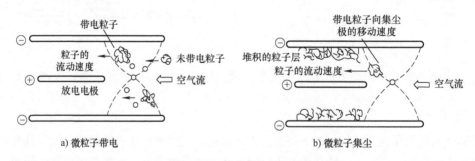

a) 微粒子带电　　　　　　　　b) 微粒子集尘

图 4-50　静电集尘原理图

灭菌灯用于杀死吸附在集尘板上的细菌，它是一只低压水银放电管，能发射出波长为 353.7 nm 的紫外线，其杀菌能力约为太阳光的 15 倍。

除臭装置用于除去车厢内的油料及烟雾等气味，一般采用活性炭过滤器、纤维式或滤纸式空气过滤器来吸附烟尘和臭气等有害气体。

图 4-51 所示为实用的静电集尘式空气净化装置结构示意图，它通常安装在制冷、取暖

采用内循环方式的大客车上，采用这种装置净化后的空气清洁度很高，可以充分满足对汽车舒适性的要求。

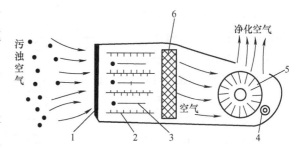

图 4-51　静电集尘式空气净化装置结构示意图
1—粗滤器　2—集尘电极　3—充电电极　4—负离子发生器
5—风机　6—活性炭过滤器

二、汽车空调取暖系统

现代汽车空调已发展成为冷暖一体化装置，不仅能制冷，而且能制热和通风，成为适应全年性气候的空气调节系统。汽车空调取暖系统的主要作用是能与蒸发器一起将空气调节到乘员感觉舒适的温度；在冬季向车内提供暖气，提高车内环境温度；当车上玻璃结霜和结雾时，可以输送热风来除霜和除雾。

汽车空调取暖系统按暖气设备所使用的热源不同，可分为余热式和独立燃烧式；按空气循环方式不同，可分为内循环、外循环和内外混合循环式；按照载热体不同，可分为水暖式和气暖式。本任务主要介绍余热式和独立燃烧式两种取暖系统的结构及工作原理。

（一）余热式取暖系统

1. 水暖式暖气装置

轿车、载货汽车和小型客车经常利用发动机冷却循环水的余热供热，将其引入换热器，由鼓风机将车厢内或车外部空气吹过换热器而使之升温。此装置设备简单，安全经济，但供热量小，受发动机运行工况影响大。如图 4-52 所示，水暖式暖气装置的工作原理是通过发动机上的冷却液控制阀 4 将分流出来的一路冷却液送入暖风机的加热器芯子 1，放热后的冷却液经加热器出水管 2 流回发动机；冷空气在加热器鼓风机 13 的作用下通过加热器芯子，被加热后，由不同的风口吹入

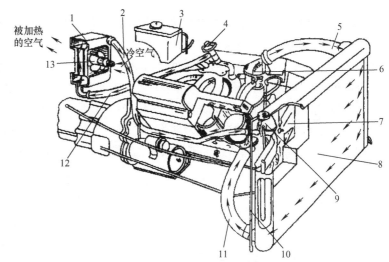

图 4-52　汽车余热水暖装置
1—加热器芯子　2—加热器出水管　3—膨胀水箱
4—冷却液控制阀　5—散热器进水管　6—恒温器
7—风扇　8—散热器　9—水源　10—散热器溢流管
11—散热器出水管　12—加热器水管　13—加热器鼓风机

车厢内，进行风窗除霜和取暖；另一路冷却液通过散热器进水管 5 进入散热器 8，降温后经散热器出水管 11 回到发动机。通过控制冷却液控制阀的开闭和流水量大小，可调节暖风机的供热量。

输入暖风机的空气有三种方式：一是输入车内的空气，称为内循环；二是输入车外的新鲜空气，称为外循环；三是同时输入内、外两种空气，称为混合循环。一般内循环取暖效果好，加热空气吸热量少，外循环吸入的空气新鲜，混合循环则具备两者的优点，克服了两者的缺点，在汽车上应用广泛。图 4-53 所示为内、外混合循环式暖气装置，由外部空气吸入口 7 吸进新鲜空气，由内部空气吸入口 5 吸进内

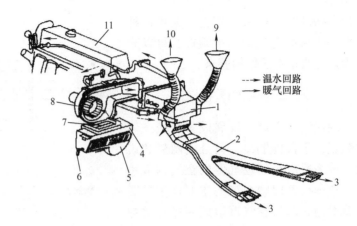

图 4-53　内、外混合循环式暖气装置

1—换热器　2—后座导管　3—暖气管道　4—混合室
5—内部空气吸入口　6—风门操纵装置
7—外部空气吸入口　8—鼓风机　9—除霜（前窗）
10—除霜（后窗）　11—发动机

部空气，在混合室 4 混合，被鼓风机 8 送入换热器 1，加热后被送往前座乘员脚下，并通过后座导管 2、暖气管道 3 供后座乘员取暖。

2. 气暖式暖气装置

利用发动机排气管中的废气余热或冷却发动机后的灼热空气作为热源，通过换热器加热空气，把加热后的空气输送到车厢内取暖的装置，称为气暖式暖气装置。这种暖气装置受车速变化的影响大，对换热器的密封性、可靠性要求高。

如图 4-54 所示，在发动机排气管中装一段肋片管，管外套上外壳，废气通过肋片传热，加热夹层中的空气，在鼓风机作用下，将空气加热后送入车室。

图 4-55 所示是另一种结构的气暖装置，通过换热器 11 将冷却发动机后的部分空气与进气管 2 的空气相混合，加热后通过排热风管 9，在鼓风机 7 的作用下送入车室内，以供取暖。

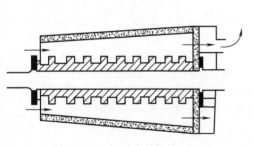

图 4-54　气暖式暖气装置

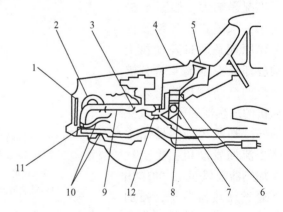

图 4-55　气暖暖风机

1—挡风栅　2—进气管　3—夏季用热风泄出阀　4—通风
5—除霜器　6—电动机　7—鼓风机　8—转换阀　9—排热风管
10—专用排气管（除霜、去雾等）　11—换热器　12—截止阀

（二）独立燃烧式取暖系统

发动机余热式取暖装置普遍受发动机功率和工况影响较大，车速低，下坡时取暖效果不佳。目前大客车普遍采用独立燃烧式取暖装置，其热容量大，热效率可达80%。一般可使用煤油、轻柴油作燃料。

图4-56所示为独立燃烧式（空气加热式）暖气装置结构图。这种装置通常由燃烧室、换热器、供给系统和控制系统四部分组成。燃烧室由火花塞4和燃料分布器3组成，燃料分布器直接装在暖房空气送风机17的电动机轴上。在工作时，由其内部出来的燃油在离心力作用下便于雾化。换热器位于燃烧室后端，由双层腔组成，内腔通过的是燃烧的高温气体，外腔通过的是新鲜空气，便于冷热交换。供给系统包括燃料供给系统、助燃空气供给系统和被加热空气供给系统三个部分。其中燃料

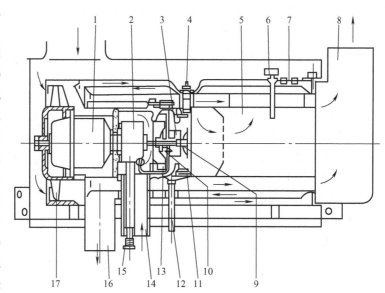

图4-56 空气加热独立燃烧式暖气装置

1—电动机 2—燃料泵 3—燃料分布器 4—火花塞 5—燃烧室
6—燃烧指示器 7—热熔丝 8—暖气排出口 9—分布器帽
10—油分布器管 11—燃烧环 12—排气管 13—燃烧空气送风机
14—燃烧室空气吸入管 15—燃料吸入 16—排气管 17—暖房空气送风机

供给系统由燃料泵、电动机、燃油电磁阀、油箱和输油管组成。助燃空气供给系统和被加热空气供给系统共用一台电动机，电动机两端各装一台风机供两个系统使用。控制系统有手动和自动两种方式，用来控制电动机、电磁阀、点火装置及自动控制元件的工作。

该暖气装置工作时，燃油由电路电磁阀和液压泵来控制。当打开暖气开关时电磁阀打开，电动机工作，与其同轴的燃料泵2工作，燃油从油箱经滤清器进入燃料分布器3，在离心力作用下飞散雾化，并与供给燃烧的空气混合进入燃烧室5。火花塞4通电点火，点燃混合气使其燃烧，燃烧后的高温气体在与新鲜空气换热后，由排气管16排向大气。另一方面，在电动机轴前端安装的暖房空气送风机17向内送入空气，经换热器加热后由暖气排出口8进入车室的管路和送风口。

该装置的优点是取暖快，不受汽车行驶工况的影响。用空气作换热介质提供暖风，处于高温干热状态，舒适性差；用水作换热介质提供暖风，出风柔和，舒适感好，还可预热发动机、润滑油和蓄电池等。该装置由于燃烧时温度高，因此对其安全保护就相当重要：暖风出口温度过高时，过热保护器就开始动作，断开电磁阀的电源，停止燃油供应。另外，燃烧终止或停机时，供油中断，不再燃烧，送风机应继续运行一段时间，直至内部感测温度指示正常才停止，这样一来可使得燃烧室不会因过热而受损。

三、汽车空调配气系统

(一) 汽车空调配气方式

汽车空调已经由单一制冷或取暖的方式发展到冷暖一体化方式，由季节性空调发展到全年性空调，真正起到空气调节的作用。系统根据空调的工作要求，可以将冷、热风按照配置送到驾驶室内，满足调节需要。

图 4-57 所示为汽车空调配气系统的基本结构，它通常由三部分构成：第一部分为空气进入段，主要由用来控制新鲜空气和室内循环空气的风门叶片和伺服器组成；第二部分为空气混合段，主要由加热器3、蒸发器2和调温风门组成，用来提供所需温度的空气；第三部分为空气分配段，使空气吹向面部、脚部和风窗玻璃。它们通过手动控制钢索（手动空调）、真空气动装置（半自动空调）或者电控气动装置（全自动空调）与仪表板上的空调控制键连接，执行配气工作的。

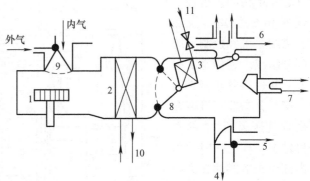

图 4-57　汽车空调配气系统

1—鼓风机　2—蒸发器　3—加热器　4—脚部吹风口
5—面部吹风口　6—除霜风口　7—侧吹风口
8—加热器旁通风门　9—新鲜空气风门
10—蒸发器制冷剂进出管　11—加热器进出水管

空调配气系统的工作过程如下：新鲜空气＋车内循环空气→进入风机→空气进入蒸发器冷却→由风门调节进入加热器的空气→进入各吹风口。

空气进入段的风门主要控制新鲜空气和室内循环空气的比例，在夏季室外温度较高、冬季室外温度较低的情况下，尽量开小风门，以减少冷、热气量的损耗。当车内空气品质下降，汽车长时间运行或者室内外温差不大时，应定期开大风门。一般汽车空调空气进口段风门的开启比例为 15%～30%。

加热器旁通风门主要用于调节通过加热器的空气量。顺时针方向旋转风门，开大旁通风门，通过加热器的空气量少，由风口4、5、7吹出冷风；反之，逆时针方向旋转风门，关小旁通风门，这时由风口4、5、6、7吹出热风供取暖和玻璃除霜用。

汽车空调配气方式有以下几种：

1. 空气混合式配气系统

图 4-58a 所示为空气混合式配气流程图。

从图 4-58a 中可看出，其工作过程为：车外空气＋车内空气→进入风机3→混合空气进入蒸发器1冷却→由风门调节进入加热器加热→进入各吹风口4、5、7。进入蒸发器1后再进入加热器2的空气量，可用风门进行调节。若进入加热器的风量少，也就是冷风量相对较多，这时冷风由冷气吹出口7吹出；反之，则吹出的热风较多，热风由除霜吹出口5或热风（脚部）吹出口4吹出。

空气混合式配气系统的优点是能节省部分冷气量，缺点是冷、暖风不能均匀混合，空气处理后的参数不能完全满足要求，即被处理的空气参数精度较差一些。

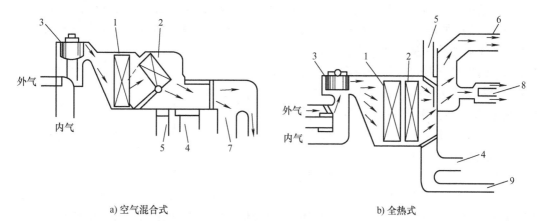

a) 空气混合式　　　　　　　　　　　　　　b) 全热式

图4-58　汽车空调送风流程

1—蒸发器　2—加热器　3—风机　4—热风吹出口　5—除霜吹出口

6—中心吹出口　7—冷气吹出口　8—侧吹出口　9—尾部吹出口

2. 全热式配气系统

图4-58b所示为全热式配气流程图。从图中可看出，其工作过程为：车外空气＋车内空气→进入风机3→混合空气进入蒸发器1冷却→出来后的空气全部进入加热器2→加热后的空气由各风门调节风量，分别进入4、5、6、8、9各吹风口。

全热式与空气混合式配气系统的区别在于由蒸发器出来的冷空气全部直接进入加热器，两者之间不设风门进行冷、热空气的风量调节，而使冷空气全部进入加热器再加热。

全热式配气系统的优点是被处理后的空气参数精度较高，缺点是浪费一部分冷气，即为了达到较高的空气参数精度而不惜浪费少量冷气。这种配气方式只用在一些高级豪华汽车的空调上。

3. 加热与冷却并进混合式配气系统

图4-59所示为加热与冷却并进混合式配气系统工作原理图。

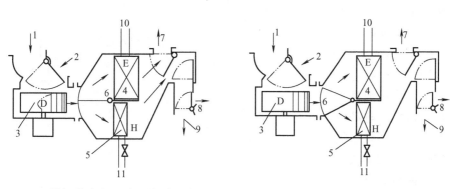

a) 混合风门在上、下方区域之间的位置　　　　　　b) 混合风门在最下方位置

图4-59　加热与冷却并进混合式配气系统工作原理图

1—新鲜空气　2—内循环空气　3—风机　4—蒸发器　5—加热器　6—混合风门　7—上部通风口

8—除霜吹出口　9—脚部吹出口　10—制冷剂进出管　11—热水阀调节进出水管

该配气系统工作时，混合风门 6 可以在最上方与最下方区域之间的任何位置开启或停留，如图 4-59a 所示。当空气由风机 D 吹出后，将由调风门调节进入并联的蒸发器 E 和加热器 H，蒸发器的冷风从上面吹出，对着人体上部，而热空气对着脚部和除霜处。由于风量和温度多种多样，因此由风门调节空气流量的大小分别进入蒸发器和加热器，以满足不同温度、不同风量的要求，其工作模式如图 4-60 所示。

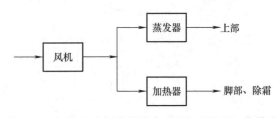

图 4-60　加热与冷却并进混合式配气系统的工作模式

当混合风门 6 处在最上方时，混合风门 6 将通往蒸发器的通道口关闭；或者当混合风门 6 处在最下方时，混合风门 6 将通往加热器的通道口关闭，如图 4-59b 所示，这样在蒸发器 E 和加热器 H 不用时，单纯的暖气或冷气将不经混合直接被送至各出风口。若两者都不运行，送入车内的便是自然风。

4. 半空调配气系统

新鲜空气和车内循环空气经风门调节后，先经过风机吹进蒸发器进行冷却，然后由混合风门调节，一部分空气进入加热器，冷气出口不再进行调节，其工作模式如图 4-61 所示。

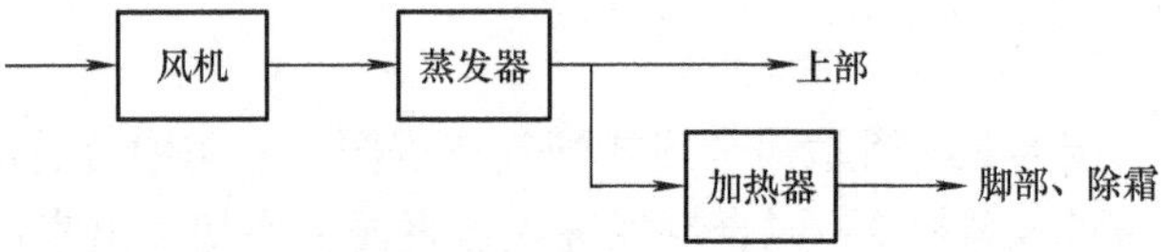

图 4-61　半空调工作模式

同样，由风门来调节其送入车内的空气温度。若蒸发器 E 不工作，将空气全部引到加热器 H，则送出的是暖风；若加热器 H 不工作，则送出来的全部是冷风；若两者都不工作，则送出来的是自然风，其系统结构如图 4-62 所示。

从目前汽车空调的配气方式来看，空气混合式使用得最多。它是将空气经过蒸发器进行降温除湿处理后，用调节风门将一部分空气送到加热器加热，再将出来的热气和冷气混合，可以调节人们所需要的各种温度的空气，而且除霜的热风可直接从加热器引到除霜风口，直接吹向风窗玻璃。它的最大特点是效率高，节能显著。

(二) 汽车空调面板控制

汽车空调配气系统各风门的位置变化主要由拉绳操纵机构、真空操纵机构或电动机伺服装置控制。而上述操纵机构又受汽车空调面板功能键的控制，目前控制面板又可分为人工控制面板和自动控制面板（见图 4-63），本书主要讲述人工控制面板。

对于不同类型的汽车空调，人工控制面板的控制键和

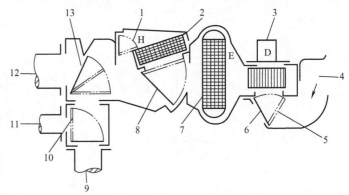

图 4-62　半空调配气系统

1—限流风门　2—加热器芯　3—风机电动机　4—新鲜空气入口
5—新鲜/再循环空气风门　6—再循环空气风口　7—蒸发器芯
8—混合风门　9—至面板风口　10—A/C 除霜风门
11—至除霜器风口　12—至底板出口　13—加热除霜口

形式有所不同，但它们的功能键控制内容基本相同。人工控制面板一般有四个功能键，如图 4-63a 所示。

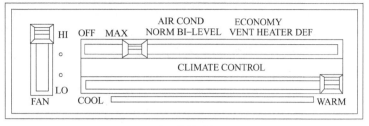

a) 人工控制面板

1. 功能选择键

功能选择键主要用于空调系统取暖、制冷、冷暖风或除霜控制，具体功能选择键的名称和作用为 OFF—停止位置，MAX—最冷位置，A/C（或 NORM）—空调位置，VENT—自然通风位置；FLOOR（或 HEATER）—暖气位置；MIX（或 BI‑LEVEL）—取暖化霜位置。

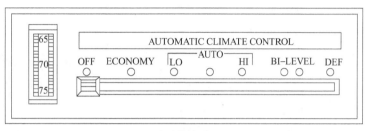

b) 自动控制面板

图 4-63　汽车空调控制面板

将功能选择键移动至不同位置，可通过拉索或真空开关控制各个风门的开关位置，从而调节空气温度与流向。

2. 温度键

温度键主要用于控制调温门的位置。当其位于冷端（COOL）或暖端（WARM）时，调温门在拉索作用下分别关闭或打开流经加热器的空调风。当其位于两者中间的任意位置时，可得到不同比例的暖气与冷空气的混合空气。

3. 调风键

调风键主要用于控制空调内鼓风机的转速，一般有五个档，即 HI（高速）、LO（低速）、M1（中速 1）、M2（中速 2）和 OFF（断开）。

调风键用于控制一个可变电位计，通过改变电动机线路电阻值来改变电动机的励磁量，以达到变速的目的。

4. 后风窗除霜键

后风窗除霜键属于一个电路开关，用于控制后风窗除霜电热丝电源的通断，指示灯用于提醒乘员不要忘记切断电源。

对于设有 BI‑LEVEL（双层出风）位置的汽车空调系统，空气在中间风口和地板风口之间进行分配。在此位置时，有些系统的压缩机不工作。

面板功能键在 VENT、FLOOR（或 HEATER）、MIX（或 BI‑LEVEL）位置时，不需要压缩机工作，因而，此三个功能键又叫作经济功能键。

（三）汽车空调手动和半自动真空控制系统

汽车空调配气系统的基本结构有手动、半自动真空控制系统和全自动电控真空控制系统。全自动电控真空控制系统采用微机控制空调的工作过程，其配气系统的操作方式与执行器的结构与手动、半自动真空控制系统有较大区别。

对于手动、半自动真空控制系统而言，虽然在汽车空调整体结构和控制电路上有较大差别，但其配气系统的工作原理和控制过程并无严格区分，所不同的只是手动系统对风门、调温门的控制，部分采用拉索联动机构，而半自动真空控制系统则全部采用真空控制结构。它们的共同特点是对系统的控制都是依靠人工转换空调面板的控制开关进行的，而配气的工作则通过真空执行器来完成。

1. 手动拉索式汽车空调的使用与控制

图 4-64 所示为一种手动调节的空调系统操纵机构分解图。

（1）调温键的操纵机构　移动调温键带动拉索，可以改变调温门位置，达到控制温度的目的。同时，调温键还控制真空气路开关。当其在 COOL 位置或 WARM 位置时，分别切断或接通真空通路，可使控制加热器冷却液的控制阀切断或导通。另外，在调温键后面装有温度控制器，内有感温包毛细管或热敏电阻，用于控制蒸发器出口温度。

（2）功能选择键的操纵机构首先，功能选择键控制压缩机离合器的电路开关，在三个经济键位置时，切断压缩机电磁离合器电路，压缩机制冷循环不工作。在 MAX、A/C 键位置时，接通电磁离合器电路，压缩机制冷循环工作。其次，功能选择键通过拉索控制各风门的开闭。气源门在 MAX 位置时，打开车内空气循环入口，关闭外循环。在其余键位置时，关闭内循环，打开车外进气通道。

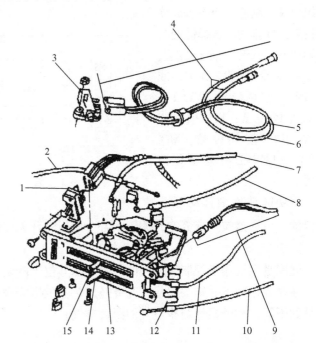

图 4-64　手动调节的空调系统操纵机构分解图
1—调风键总成　2—下风门拉绳　3—真空切断开关　4—真空软管
5—真空冷却水控制阀接口　6—真空罐接口　7—除霜门拉索
8—气源门拉索　9—离合器控制电路　10—温度门拉索
11—中风门拉索　12—恒温器　13—控制面板
14—功能选择键　15—调温键

下风门受 FLOOR 键控制，使热空气吹向脚下；除霜门则受 DEF 键控制，使热空气吹向风窗玻璃；在 MIX 位置时，能同时拉动下风门和除霜门，使暖空气在下风口和除霜口进行分配。

调风键通过改变鼓风机的调速电阻来改变鼓风机的转速，得到不同的送风量。

2. 半自动真空控制汽车空调的使用与控制

下面以半自动真空控制汽车空调系统为例，重点介绍面板控制键与各风门之间的关系。其中有关配气图上的符号为：V—有真空作用，NV—无真空作用，PV—有部分真空作用。

1）OFF（关闭）位置。图 4-65a 所示为面板功能键位于 OFF 位置。图 4-65b 所示为各风口均无空气流动的状态。图 4-65c 所示为配气系统各风门位置：气源门关闭外部新鲜空气入口；调温门关闭加热器入口，化霜门关闭化霜风口；中风门关闭中风口，打开下风口，此时真空系统工作。

此时空调压缩机、鼓风机均不工作。

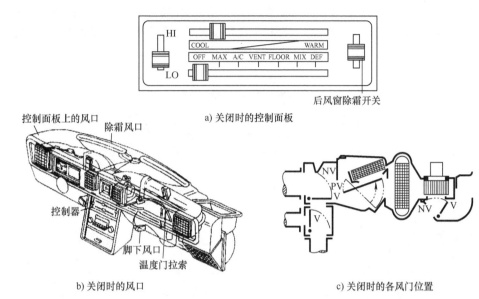

图 4-65 OFF 位置

2）MAX（最冷）位置。图 4-66a 所示为面板功能键位于 MAX 位置，调温键位于 COOL 处，调风键在最高速档。图 4-66b 所示为驾驶室上部四个风口排出冷气，车内空气循环。图 4-66c 所示为配气系统各风门位置：气源门关闭外部新鲜空气入口；调温门关闭流经加热器的空气入口；中风门打开中风口，化霜门关闭化霜风口。

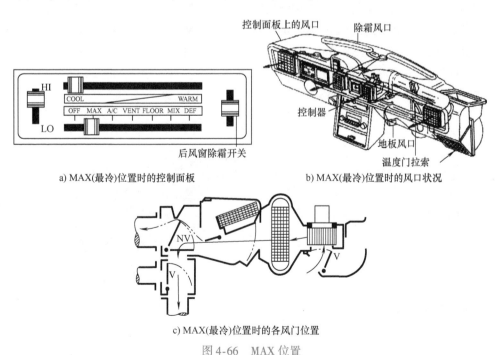

图 4-66 MAX 位置

此时压缩机工作，鼓风机高速运转，车内空气循环，快速降温。但压缩机不能长时间工作，否则车内空气不新鲜。通过改变调温键，可以改变调温门位置，从而控制车内空气温度。

3）A/C（正常空调）位置。如图4-67a所示，面板功能键位于A/C（正常空调）位置。如图4-67b所示，新鲜空气经冷却后由驾驶室上部的四个风口排出。如图4-67c所示，配气系统各风门位置与MAX（最冷）位置的主要区别是气源门打开外部新鲜空气入口，其他相同。

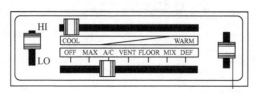

a) A/C(正常空调)位置时的控制面板

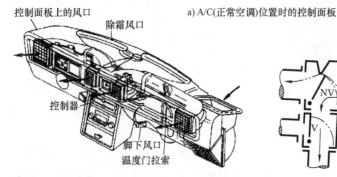

b) A/C(正常空调)位置时的风口状况

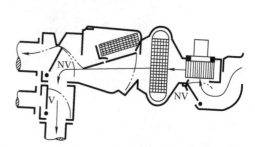

c) A/C(正常空调)位置时的各风门位置

图4-67　A/C位置

此时压缩机工作，经过蒸发器冷却的空气可以经过加热器加热，也可以不经过加热器加热。

4）VENT（通风）位置。如图4-68a所示，面板功能键位于VENT（通风）位置，调风键位于LO（低）位置。如图4-68b所示，驾驶室上部的四个风口将车外空气直接引入，配气系统各风门位置与A/C（正常空调）位置相同。

此时压缩机不工作，也不加热空气。

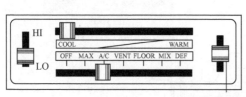

a) VENT(通风)位置时的控制面板

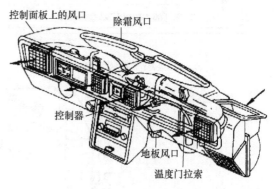

b) VENT(通风)位置时的风口状况

图4-68　VENT位置

5）FLOOR（暖气）位置。如图 4-69a 所示，面板功能键位于 FLOOR（暖气）位置，调温键位于 WARM 位置，调风键位于 HI（高速）位置。如图 4-69b 所示，驾驶室地板风口有热空气吹出，并有少量热空气吹向风窗玻璃。如图 4-69c 所示，配气系统各风门位置为：气源门打开外部新鲜空气入口；中风门打开下风口；化霜门将中风口关闭，打开化霜口；调温门打开流经加热器的空气入口，可以根据实际需要（最暖和、中等暖和、微暖和），将调温门置于上、中、下三个位置，使外部空气与热空气按一定比例混合。

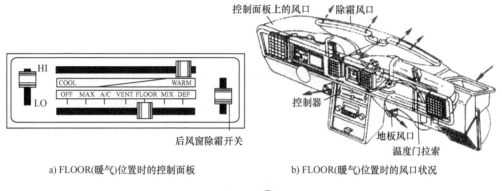

a) FLOOR(暖气)位置时的控制面板　　　　b) FLOOR(暖气)位置时的风口状况

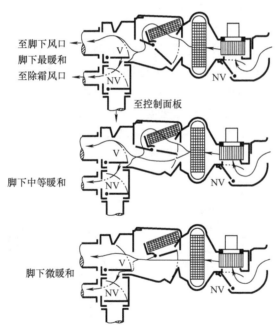

c) FLOOR(暖气)位置时的各风门位置

图 4-69　FLOOR 位置

此时，压缩机不工作，可以控制鼓风机转速。

6）MIX（取暖和化霜）位置。如图 4-70a 所示，控制面板功能键位于 MIX（取暖和化霜）位置，调温键可以根据需要进行调节。如图 4-70b 所示，空气由车外进入，经过加热的空气分别从除霜风口、地板风口吹出，中风口关闭。如图 4-70c 所示，各风门位置为：气源门打开外部新鲜空气入口，调温门可根据需要在中间位置调节；中风门位于中间位置，打开部分地板风口；化霜门关闭中风口，打开除霜风口。

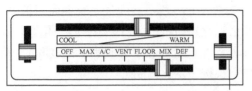

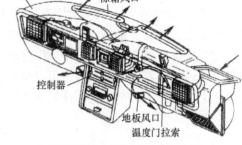

后风窗除霜开关

a) MIX(取暖和化霜)位置时的控制面板

控制面板上的风口　除霜风口

控制器

地板风口

温度门拉索

b) MIX(取暖和化霜)位置时的风口状况

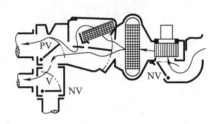

c) MIX(取暖和化霜)位置时的各风门位置

图 4-70　MIX 位置

7）DEF（化霜）位置。如图 4-71a 所示，控制面板功能键位于 DEF（化霜）位置，调温键位于 WARM 位置。如图 4-71b 所示，空气由车外进入，经过加热的空气主要从化霜口吹出，少量吹向地板风口，中风口关闭。如图 4-71c 所示，各风门位置为：气源门打开外部新鲜空气入口；调温门可根据需要全开或半开加热器入口；中风门将大部分热空气引入化霜口，少量吹向地板风口；化霜门关闭中风口，打开除霜风口。

此时，气温若在 10℃以上，压缩机工作，用于除湿。

后风窗除霜开关

a) DEF(化霜)位置时的控制面板

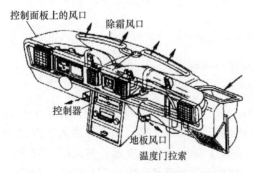

控制面板上的风口　除霜风口

控制器

地板风口

温度门拉索

b) DEF(化霜)位置时的风口状况

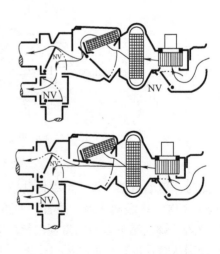

c) DEF(化霜)位置时的各风门位置

图 4-71　DEF 位置

任务实施

1）以4人一小组进行分组，并确定组长。
2）拆装汽车空调通风与空气净化系统，画出其结构及工作原理图，并写出其拆装步骤。
3）拆装汽车空调取暖系统，画出其结构及工作原理图，并写出其拆装步骤。
4）拆装汽车空调配气系统，画出其结构及工作原理图，并写出其拆装步骤。

任务汇报及考核

1）小组讨论：组长召集小组成员讨论，交换意见，形成初步结论。
2）制作图样：
①拆装汽车空调通风与空气净化系统，画出其结构及工作原理图，并写出其拆装步骤。
②拆装汽车空调取暖系统，画出其结构及工作原理图，并写出其拆装步骤。
③拆装汽车空调配气系统，画出其结构及工作原理图，并写出其拆装步骤。
3）小组陈述：
①每组成员进行分工，一个学生陈述：拆装汽车空调通风、配风和取暖系统的操作步骤。两个学生进行现场演示操作，一个学生在旁边辅助并记录数据。
②其他小组的不同看法：每组陈述完后，其他组对陈述组的结论进行纠正或补充。注意：不是争论，而是提出不同的看法。
4）教师点评及评优：指出各组的训练过程表现、任务完成情况，对本实训任务进行小组评价，并将分数填入表4-2中。

表4-2　实训任务考核评分标准

组长：　　　　　组员：

序号	评价项目	具体内容	分值	小组自评（30%）	小组互评（30%）	教师评价（40%）	平均分
1	职业素养	细致和耐心的工作习惯；较强的逻辑思维、分析判断能力	5				
		良好的吃苦耐劳、诚实守信的职业道德和团队合作精神	5				
		新知识、新技能的学习能力、信息获取能力和创新能力	5				
2	工具使用	正确使用工具	15				
3	操作规范	拆装步骤正确	20				
4	制作图样	正确画出示意图	20				
5	总结汇报	陈述清楚、流利（口述操作流程）	20				
		演示操作到位	10				
6		总计	100				

思考与练习

一、采用动压通风时，进、排气口通常在轿车的什么位置？为什么？
二、为什么要分别设置内、外循环的送风方式？

三、轿车空气净化装置是如何工作的？

四、比较不同汽车取暖系统的工作方式与特点。

五、汽车空调配气方式有哪些？简述其工作特点。

六、为什么要采用加热与冷却并用的送风方式？

七、简述手动、半自动真空控制面板主要按键的作用。

任务三　汽车空调的检修

任务描述

➢ 熟悉汽车空调的主要检查内容和方法。

➢ 对汽车空调进行排空、抽真空，对制冷系统进行干燥、检漏、充注制冷剂和添加冷冻机油。

➢ 掌握汽车空调零部件的检修方法与步骤。

知识要求

➢ 了解汽车空调的正确使用与检查保养方法。

➢ 掌握汽车空调零部件的检修方法与步骤。

技能要求

➢ 掌握空调系统维修与检测工具的使用方法。

➢ 学会汽车空调系统维修、保养基本操作技能。

➢ 学会汽车空调系统维修后的性能检测方法。

知识导入

一 汽车空调的正确使用与检查保养

汽车空调的正确使用与适时的检查保养对于保证和延长汽车空调寿命都具有重要意义。本任务即从这两方面入手，介绍如何更好地使用汽车空调，最大限度地发挥其性能、延长其使用寿命。

（一）汽车空调的正确使用

1. 注意事项

（1）确保系统中不混入水汽、空气和脏物　如果空气、水汽和脏物混入制冷系统，不仅会影响制冷效率，有时会使制冷设备损坏，其影响见表4-3。例如压缩机的吸气管，如果接头没有锁紧，由于吸气管内是负压，其压力小于外界大气压，外界的空气就会进入系统，于是水汽和脏物也会随之而入。此外，在充注制冷剂时如果操作不当，也可能使空气进入系统，空气中的氧气非常活跃，它会和润滑油发生反应，从而影响制冷系统的正常运行。

表 4-3　制冷系统中的异物及其影响

制冷系统中的异物	影　响
水汽	压缩机气门结冰；膨胀阀紧闭不开；变成盐酸和硝酸；腐蚀生锈
空气	造成高温高压；使制冷剂不稳定；使润滑油变质；使轴承易损坏
脏物	堵住滤网，变成酸性物；腐蚀零件
其他油类	形成蜡或渣，堵住滤网；润滑不好；使润滑油变质
金属屑	卡住或粘住所有的活动零件
酒精	腐蚀锌和铝；铜片起麻点；使制冷剂变质；影响制冷效果，冷气不冷

（2）防止腐蚀　要防止制冷装置生锈及受化学变化的侵蚀，因其会使气门、活塞、活塞环、轴承等受到腐蚀，若遇到高温、高压，腐蚀会加剧。

（3）防止高温高压　在正常的运转情况下，压缩机的温度是不会高的。如果冷凝器堵塞，压缩机的温度会越来越高，高温使气体发生膨胀，产生高压，高温和高压两个因素互为因果，形成恶性循环。

此外，如果冷凝器由于某种原因通风不好，热量散不出去，也会增加压缩机的负荷，使压缩机温度升高。

高温会使制冷剂橡胶软管变脆，压缩机磨损加剧，使腐蚀机器的化学变化加速，机器容易损坏。同时，高温的气体压力升高，变脆的软管很容易破裂，由于压缩机内部压力超过正常范围，压缩机的气门也容易产生变形而影响密封。

（4）保护好控制系统　制冷系统中的风管、控制风向的阀门、电磁离合器等，每一零部件的失灵，都会影响制冷装置的正常运转。所以要保护好控制系统的风管、开关等部件，才能使制冷装置正常工作。

2. 正确使用

（1）非独立式空调的正确使用　对于非独立式汽车空调，其操作使用是比较方便的，但是否正确使用，对机组的空调性能及寿命、发动机的工作稳定性及功耗都有很大影响。为此，使用空调时应注意以下几点：

1）起动发动机时，空调开关应处于关闭位置，发动机熄火后，也应关闭空调，以免蓄电池电量耗竭。

2）夏日应避免直接在阳光下停车曝晒，尽可能把车停在树荫下，在长时间停车后车厢内温度很高的情况下，应先开窗通风；用风扇将车内热空气赶出车厢，再开空调，开空调后车厢门窗应关闭，以降低热负荷。

3）不使用空调的季节，应经常开动压缩机，避免压缩机轴封处因油干而泄漏，也避免转轴因油干而咬死。一般一个月应运转一两次，每次 10min 左右。冬季气温过低时，可将保护开关电线短路，待保养运行完毕，再将电路恢复原样。

4）长距离上坡行驶，应暂时关闭空调，以免散热器"开锅"。超车时，若本车空调无超速自动停转装置，则应关闭空调。

5）使用空调时，若风机开在低速档，则冷气温度开关不宜调得过低。否则易使蒸发器结霜，产生风阻，而且容易出现压缩机液击现象。

6）在空调运行时，若听到空调装置有异常响声，如压缩机响、风机响、管子爆裂等，应立即关闭空调，并及时请专业维修人员检修。

（2）独立式空调的正确使用　对于安装独立式空调的汽车，应严格按使用说明书的规定起动和运行空调，因这类空调通过遥控装置控制辅助发动机的起动和运行，起动方法要比非独立式空调复杂。

一般使用独立式空调时的注意事项与使用非独立式空调大体相同，但由于辅助发动机有时有单独的油箱，因而还要经常注意检查油箱的储油情况，并要检查发动机冷却液温度、机油压力情况。

（二）汽车空调的检查保养

1. 主要检查内容和方法

汽车空调制冷系统的维修必须由经过培训的专业人员进行，但空调系统平时的常规检查和一般性的保养（指不打开制冷系统），则可由驾驶人和一般汽车维修人员进行。为了保证空调系统正常运行，在没有制冷测试仪的情况下，可进行下列检查工作。检查时应将汽车停放在通风良好的场地上，如果需要开动压缩机，则应保持压缩机转速为 2000r/min 左右，空调风机开最高速，车内空气为内循环。制冷的高压部分温度是很高的，注意不要烫伤，检查时汽车附近不能有明火。

（1）主要检查和保养内容

1）制冷剂是否存在泄漏。

2）制冷量是否正常。

3）各控制元件工作是否正常，电路是否能接通。

4）冷凝器是否通畅，有没有明显污垢、杂物。

5）制冷软管是否正常，各连接处连接是否牢靠。

6）压缩机传动带张力是否正常。

7）系统运行时是否有异常响声和气味。

（2）主要检查方法　汽车空调系统的主要检查方法包括：用手触摸检查各部分温度是否正常、用肉眼检查泄漏部位及表面情况、从窗玻璃判断系统状况、用断开和接合电路的方法检查电器部件、用耳听和鼻嗅的方法检查是否有异常响声和气味等。

1）用手触摸检查温度。用手触摸空调系统管路及各部件，检查表面温度。正常情况下，低压管路是低温状态，高压管路是高温状态。

① 高压区：从压缩机出口→冷凝器→储液干燥器→膨胀阀进口处，这一部分是制冷系统的高压区，这部分部件应该先烫后热，温度是很高的，手摸时应特别小心，避免被烫伤。如果在其中某一部分（例如在冷凝器表面）发现有特殊热的部位，则说明此部分有问题，散热不好。如果某一部位（如膨胀阀入口处）特别凉或者结霜，也说明此部分有问题，可能是堵塞了。储液干燥器进出口之间若有明显温差，则说明此处有堵塞，或者制冷剂量不正常。

② 低压区：从膨胀阀出口→蒸发器→压缩机进口处，这部分低压区部件表面应该是冰凉的，但膨胀阀处不应发生霜冻现象。

③ 压缩机高低压侧：高低压侧之间应该有明显温差，若没有则说明几乎没有制冷剂，系统有明显泄漏。

2）用肉眼检查渗漏部位。所有连接部位或冷凝器表面一旦出现油渍，一般都说明此处有制冷剂渗漏。但压缩机前轴处漏油，有可能是轴承漏油，应区别对待：一旦发现渗漏，应尽快采取措施修理，也可用较浓的肥皂水涂在可疑之处，观察是否有气泡现象。

重点检查渗漏的部位如下：

① 各个管道接头及阀门连接处。

② 全部软管，尤其在管接头附近察看是否有鼓包、裂纹、油渍。

③ 压缩机轴封、前后盖板、密封垫、检修阀等处。

④ 冷凝器表面被刮坏、压扁、碰伤处。

⑤ 蒸发器表面被刮坏、压扁、碰伤处。

⑥ 膨胀阀的进出口连接处，膜盒周边焊接处，以及感温包与膜盒焊接处。

⑦ 储液干燥器的易熔安全塞、视液镜（检视窗）、高低压阀连接处。

⑧ 歧管压力表（如果安装的话）的连接头、手动阀及软管处。

3）从视液镜判断系统工况。视液镜大多安放在储液干燥器上，个别也安放在从储液干燥器到膨胀阀之间或冷凝器到储液干燥器之间的管路上。从视液镜判断工况要在发动机运转、空调工作时才能进行。

从视液镜中看到的工质情况如图 4-72 所示。

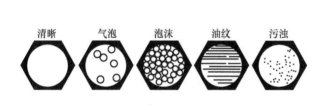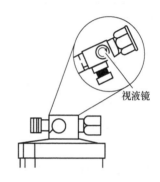

图 4-72　视液镜迹象

① 清晰、无气泡，说明制冷剂适量。制冷剂过多或完全漏光，可用交替开关空调的办法检查。若开、关空调的瞬间制冷剂起泡沫，接着就变澄清，说明制冷剂适量；如果开、关空调从视液镜看不到动静，而且出风口不冷，压缩机进出口之间没有温差，说明制冷剂漏光；若出风口不够冷，而且关闭压缩机后无气泡、无流动，说明制冷剂过多。

② 偶尔出现气泡，并且时而伴有膨胀阀结霜，说明系统中有水分；若无膨胀阀结霜现象，可能是制冷剂略缺少或有空气。

③ 有气泡且泡沫不断流过，说明制冷剂不足。如果泡沫很多，可能有空气。若判断为制冷剂不足，则要查明原因，不要随便补充制冷剂。由于胶管一年可能有 100～200g 的制冷剂自然泄漏，若是使用两年后方发现制冷剂不足，可以判断为胶管自然泄漏。

④ 有长串油纹，视液镜的玻璃上有条纹状的油渍，说明润滑油量过多。此时应想办法从系统内释放一些润滑油，再加入适量的制冷剂。若玻璃上留下的油渍是黑色的或有其他杂物，则说明系统内的润滑油变质、污浊，必须清洗制冷系统。

2. 各制冷部件及控制机构的检查

（1）检查压缩机　起动压缩机，进行下列检查：

1）如果听到异常响声，说明压缩机的轴承、阀片、活塞环或其他部件有可能损坏，或润滑油量过少。

2）用手摸压缩机缸体（小心高压侧很烫），如果进出口两端有明显温差，说明工作正常；如果温差不明显，可能为制冷剂泄漏或阀片漏了。

3）如果有剧烈振动，可能是传动带太紧，带轮偏斜，电磁离合器过松或制冷剂过多。

（2）检查换热器表面并进行清洗

1）检查蒸发器通道及冷凝器表面，以及冷凝器与发动机机体之间是否有碎片、杂物、泥污，要注意清理，小心清洗。

2）冷凝器可用软长毛刷醮水轻轻刷洗，但不要用蒸汽冲洗。换热器表面，尤其是冷凝器表面要经常清洗。

3）检查冷凝器表面是否有脱漆现象，注意及时补漆，以免锈蚀。

4）蒸发器表面不能用水清洗，可用压缩空气冲洗，如果翅片弯曲，可用尖嘴钳小心扳直。

（3）检查储液干燥器

1）用手摸储液干燥器进出管，并观察视液镜，如果进口很烫，而且出口管温度接近气温，从视液镜中看不到或很少有制冷剂流过，或者制冷剂很混浊、有杂质，则可能是储液干燥器中的滤网堵了，或是干燥剂散了并堵住出口。

2）检查易熔塞是否熔化，各接头是否有油迹。

3）检查视液镜是否有裂纹，周围是否有油迹。

（4）检查制冷软管 看软管是否有裂纹、鼓包、油迹，是否老化，是否会碰到尖物、热源或运动部件。

（5）检查电磁离合器及低温保护开关 断开和接通电路，检查电磁离合器及低温保护开关是否正常工作。

1）小心断开电磁离合器电源，此时压缩机会停止转动，再接上电源，压缩机应立即转动，这样短时间接合试验几次，以证明离合器工作正常。

2）天冷时，若压缩机不能起动，可能是由于低温保护开关或低压保护开关在起作用，可将保护开关短路或将蓄电池连接线直接连到电磁离合器（连接时间不能超过 5s）上。若压缩机仍不转动，则说明离合器有故障。

3）在低温保护开关规定的气温以下仍能正常起动压缩机，则说明低温保护开关有故障。

4）若有焦味，可能是电磁离合器烧坏。

（6）检查车速控制机构 首先确认该车空调系统中有哪几种车速控制机构，然后进行检查。

1）低速保护（怠速继电器）。确认低速保护的转速限值。首先使发动机在高于此限值下运转，确认压缩机工作正常，然后让发动机降速至限值以下，若压缩机自动停转，则说明怠速继电器工作正常。否则，调整怠速继电器限值或调整发动机怠速转速。

2）高速保护（超车继电器）。令发动机正常运转，然后短时间让发动机高速运动（模拟超车）几秒钟，观察压缩机能否自动停转，并能否在几秒钟后又恢复正常。若有故障，则检查线路是否有松脱等现象，对症修理。

3）怠速稳定（怠速提升装置）。起动发动机，不开空调保持怠速运动，测定怠速转速，一般应为 $600\sim700r/min$，然后开空调，检查发动机转速是否提高（应自动升高至 $900\sim1000r/min$）及怠速工况是否稳定。若转速过高或过低，则调整真空驱动器的调整螺钉或拉杆位置；若发动机转速不提高，则检查线路是否正常，真空源是否正常，真空管路是否漏气、被压扁等。

（7）检查感温包保温层　检查膨胀阀感温包与蒸发器出口管路是否贴紧，隔热保护层是否包扎牢固。

（8）检查换热器壳体　检查蒸发器壳体有无缝隙，冷凝器导风罩是否完好，冷凝器与散热器之间的距离是否合理，蒸发器箱体内是否有杂质。

（9）检查电线连接　检查电线接头是否正常，连接是否可靠。

（10）检查压缩机传动带盘并连接传动带

1）检查传动带张紧力是否适宜，表面是否完好，配对的传动带盘是否在同一平面内。传动带新装上时正好，运转一段时间会伸长，因此需要两次张紧。传动带过紧使传动带磨损，并导致有关总成的轴承损坏；过松则使压缩机转速降低，制冷量、冷却风扇风量不足。

2）若用一般V带，新装上的传动带张紧力应为40~50N，运转后张紧力应为25N左右。

3）同步带的张紧力若不足，将会降低同步带的可靠性。但张紧力过大，传动带会发出啸声，一般调整在15~18N比较合适。

调整同步带张紧力的办法是使同步带张紧，直到运转时发出啸声，然后逐渐减小张紧力直到啸声消失为止。

4）保证传动带在一条直线上运转是非常重要的，可用加减垫片的方法调整其轴向位置。

（11）检查风机　检查风机工作时是否有异常声响，是否有异物塞住叶轮，是否碰到其他部件，尤其要检查冷凝器风扇电动机的轴承是否缺油、咬住，压缩机运转时，冷凝器辅助风扇是否同步转动。

（12）定期检查压缩机油面　通过压缩机视液镜，察看油面是否在线以上。侧面有放油塞的，可略松开放油塞，如果有油流出就是油量正好；若没有油流出，则需要添加润滑油。对于有油尺的，应根据说明书规定用油尺检查。

二、汽车空调系统维修的基本技能

汽车空调系统的故障，80%是由于系统制冷剂泄漏所造成的。因此在维修和保养中要经常对系统进行试漏、抽真空、加注制冷剂等操作。对于这些操作技能的熟练掌握程度，以及操作是否规范，不但直接影响空调系统的工作性能，而且也将影响系统的寿命。

（一）系统排空

系统排空是指将制冷系统内的制冷剂排出。维修或更换某些系统部件时，首先要将系统内的制冷剂排空。

系统排空有两种方法：一种是利用制冷剂加注、回收多功能机进行回收；另一种是传统排空法。利用多功能机回收的优点是制冷剂经回收处理后可继续使用，特别是在系统制冷剂中含有水分或杂质时，采用此方法既保证了制冷剂的纯净度，又避免了因废弃而造成的浪费。

传统排空法排出的制冷剂无法再利用，因此不可避免地会造成浪费，但它简单、方便，在一些中小型维修站被广泛应用。下面着重介绍此法。

1. 传统排空方法（见图4-73）

1）把歧管压力表组连接到系统的高、低压检修阀上。

2）起动发动机使转速维持在1000~1200r/min，运行10~15min。

3）将风扇开至高速运转，将系统中所有的控制开关都调到最冷位置，使系统达到稳定状态。

4）把发动机转速调到正常怠速状态。

5）关闭空调的控制开关，关闭发动机。

6）打开歧管压力表组上的高、低压阀，让制冷剂从中间软管流入回收装置中。

7）歧管压力表组的高、低压力表指示为零，说明系统已排空。

2. 注意事项

1）回收场地应通风良好；不要使排出的制冷剂靠近明火，以免产生有毒气体。

2）制冷剂回收而冷冻机油并非全部排出，因此应测定排出的油量，以便补充。

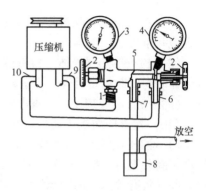

图 4-73　系统排空
1—低压管　2—手柄　3—低压表
4—高压表　5—表阀　6—高压管
7—中间软管　8—回收装置
9—压缩机入口　10—压缩机出口

（二）系统检漏

空调系统正常工作时，系统内的压力较高，加上制冷剂有很强的渗透力，稍有不严密处就会造成泄漏。因此，在维修或更换系统部件后、充注制冷剂之前，应对系统进行气密性试验，以便提前消除泄漏隐患。检漏方法分为正压法和负压法。

1. 正压检漏法

正压检漏法是对系统内充以一定压力的气体，然后检查是否有泄漏及泄漏的部位。检查方法如下：

1）将歧管压力表组的高、低压软管分别连接在系统的高、低压检修阀上，中间软管通过减压阀与氮气瓶相连，如图 4-74 所示。

2）排出管内空气，将氮气表压减至 981kPa 后，向系统充入氮气，直到系统内压力稳定为止。

3）停止充气 24h 后，压力如无明显下降，说明系统密闭性良好。保压期间，也可用涂肥皂水的方法检测泄漏部位。

此种方法充入的气体可以完全是氮气，也可以是先充入少量制冷剂后再充入氮气，它的好处是制冷剂用量少，且可以直接用检漏仪检测。在没有氮气的情况下，还可以用干燥的压缩空气代替。同样，也可将图 4-74 中的氮气瓶换为氟利昂瓶，直接充入氟利昂气体，使系统中的压力达到 $3.5 \times 10^5 Pa$，然后用检漏仪检漏。

2. 负压检漏法

对系统抽真空，若达不到真空度或无法保持，说明系统有泄漏部位，应进一步检查。

3. 注意事项

1）充注氮气时，氮气瓶应接有减压阀，保证向系统输送的气压稳定且不可过高。

2）如用压缩空气充注时，必须保证其干燥、清洁。

3）检漏压力一般不低于 348kPa。

4）无论是肥皂水检漏还是检漏仪检漏，应特别注意拆装过的部位，如压缩机轴封、前后端盖、冷凝器、蒸发器、储液干燥器、膨胀阀等进出口连接处，以及管路中易磨损的部位。

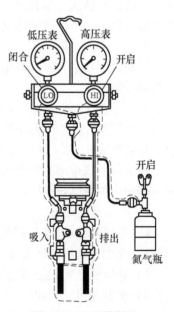

图 4-74　正压检漏法

（三）抽真空

抽真空的目的是排除制冷系统内残留的空气和水分，同时也可进一步检查系统的密闭性，为向系统内充注制冷剂做好准备。

1. 空气和水分对制冷系统的影响

（1）空气的影响

1）空气属不凝气体，它的存在将使排气压力增大，排气温度升高，导致压缩机过热，制冷量下降。

2）阻碍系统中制冷剂的循环，影响制冷性能。

3）空气中的氧和水分与润滑油起化学反应，破坏润滑作用。

（2）水分的影响

1）造成系统内冰堵，影响制冷剂的循环。

2）与制冷剂、润滑油起化学作用形成沉淀物，使润滑油变质。

3）水与制冷剂反应生成酸性物质，腐蚀系统部件。

由此可以看到，系统内如混有空气和水分，不但影响制冷的效果，而且会损坏系统部件。因此，在发现管路（特别是低压吸气管路）有泄漏时，在充注制冷剂前或维修更换系统部件后必须对系统抽真空。

抽真空时，水分并非直接被排出系统外，而是在抽真空的过程中，随着系统内压力的不断降低，水的饱和温度也在不断降低，也就是说，水的沸点在降低。当真空表指示系统内的真空度为 97.83kPa 时，水在 26.6℃ 的低温下开始沸腾，这使水变为水蒸气与空气一起被抽出系统。

2. 抽真空方法

1）如图 4-75 所示，将歧管压力表组与系统高、低压检修阀连接，中间软管与真空泵进气口连接。

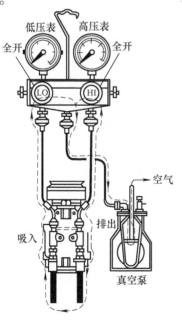

a）轿车抽真空连接图

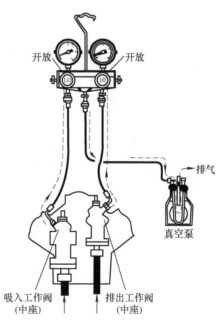

b）大客车抽真空连接图

图 4-75　系统抽真空

2）打开歧管压力表组上的高、低压手动阀，起动真空泵。观察两表，若表针向零以下转动，说明工作正常，否则应检查是否有堵塞。

3）真空泵工作 10min 后，低压表指示真空度应达到 80kPa 左右。若没有达到，则应关闭手动阀门及真空泵，此时观察低压表，如果指针示数上升，说明系统有泄漏，应排除后再继续抽真空。

4）将系统压力抽至低压表指示 100kPa 以上，并连续抽真空 15min 以上。

5）关闭高、低压手动阀及真空泵，停置 5~10min，如果低压表指示数值缓慢上升，则应检查泄漏部位并排除。

6）如果低压表指示值不变，继续抽真空 20~30min，在此过程中，可将真空泵排气管插入水中，观察是否有气泡排出。待低压表指示值稳定不变时，可关闭高、低压手动阀，关闭真空泵，结束抽真空工作，可以准备充注制冷剂。

3. 注意事项

1）停止抽真空时应先关闭高、低压阀，然后关闭真空泵，防止空气进入系统。

2）抽真空总时间不应少于 30min。

3）不用担心冷冻机油被抽出，因为它的饱和温度比水小得多。抽真空反而可使溶解于润滑油内的水分蒸发分离出来，被真空泵抽走。所以，冷冻机油可在系统抽真空之前加入，也可在此之后加入。

（四）充注制冷剂

在制冷系统经过抽真空并确认没有泄漏后，可开始对系统充注制冷剂。充注方法有两种：一种是从高压端充注，充注的是液态制冷剂，它是靠制冷剂罐内与系统之间的压差与位差进行充注的，这种方法适合于系统内抽过真空而无制冷剂的情况，特点是速度快；另一种方法是从低压端充注气态制冷剂，它适合于向系统内补充少量制冷剂的情况。

1. 高压端充注法

1）如图 4-76 所示，将歧管压力表组与系统检修阀、制冷剂罐连接好。

2）用制冷剂排除连接软管内的空气，具体方法是先关闭高、低压手动阀，拆开高压端检修阀和软管的连接，然后打开高压手动阀，最后打开制冷剂罐上的阀门。当排出软管内的制冷剂气体后，迅速将软管与检修阀连接，并关闭高压手动阀。用同样的方法排除低压端连接软管内的空气，然后关闭好高、低压手动阀及制冷剂罐上的阀门。

3）将制冷剂罐倾斜倒置于磅秤上，并记录起始质量。

4）打开制冷剂罐上的阀门，然后缓慢打开高压手动阀，制冷剂注入系统内，当磅秤指示到达规定质量时，迅速关闭制冷剂阀门。

5）关闭高压手动阀，充注结束。

注意：从高压端充注制冷剂时，严禁开启空调系统，也不可打开低压手动阀。

2. 低压端充注法

1）如图 4-77 所示，将歧管压力表组与系统检修阀、制冷剂罐连接好。

2）同高压端充注法 2）。

3）将制冷剂罐直立于磅秤上，并记录起始质量。

4）打开制冷剂罐阀门，然后打开低压手动阀，向系统充注气态制冷剂。

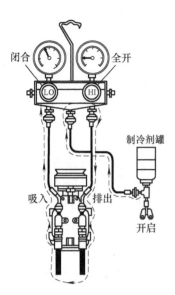

图 4-76　高压端充注法

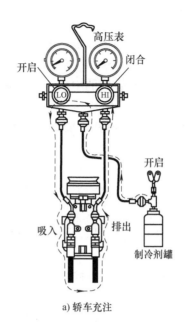

a) 轿车充注

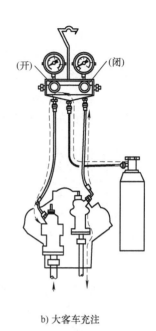

b) 大客车充注

图 4-77　低压端充注法

5）起动发动机并将其转速调整至 1250~1500r/min，接通空调开关，把风机开关和温度控制开关开至最大。

6）当制冷剂充至规定质量时，先关闭低压手动阀，然后关闭制冷剂阀门。

7）关闭空调开关，停止发动机运转，迅速将高、低压软管从检修阀上拆下。

注意：从低压端充注制冷剂时，制冷剂罐为直立，高压手动阀处于关闭位置。

3. 制冷剂充注量

制冷剂充注量是否合适可从以下几方面观察：

1）压力表观察：如 R12 制冷剂系统，发动机转速为 2000r/min，风机转速为最高档，气温为 30~35℃ 时，系统内低压侧压力应为 0.15~0.19kPa，高压侧压力应为 1.37~1.67kPa。R134a 制冷剂系统压力稍低。

2）储液干燥器上视液镜观察：系统工作时视液镜内清亮、无气泡，可观察到有液体流动。

3）参照厂家提供的手册加注。表 4-4 中列出了几种车型制冷剂的充注量，仅供参考。

表 4-4　制冷剂充注量

车　型	制冷剂充注量/kg
桑塔纳轿车	1~1.2
普通轿车	0.7~0.8
丰田 CROWN 牌 MS112、MS122 小轿车	前置空调：0.8；双联空调：1.2
日产 DA1H 烈牌（430）小轿车	前置空调：0.9；双联空调：1.4
马自达 E200、E1800 型旅行车	1.6
三菱 ROSA 牌 BS310C 型旅行车	2.7
丰田 HIACE 牌 RH20 型旅行车	2.4
日野 RC420 型、RE200 型大客车	7
三菱 BST01T 大客车	6.3

4. 注意事项

1）由于目前汽车空调制冷系统所用制冷剂有 R12 和 R134a 两种，因此，充注制冷剂前首先要查明系统所用制冷剂类型。

2）充注制冷剂前注意排空连接软管内的空气，特别是用小罐充注时，每次换罐后都要对连接软管内的空气进行排空。

汽车空调制冷剂的加注

3）充注后，拆卸软管时应注意防止软管内残留的制冷剂损伤眼睛及皮肤。

（五）添加冷冻机油

通常，在空调制冷系统正常运行的情况下，无需检查冷冻机油的油量，也无需添加。但是，如果发现制冷剂有严重泄漏、接头处或压缩机轴封处有油迹，以及更换系统部件后，应当适量添加冷冻机油。

1. 添加方法

添加冷冻机油一般可在系统抽真空之前进行，其方法有：

（1）直接加入法　将冷冻机油装入干净的量瓶里，从压缩机的旋塞口直接倒入即可。这种方法适合于更换蒸发器、冷凝器和储液干燥器时采用。

（2）真空吸入法

1）首先将系统抽真空到 100kPa。

2）准备一个带刻度的量杯并装入稍多于所添加量的冷冻机油。

3）关闭高压手动阀及辅助阀门，将高压软管一端从歧管压力表组上卸下，并插入量杯中，如图 4-78 所示。

4）打开辅助阀门，冷冻机油从量杯内被吸入系统。

5）当油面到达规定刻度时，立即关闭辅助阀门。

6）将软管与歧管压力表组连接，打开高压手动阀，起动真空泵，先对高压软管抽真空，然后打开辅助阀门对系统抽真空。

2. 冷冻机油添加量

（1）系统新加油量　新装汽车空调系统中，只有压缩机内装有冷冻机油，油量一般为 280～350g。不同型号的压缩机内充油量也不同，具体可查看供应商手册。表 4-5 中列出了几种常见压缩机冷冻机油添加量，仅供参考。

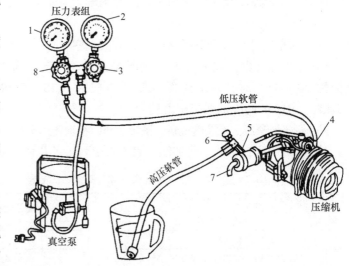

图 4-78　冷冻机油添加方法

1—低压表　2—高压表　3—高压手动阀　4—低压检修阀　5—高压检修阀
6—辅助阀门　7—高压管路　8—低压手动阀

表 4-5　常见压缩机冷冻机油添加量

汽车制造厂家	压缩机型号	冷冻机油添加量/mL
—	6D152A	350
	6E171	280
	6P134	230
	6P127	170
丰田汽车	2M110A	270
	2M110B	210
	2C－90	320
	2C－90C	230
—	3A224	450
—	6F308HB	2000
三菱汽车	2Z306S	350
日产汽车	DKP－12D	190
—	6C－500	1700～1900
日野汽车	6E－300	1500

（2）补充油量　维修中，如果更换了系统部件或管路，由于这些部件中残存有冷冻机油，因此更换的同时应当向系统内补充冷冻机油，其补充量可参考表4-6。

表 4-6　冷冻机油补充量

被更换部件	冷冻机油补充量/mL	被更换部件	冷冻机油补充量/mL
冷凝器	40～50	储液干燥器	10～20
蒸发器	40～50	制冷循环管道	10～20

注：如果更换压缩机，新压缩机内原有油量应减去上述部件残存油量上限之和。

3. 注意事项

1）R12 与 R134a 制冷剂所用冷冻机油牌号不同，因此，添加冷冻机油时应注意防止混淆。

2）添加时应保证容器的洁净，防止水分或杂物混入油中。

三、汽车空调零部件检修

（一）压缩机的检修

1. 压缩机常见故障

汽车空调系统的大多数运动件都在压缩机上，因此压缩机的检修量最大。一般压缩机常见的故障有卡住、泄漏、压缩机不制冷和噪声过大四种。

（1）卡住　卡住是压缩机卡住，不能转动。卡住的原因通常是润滑不良或者没有润滑。如果发现冷冻机油因制冷剂泄漏而泄漏，或者蒸发器的溢油管、POA 阀的溢油阀、CCOT 系统的油气分离器（积累器）的油孔堵塞，都会使压缩机因得不到足够的润滑油而卡住。

如果发现离合器或传动带打滑，在排除离合器和传动带的故障后，一般都是由压缩机卡住所致。这时应立即关闭 A/C 开关，检查系统是否泄漏。如果是系统泄漏而导致冷冻机油泄漏，则应进行检漏；如系统不泄漏，则是油路问题，应检查溢油阀与蒸发器压力控制装置是否堵塞。如果堵塞，应放掉或回收系统中的制冷剂，更换溢油器，并清洗其他各阀，重新装回系统。

如果压缩机卡得很牢，根本不能转动，可能是活塞在气缸内咬死，这种情况压缩机已无修理价值，一般做报废处理。

（2）泄漏 泄漏也是压缩机常见的故障。压缩机泄漏有漏油和漏气两种情况：泄漏轻微，只泄漏制冷剂；严重时，既泄漏制冷剂又泄漏冷动机油。在轴封处也有很微量的泄漏，如果每年的泄漏量小于14.2g，不影响制冷系统的性能，则认为是正常情况；若每年的泄漏量超过14.2g，就必须进行检修，更换密封件。如果压缩机的缸体上出现裂纹造成泄漏，则应更换压缩机。

（3）压缩机无制冷剂输出或压缩不良 压缩机无制冷剂输出或压缩不良时，可用歧管压力表检测压缩机的吸气压力和排气压力，如果两者压力几乎相同，用手触摸压缩机，发现其温度异常高，其原因是压缩机缸垫窜气，从排气阀出来的高压气通过气缸垫的缺口窜回到吸气室，再次压缩，产生温度更高的蒸气，这样来回循环，会把冷冻机油烧焦造成压缩机报废。

如果进、排气弹簧片破坏或者变软，也将造成压缩机不能压缩制冷剂或压缩不良，这种故障只是吸气压力和排气压力相同或相差不大，而压缩机不会发热。

（4）异响 空调系统的异响主要来源于压缩机和蒸发器风扇，但异响如果是由压缩机发出的，则主要原因如下：

1）尖叫声。尖叫声主要由离合器接合时打滑发出；或者由于传动带过松或磨损引起。

2）振动。压缩机的振动以及轴的振动也是异响的来源之一。首先检查其支承是否断裂，紧固螺栓是否松动，引起压缩机振动的还有传动带张力过大或带轮轴线不平行。压缩机的轴承磨损过大，会引起轴的振动。带轮轴承润滑不良，也会引起异响。

2. 压缩机的检查

压缩机发生故障时，虽然大多数都能修复，但由于压缩机零配件不多，而且装配精度要求高，需要专用装配工具和夹具，所以许多汽车修理厂以检测判断故障为主，只对压缩机轴封泄漏和异响进行维修。

起动发动机，转速保持在1250～1500r/min，把歧管压力表接入制冷系统中，打开A/C开关，风扇开到最大位置，触摸压缩机的进气口和排气口，正常情况应是进气口凉、排气口烫，二者之间的温差较大。如果两者之间温差小，再看歧管压力表，表上显示高低压相差不大，则说明压缩机的工作不良，应拆下修理；如果压缩机较热，再看歧管压力表，表上显示低压侧压力太高，高压侧压力太低，则说明压缩机内部密封不良，应更换压缩机；如果制冷系统的高、低压都过低，则说明系统内部的制冷剂过少，应进行检漏，如果是压缩机出现泄漏，则应更换或修理。压缩机正常运转时，应发出清脆均匀的阀片跳动声，如果出现异响，应判断异响的来源，进行修理。

3. 压缩机的维修

（1）压缩机的拆装

1）发动机以怠速运转，使空调系统运转10min后，熄火，断开蓄电池负极电缆。拔掉电磁离合器插头，排出或回收制冷系统中的制冷剂。

2）从压缩机上拆下排出和吸入软管，并把排出和吸入软管接头用胶带捆扎密封好，防止潮气和灰尘进入。

3）松开紧固调节装置，拆下传动带。

4）拆下搭铁线、压缩机固定螺栓、螺母、托架和压缩机。

5）安装压缩机，按与拆卸时相反的顺序操作。

（2）修理离合器　以采用 SD-5 型离合器的压缩机为例，当电磁离合器出现故障时，需要修理更换，其维修更换步骤如下：

1）把前扳手的两个销插入离合器前板的两个螺孔中，用 19mm 套筒拆除螺母，如图 4-79 所示。

2）用拨取器取下前板，如图 4-80 所示，对准拨取器中心螺栓和压缩机轴均匀地拧入 3 个螺钉，顺时针方向拧动拨取器螺钉，直到前板松动。

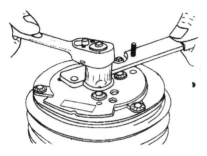

图 4-79　拆除螺母

图 4-80　取下前板

3）拆下平键，并用卡簧钳取出轴承卡簧。

4）用卡簧钳取出前盖卡簧。

5）拆下带轮盘总成，把颚夹前端插入卡簧槽，把拨轮器护套放在轴上（如图 4-81）。将拨轮器螺钉拧入颚夹，用手拧紧。用 17mm 套筒扳手顺时针方向拧转拨轮器中心螺栓，直至带轮盘松动为止，如图 4-82 所示。

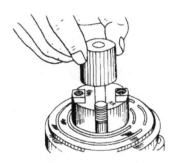

图 4-81　安装拨轮器护套

图 4-82　取带轮盘

如果离合器打滑发出尖叫声，则应修理驱动盘、摩擦板和带轮的摩擦端面，去除油污和其他杂质，然后按技术规范调整它们之间的间隙。如果离合器轴承已磨损，可用轴承取出器将轴承取出并换上新轴承。用万用表检查电磁线圈有无短路，若有短路，则应更换。

（3）离合器的安装

1）如图 4-83 所示，让压缩机直立，以四个孔为支点支撑压缩机，千万不可钳住机体，将带盘笔直对准前盖轮壳，轻轻套上，用专用的安装轴承的套件和木槌轻敲带盘，使其落入前盖轮壳，用卡簧钳装入轴承卡簧和前盖卡簧。

2）重新放回前板总成，装入离合器间隙垫片、平键，敲打轴护器，直到前板碰到间隙垫片为止。

3）检查并调整离合器间隙。如图 4-84 所示，用测隙规检查离合器间隙，应为 0.4～

0.8mm，若间隙不均匀，轻轻撬起低处，将最高处轻轻敲下；若间隙不合格，则拆下前板，调整垫片厚度，再重新安装。

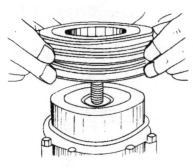

图 4-83　离合器的安装　　　　　　　　　　　　图 4-84　离合器间隙调整

4）装上六角螺母，拧紧力矩为 33.8～40.7N·m。

（4）处理轴封泄漏　如果发现压缩机的轴封泄漏，就要修理轴封的密封部分，其修理步骤如下：

1）按修理离合器的方法，将离合器总成拆下。

2）如图 4-85 所示，用卡簧钳插入毛毡金属环的两个孔中把毛毡取出。

3）拿掉调整垫片，用卡簧钳拆掉封座卡簧。

4）如图 4-86 所示，用轴封专用钳取出轴封座。

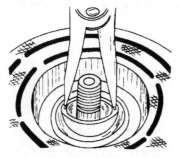
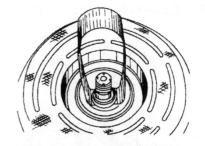

图 4-85　用卡簧钳取毛毡环　　　　　　　　　　图 4-86　用轴封专用钳取出轴封座

5）如图 4-87 所示，用"O"形圈钩卸下"O"形圈，注意小心别划到槽。

6）如图 4-88 所示，用拆轴封专用工具插到轴封上，压下弹簧并转动工具，直到感觉此工具已扣入轴封外壳的开缝中，提出轴封组件。至此，密封件总成全部拆卸完毕。密封座、密封圈、密封件都是一次性的，不能再用，必须更换。

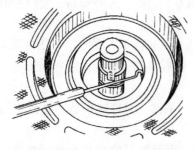

图 4-87　用专用工具取出"O"形圈　　　　　　图 4-88　用拆轴封专用工具拆轴封

4. 压缩机的检验

如图 4-89 所示，将压缩机安装在工作台上，即可以检验（见图 4-90），其方法如下：

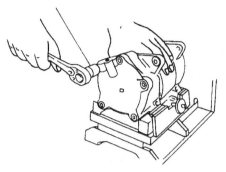

图 4-89　将压缩机安装在工作台上

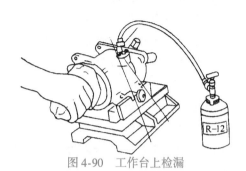

图 4-90　工作台上检漏

（1）检查内部泄漏　在压缩机吸、排气检修阀上装好歧管压力表，关闭高低压手动阀，用手转动压缩机主轴，每秒钟转一圈，共转 10 圈，这时，高压表压力应大于 0.345MPa。若其压力小于 0.3MPa，则说明内部漏气，应重新修理阀片、缸垫。

（2）检查外部泄漏　从低压端注入 0.5kg 的制冷剂，然后用手转动主轴 5 圈。用检漏仪测轴封、两端盖、吸排气阀口等处，若无泄漏，即可将压缩机装回发动机。

（二）换热器的检修

换热器是冷凝器与蒸发器的总称，其常见故障是外面脏污，导管内部出现脏堵以及泄漏等。

1. 冷凝器的检修

（1）冷凝器检查　用前面所讲述的检漏方法检查冷凝器的泄漏情况。如果是冷凝器进、出口处出现泄漏，可能是密封圈老化，需要紧固或更换密封圈；如果是冷凝器本身泄漏，则应拆下进行修理。检查冷凝器的外观，查看冷凝器外表面有无污垢、残渣，翅片是否倒伏。如果有，则会造成冷凝器散热不良。

用歧管压力表检查冷凝器内部脏堵，如果发现压缩机高压过高，不能正常制冷，冷凝器导管外部有结霜或下部不烫的现象，则说明导管内脏堵或因外部压瘪而堵塞。

（2）冷凝器拆卸

1）排出或回收制冷系统中的制冷剂。

2）把冷凝器进、出口连接处的连接螺母拆下来，并立即封闭制冷系统两端的管路。

3）拧下其紧固螺栓，取出衬垫，拆下冷凝器。

（3）冷凝器维修

1）如果冷凝器仅是外表有积污或有杂物塞在冷凝器散热片中，应用水清洗或用压缩空气吹洗，注意不要损伤冷凝器散热片，如发现散热片倒伏，应加以矫正。

2）如果是冷凝器内部脏堵，可用压缩氮气吹洗，不能用水冲或用压缩空气吹洗。如果是因冷凝器本身损坏而泄漏，则应拆下焊补。

3）安装与拆卸冷凝器的顺序相反，但要注意进口切勿接错。如果有冷冻机油漏出，要补加一定量的冷冻机油。

2. 蒸发器的检修

（1）蒸发器检查

1）检查蒸发器外表是否有积污、异物。

2）看蒸发器本身是否损坏。

3）检查蒸发器是否泄漏。

4）观察排水管是否有水流出，检查排水管内部是否清洁、畅通。

（2）蒸发器拆卸

1）断开蓄电池负极电缆。

2）对制冷剂系统进行排空或对制冷剂进行回收。

3）把蒸发器两端的接头拆下，取下蒸发器，并立即封住其开口部位和两端系统软管接口。

（3）蒸发器维修

1）用高压水或压缩空气清洗蒸发器表面积污、异物，注意不能用高压蒸汽冲洗蒸发器。

2）如果发现蒸发器有泄漏，应找出漏点进行焊补。

3）安装时，注意入口和出口切勿接错，温控元件或感温包要牢固地装在合适的位置，膨胀阀的感温包要敷好保温材料。如果要更换新的蒸发器，必须加注一定量的冷冻机油。

（三）膨胀阀的检修

1. 膨胀阀常见的故障

1）膨胀阀开度过大，制冷剂系统中高、低压均高，低压侧管路有结霜或大量的露水。

2）膨胀阀开度过小，制冷剂中高压侧压力高，低压侧压力低，制冷量不足。

3）膨胀阀入口滤网阻塞。

4）膨胀阀的针阀（球阀）与阀体粘住、发卡或阀口脏堵。

5）膨胀阀冰堵。

6）感温包、毛细管破裂、失效。

7）感温包位置不当，安装不牢。

2. 膨胀阀的拆卸

1）从恒温开关处断开其连接插头。

2）拆除连接管路，将制冷系统两端封闭，拆下固定螺栓，拆卸膨胀阀。

3. 膨胀阀的维修

1）如果是上述1）或2）故障，可调整其调节螺栓：顺时针方向拧，内弹簧减弱，膨胀阀开度增大；反之膨胀阀开度减小。这里要注意：调整需要专用工具和原厂的一些数据，如没有原厂资料，请不要乱调，或者更换新的膨胀阀。

2）如果是上述3）故障，可将膨胀阀拆出清洗，烘干装回。

3）如果是上述4）故障，可将膨胀阀拆下来用制冷剂冲洗，后加冷冻机油润滑，也可更换膨胀阀。

4）如果是上述5）故障，先排空制冷系统，然后抽真空，重新加注制冷剂。

5）如果是上述6）故障，应更换新的膨胀阀。

6）如果是上述7）故障，应重新安装、固定膨胀阀。

4. 膨胀阀的安装

膨胀阀的安装与拆卸的顺序相反，但安装时要注意应垂直安装，不允许倒置，感温包应安装在蒸发器出口的水平管表面的上端，保证两者被绑紧并且用隔热防潮胶布包捆好。

（四）储液干燥器的检修

储液干燥器常见的故障是泄漏、脏堵和失效。

1. 储液干燥器的检查

1）用检漏仪检查储液干燥器的接头处与易熔塞有无泄漏。

2）检查储液干燥器的外表是否脏污、视液镜是否清洁。

3）用于感觉储液干燥器进出口的温度。如果进出口温差很大，甚至出口处出现结霜，说明罐中的干燥剂散开，堵塞了管路。

4）检查膨胀阀，如果膨胀阀出现冰堵，说明制冷系统中有水，储液干燥剂失效。

2. 储液干燥器的拆卸

1）拔掉压力开关的连接插头。

2）拆掉连接管路，将制冷系统两端封闭。拆卸固定螺栓，拆下储液干燥器。

3. 储液干燥器的维修

如果储液干燥器两端的连接接头出现泄漏，则应紧固其接头或更换密封圈，无需拆下储液干燥器。如果是其他故障，则应更换储液干燥器。

储液干燥器的安装按与拆卸相反的顺序进行，但要注意几点：

1）垂直安装。垂直安装可保证出口管将与制冷剂一起循环的冷冻机油压出储液干燥器，循环回压缩机。

2）在空调系统的安装维修过程中，储液干燥器应该最后一个接入制冷系统中，并且装好后马上抽真空，防止空气进入干燥器。

四、汽车空调系统维修后的性能检测程序与步骤

（一）汽车空调系统维修后的外观检查

修理后的汽车空调，每台都要进行外观检查。外观检查主要包括如下的内容。

1. 外观的观察

油漆是否均匀，有无脱落、划痕等缺陷；门窗是否密封；隔热层是否平整、牢固、紧贴；电气路线是否布置整齐、连接是否牢固；空调系统各部件仪表是否干净、有无油污，安装牢固与否等。

2. 各控制键的检查

移动和旋转各个控制键时，应灵活，无阻滞。当开启空调时，压缩机动作应轻快、噪声小；风扇换档后，送出的风量应相应变化，且并无异常噪声；按下各个功能键时，各风门的风向应按各键所规定的风向送出；移动温度键后，空调送出风的温度应该有变化。如果是自动空调，则看其是否在调定的温度范围内稳定运行。

3. 管路和各零部件的泄漏检查

应用电子检漏仪对汽车空调系统的管道和元件进行一次全面而又细致的泄漏检查。若发现有微小泄漏的地方，如果是接管或元件有"O"形密封橡胶圈，只需稍拧紧螺母即

可（注意：O形橡胶圈压得太紧，密封性能反而下降）。如果是管道有裂纹等，就要补焊或更换。

这里要注意压缩机主轴轴封的泄漏问题。这是因为，到目前为止，汽车空调压缩机的主轴轴封泄漏制冷剂的问题还没有完全解决，这是全世界汽车工业界碰到的大难题。所以如果用精密的电子检漏仪调至最小档，总能发现压缩机的轴封处有微量的制冷剂泄漏出来，需判定其是否属于正常泄漏。目前最通常的正、异常泄漏判断方法如下：将电子检漏仪的灵敏度调整到每年为15g泄漏量即报警。如果小于15g/年，则认为是允许的，不会妨碍空调系统的工作。这个泄漏量用卤素检漏灯是不能检出的。因为卤素检漏灯在每年泄漏量为48g时，已不能检出，在每年泄漏量为288g时，其火焰呈微绿色，每年泄漏量为384g时，火焰颜色变为淡绿色。而轿车空调系统的制冷剂每年泄漏量为200g时，其制冷剂损失已相当严重，不能正常工作了。这样，汽车空调检漏的可靠方法应是电子检漏仪和肥皂水检测法，卤素灯只能做辅助检查，不能作为出厂的质量检漏工具。

（二）汽车空调系统维修后的性能测试

在所有安装或修理工作结束后，并经过外观检查，应在路试之前先做一些简单项目的性能测试，以保证下一步路试的进行或外修的质量。需说明的是，修理后的汽车空调，保温性能、车内气流分布、温度差异等都不用检查，故汽车空调修理后，只需做简单性能测试，合格后即可出厂。

汽车空调简单性能测试的方法是用表阀测量其高、低压力值和用温度计测量空调吹出的空气温度。

如图4-91所示，将表阀和空调制冷系统压缩机吸、排气维修阀相连接。连接时，先关闭高、低压手动阀，并在接好管后，排除管内的空气（否则管内空气会跑到制冷系统内）。

起动发动机，使压缩机的转速保持在2000r/min；将空调控制板上的功能选择键置于MAX（或A/C）位置，温度键置于COOL位置，风扇键置于HI位置，并打开车窗门。用大风量风扇对准冷凝器吹风。

将一根玻璃管温度计放在中风门空调出风口，而将干湿温度计放在车内空气循环进气口处（注：湿温度计的球都要覆盖饱蘸水的棉花）。

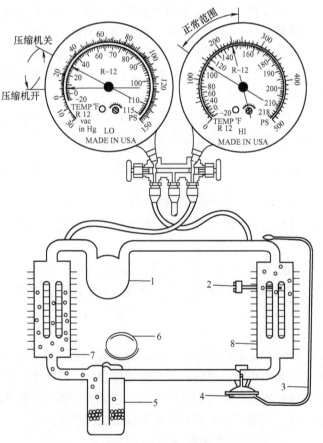

图4-91　空调制冷系统高、低压压力值的正常范围
1—压缩机　2—恒温器　3—感温包毛细管　4—膨胀阀
5—储液干燥器　6—视液镜　7—冷凝器　8—蒸发器

空调系统至少要正常工作 15min 后，才能进行测试工作，记录数据。空调系统的正常值达到如下的要求方可出厂：

1）对 CCOT 系统，如图 4-92 所示。

环境温度：21～32℃。

高压表值：1.0～11.55MPa。

低压表值：压缩机开启后，低压表压力开始下降，当降至约 0.118MPa 时，恒温器会切断离合器电路，压缩机停止工作。这时，低压表压力又会上升至 0.207～0.217MPa，恒温开关接通离合器电路，压缩机又开始工作，低压表压力又下降，系统便周而复始地进行循环。

空调冷风温度：1～10℃。

2）其他循环离合器制冷系统，如图 4-92 所示。

环境温度和高压表值与 CCOT 系统相同。

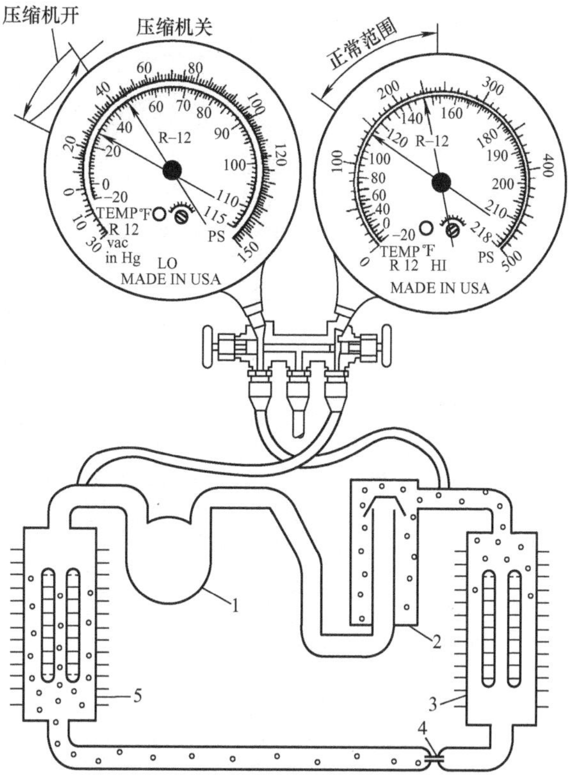

图 4-92 CCOT 系统高、低压力测试
1—压缩机 2—气液分离器 3—蒸发器
4—二孔管 5—冷凝器

低压表值：压缩机运行时，低压表值开始下降，在 0.103MPa 时，压缩机便停止运行。随之，低压表值开始回升，回升到 0.207～0.217MPa 时，压缩机又开始运行，低压表值又开始下降，系统便周而复始地进行循环。

空调冷风湿度：1～10℃。

3）POA、VIR 系统，如图 4-93 所示。

POA、VIR 系统的表阀连接方法与循环离合器制冷系统略有不同，因为 POA 阀、VIR 阀上均有一个检修阀，所以表间低压管应接至 POA 阀和 VIR 阀的检修阀（而不是压缩机吸气检修阀）。

环境温度：21～32℃。

高压表值：1.01～1.55MPa。

低压表值：0.193～0.214MPa。

由于 POA、VRA 系统的压缩机不停地运行，所以其低压表值变化不大。

由于制造厂家不同，压力波动值会略有不同，但通常其误差应小于 3.4kPa。

空调器冷风温度：1～5℃。

4）EPR 系统。所谓的 EPR 系统，是指采用蒸发器压力调节阀（EPR 阀）来控制蒸发器的温度而使其不产生结冰现象的系统。EPR 系统多用在克莱斯勒和丰田公司的高、中级轿车的自动空调上。其测试连接如图 4-94 所示，表阀高压接口接压缩机排气阀，低压接口接蒸发器出口管上的制冷剂注入阀，再在 EPR 阀的压力表阀上装一个低压表。由于 EPR 阀

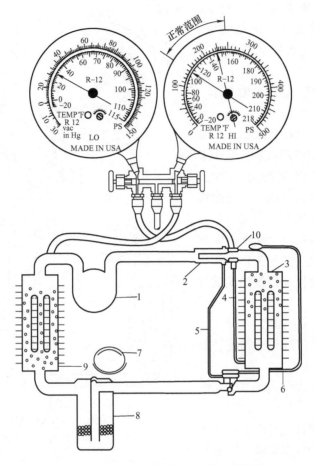

图 4-93 POA、VIR 系统高、低压力测试

1—压缩机 2—POA 阀 3—蒸发器 4—溢油管 5—外平衡管 6—感温包毛细管
7—视液镜 8—储液干燥器 9—冷凝器 10—POA 阀检测口

系统的接法与 POA 阀系统不同，故其测试数据也会有所不同。

由 EPR 阀制冷系统的工作原理可知，蒸发器压力低到一定程度时，EPR 阀主通路关闭，不让制冷剂进入压缩机，而压缩机却还在不停工作，故其测试数据如下：

环境温度：21~32℃。

高压表压力：当 EPR 通路时，压力为 1.01~1.55MPa；当 EPR 通路关闭时，压力为 1.01~1.21MPa；而在 EPR 阀关、开之间，高压表值应由低到高变化。

低压表压力：0.14~0.20MPa，在 0.14MPa 时，EPR 阀打开。

第三个低压表：0.11~0.14MPa，在 0.14MPa 时，EPR 阀关闭，其压力下降到 0.11MPa，这是因为有小管路的制冷剂和冷冻机油流到压缩机，故其压力在 EPR 阀关闭期间维持在 0.11MPa。此循环不断重复，以保证适当的蒸发温度，从而保证制冷系统的正常工作。

空调温度：1~10℃。

由此看来，EPR 阀的关闭压力 0.14MPa 是一个基准点，当表阀的低压表值在 0.14MPa 时，EPR 关闭，其指示值将开始回升，而第三个低压表由于制冷剂流量小，压缩机的抽力

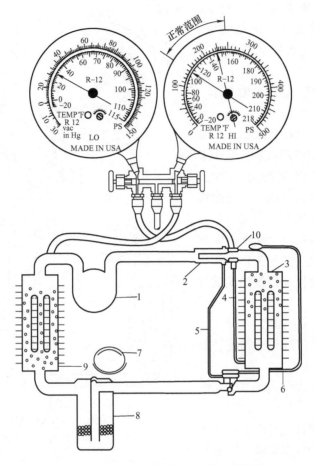

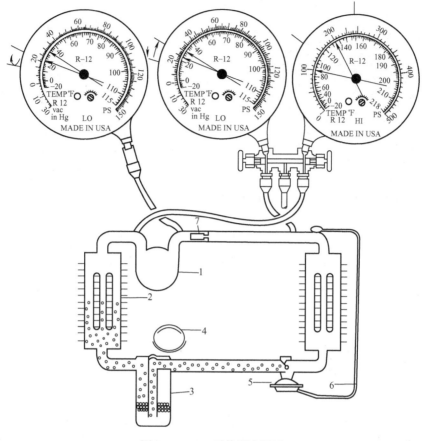

图 4-94　EPR 系统压力测试

1—压缩机　2—冷凝器　3—储液干燥器　4—视液镜　5—内平衡膨胀阀　6—感温包毛细管　7—EPR 阀

将使其指示值下降，直到 0.11MPa，高压表值也下降。因此，本系统的 EPR 阀的动作是比较频繁的，而且空调系统送出的空气温度变化比 POA 系统波动大。

（三）桑塔纳轿车空调系统检查方法

起动发动机，使转速稳定在 2000r/min，将空调拨杆放在制冷区，按下 A/C 按钮，空调风机开四档（最高速），所有出风口打开，使电磁离合器电源线跳开，在左/右出风口处用风速计测得的空气流速不小于 4m/s（相当于 90m³/h），左右出风口风量偏差不超过 ±2%。

发动机热态（即散热器风扇至少已转过一个周期，靠温度控制器自动控制已停转过一次以上），电磁离合器电源线接好，开始测量前 30min 内没有使用过暖气，将 A/C 按钮按下，空调风机开四档（最高速），所有出风口打开并放正位置，打开发动机罩，关闭车门窗，右出风口温度达到 10℃ 时所需的时间与车外温度的交点应在图 4-95a 所示极限曲线左方的阴影区域内。将温度传感器放在右出风口中央，伸进 30~50mm，压缩机第一次自动停转（电磁离合器电路自动跳开）的时间应位于压缩机停转曲线的左方，而出风口温度则应在图 4-95b 所示阴影区内。中间出风口温度比右出风口温度最多可以高 3℃。

做完上述试验后，马上接着做空调系统密封性试验。使发动机、空调风机、冷却风扇停止工作，用高精度检漏仪检查制冷剂回路。除压缩机外，每一个螺纹连接处的检漏仪调定值

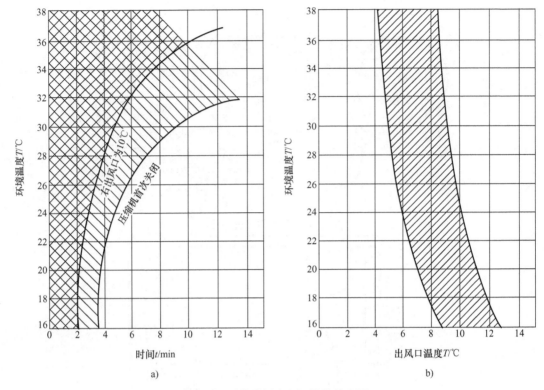

图 4-95　桑塔纳轿车空调性能检查图

为 59g/a 时，不得有任何泄漏反应。对压缩机而言，其泄漏量不得超过 28g/a。

空调风机和冷却风扇工作时，不得出现干扰性的磨削声、敲击声或轰隆声。操纵各种空调开关和杆件时，不得出现不正常的干涉声，压缩机不得有异常响声。

汽车空调系统的检测

汽车空调的清洗

任务实施

1）以 4 人一小组进行分组，并确定组长。

2）对汽车空调进行排空、抽真空，对制冷系统进行干燥、检漏、充注制冷剂和添加冷冻机油。

3）写出汽车空调零部件的检修方法与步骤。

任务汇报及考核

1）小组讨论：组长召集小组成员讨论，交换意见，形成初步结论。

2）制作图样：

① 写出汽车空调排空、抽真空，制冷系统进行干燥、检漏、充注制冷剂和添加冷冻机油的操作流程图。

② 写出汽车空调零部件检修方法与步骤。

3）小组陈述：

① 每组成员进行分工，一个学生陈述：汽车空调排空、抽真空，制冷系统进行干燥、检漏、充注制冷剂和添加冷冻机油的操作。两个学生进行现场演示操作，一个学生在旁边辅助并记录数据。

② 其他小组不同看法：每组陈述完后，其他组对陈述组的结论进行纠正或补充。注意：不是争论，而是提出不同的看法。

4）教师点评及评优：指出各组的训练过程表现、任务完成情况，对本实训任务进行小组评价，并将分数填入表4-7中。

表4-7 实训任务考核评分标准

组长： 组员：

序号	评价项目	具体内容	分值	小组自评（30%）	小组互评（30%）	教师评价（40%）	平均分
1	职业素养	细致和耐心的工作习惯；较强的逻辑思维、分析判断能力	5				
		良好的吃苦耐劳、诚实守信的职业道德和团队合作精神	5				
		新知识、新技能的学习能力、信息获取能力和创新能力	5				
2	工具使用	正确使用工具	15				
3	操作规范	拆装步骤正确	20				
4	制作图样	正确画出示意图	20				
5	总结汇报	陈述清楚、流利（口述操作流程）	20				
		演示操作到位	10				
6	总计		100				

思考与练习

一、如何对制冷系统充注冷冻机油和制冷剂？

二、制冷系统为何要抽真空？如何进行抽真空？

三、试比较从低压侧和高压侧充注制冷剂的异同点。

四、简述汽车空调制冷系统检漏、抽真空、充注制冷剂的基本操作步骤。

五、简述压缩机的常见故障和检修方法。

参 考 文 献

[1] 孙寒冰. 电冰箱空调器原理与维修 [M]. 北京：高等教育出版社，2016.

[2] 韩雪涛. 图解电冰箱、空调器维修技术 [M]. 北京：金盾出版社，2016.

[3] 沈柏民. 电冰箱空调器原理与维修 [M]. 北京：高等教育出版社，2016.

[4] 刘炽辉. 家用冰箱、空调安装与维修 [M]. 北京：机械工业出版社，2016.

[5] 凌永成. 汽车空调技术 [M]. 北京：机械工业出版社，2014.

[6] 姜继文. 汽车空调结构与检修 [M]. 合肥：中国科学技术大学出版社，2015.

[7] 陈健健. 汽车空调维修理实一体化教材 [M]. 北京：机械工业出版社，2016.